DIE

TRANSFORMATOREN

THEORIE, AUFBAU UND BERECHNUNG

EIN HANDBUCH
FÜR STUDIERENDE UND PRAKTIKER

VON
PROF. DR. RUDOLF WOTRUBA
UND
INGENIEUR ADALBERT STIFTER

MIT 102 ABBILDUNGEN

VERLAG R. OLDENBOURG, MÜNCHEN U. BERLIN

DRUCK VON ADOLF HOLZHAUSENS NFG., WIEN.

Vorwort.

Das vorliegende Werk über Transformatoren soll in deren Theorie, Aufbau und Berechnung einführen. Der meßtechnische Teil wurde soweit berührt, als es zum Verständnis der Wirkungsweise des Transformators nötig ist. Die Theorie wurde soweit ausgedehnt, daß sie auch als Grundlage für die Wechselfeld- und Drehfeldmotoren dienen kann. Die theoretischen Betrachtungen setzen die Kenntnis der Wechselstromtheorie soweit voraus, als sie in dem vom ersten Verfasser herausgegebenen Büchlein *) behandelt wurde. Die Berechnungen sind so angeordnet, daß zuerst in mehreren Beispielen die Berechnung der Hauptgrößen gezeigt wird, wie dies für die ersten Entwürfe nötig ist. Die letzten Beispiele geben dann die genauen Durchrechnungen. Schließlich war es auch am Platze, über Spartransformatoren und Drosselspulen zu sprechen. Das Werk ist ebenso für den Unterricht als für die Praxis gedacht.

Wien, im März 1928. **Die Verfasser.**

*) Wotruba, Der ein- und mehrphasige Wechselstrom, München 1927.

Inhaltsverzeichnis.

I. Teil.

Einleitung 1
1. Der leerlaufende Transformator 2
2. Der belastete Transformator 10
3. Das Felderbild des Transformators 15
4. Einführung der Induktionskoeffizienten 29

II. Teil.

5. Aufbau der Transformatoren 51
6. Berechnung der Transformatoren 73
8. Berechnungsbeispiele 92
9. Spartransformatoren 184
10. Drosselspulen 191

I. Teil.

Einleitung.

Die in der Starkstromtechnik bis jetzt gebräuchlichen Transformatoren sind Geräte, die einen Wechselstrom von bestimmter Spannung und Frequenz in einen anderen Wechselstrom anderer Spannung aber gleicher Frequenz umformen. Sie bestehen grundsätzlich aus einem unterteilten Eisenkern, der zwei Windungssysteme besitzt.

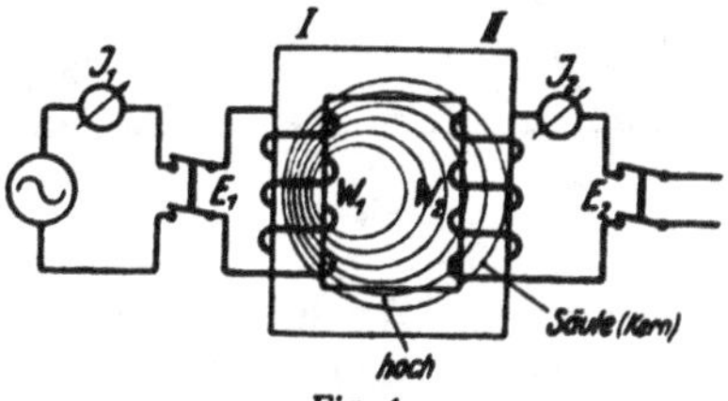

Fig. 1.

Das erste Windungssystem, auch die erste Seite des Transformators genannt, empfängt die elektrische Energie, die zweite Seite gibt die umgeformte Energie ab. Die der ersten Seite aufgedrückte Wechselspannung E_1 kann nun eine Hochspannung sein, während die an der zweiten Seite auftretende Spannung E_2 die niedere Verbrauchsspannung ist. Es kann aber auch die der ersten Seite aufgedrückte Spannung E_1 eine niedere Spannung sein, während die Spannung an der zweiten Seite eine Hochspannung ist.

Im ersten Falle dienen die Transformatoren zur Verteilung der elektrischen Energie aus einer Hochspannungsleitung an verschiedene Ortschaften und Großabnehmer, im zweiten Falle soll die in einem Kraftwerke erzeugte elektrische Energie niederer Spannung behufs Fortleitung auf große Entfernungen in elektrische Energie hoher Spannung umgeformt werden.

Der tatsächliche Aufbau der Transformatoren geschieht nicht so wie Fig. 1 zeigt. In Wirklichkeit trägt der linke Kern die Hälfte der Wicklung der ersten und zweiten Seite, so auch der rechte Kern. Entweder sind die Wicklungen röhrenförmig übereinander angeordnet oder in einzelnen Scheiben übereinander. Das sei jetzt nur beiläufig erwähnt. Den vorerst theoretischen Betrachtungen legen wir der Einfachheit wegen immer die Fig. 1 zugrunde.

I. Der leerlaufende Transformator.

Das Diagramm ohne Berücksichtigung jeglicher Verluste. Das Übersetzungsverhältnis. Berücksichtigung der Eisenverluste. Der Magnetisierungsstrom. Der Leerlaufstrom. Der Leerlaufversuch. Trennung der Eisenverluste in Hysteresis- und Wirbelstromverluste. Beispiel. Einfluß hoher Induktionen.

Dieser Betriebszustand herrscht dann, wenn der Schalter auf der zweiten Seite offen steht, also auf der zweiten Seite keine elektrische Energie abgegeben wird. In diesem Falle kann der Transformator nur so viel Energie aufnehmen, als er zur Deckung der Verluste braucht. Diese Verluste sind die Jouleschen Verluste $I_1^2 R_1$ und die Eisenverluste. Wir wollen jedoch vorerst von diesen Verlusten absehen.

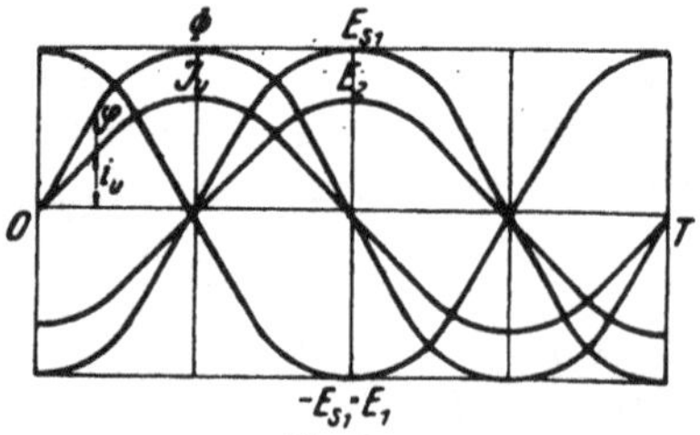

Fig. 2.

Schließen wir nun den Schalter auf der ersten Seite, so stellt sich ein bestimmter Strom ein, dessen Effektivwert wir mit I_μ bezeichnen wollen. Es hat also die aufgedrückte Spannung E_1 die sich ihr entgegenwirkenden Wirk- und Blindwiderstände überwunden. Der Wechselstrom I_μ erzeugt das Wechselfeld Φ, das mit I_μ gleiche Phase haben wird. Dieses Wechselfeld müssen wir uns als eine stetige magnetische Welle denken, die sich (wie in Fig. 1 angedeutet) entwickelt und rückläufig zusammenbricht, wie ich es in dem Büchlein „Theorie des Ein- und Mehrphasenstromes" genau beschrieben habe. Diese magnetische Welle schneidet ebensogut die Windungen der ersten Seite, wie auch die Windungen der zweiten Seite. Es entsteht also an den Enden der Wicklung der ersten Seite eine elektromotorische Kraft der Selbstinduktion E_{s1}, die eben von der aufgedrückten Spannung E_1 überwunden werden muß. An den Enden der Wicklung der zweiten Seite entsteht die E. M. K. E_2. Während E_{s1} und E_2 gleichphasig sind, müssen E_{s1} und E_1 sich in Gegenphase befinden. Die E. M. K. E_{s1} hinkt nun bekanntermaßen dem Felde Φ um 90° oder eine Viertelperiode nach.

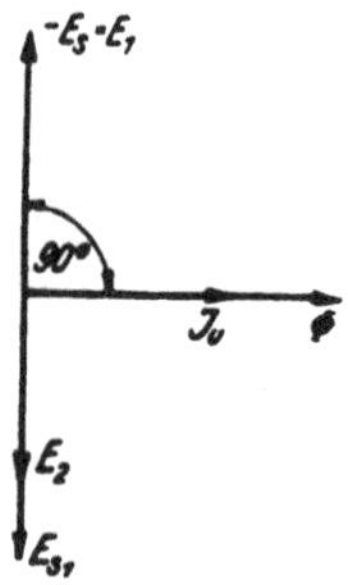

Fig 3.

Nun läßt sich die E. M. K. der Selbstinduktion und die Spannung E_2 nach der Grundformel

$$e = -\frac{d\varphi}{dt} \cdot w \cdot 10^{-8}\,\mathrm{V}$$

leicht berechnen: Ist die Spannung sinoidal, so ist auch der Strom $I\mu$ sinoidal und

$$i_\mu = \bar{I}^\mu \cdot \sin w\,t$$

die Stärke des augenblicklichen Feldes

$$\varphi = \frac{0\cdot4\,\pi\,\bar{I}_\mu\,w_1}{\mathfrak{W}} \sin w\,t,$$

wenn $\mathfrak{W}$ den magnetischen Widerstand des geschlossenen Eisenringes bedeutet.

Obiger Ausdruck differenziert ergibt

$$\frac{d\,\varphi}{d\,t} = \frac{0\cdot4\,\pi\,\bar{I}_\mu\,w_1}{\mathfrak{W}}\,.\,\omega \cos \omega\,t\,.\,10^{-8}\text{ V.}$$

setzt man diesen Wert in die erste Grundformel ein, so erhält man:

$$e_{s_1} = -\frac{0\cdot4\,\pi\,\bar{I}_\mu\,w_1}{\mathfrak{W}}\,.\,\omega\,.\,w_1\,.\cos \omega\,t\,.\,10^{-8}\text{ V.}$$

Der Wert des Bruches stellt den Höchstwert der veränderlichen Feldes φ vor. Die Formel sagt auch, daß die E. M. K. der Selbstinduktion ebenfalls eine sinoidale Form besitzt, die dem Strome $I\mu$ um 90° nacheilt. — Die E. M. K. der Selbstinduktion erhält ihren Höchstwert, wenn $cos\ \omega\ t =$ $= 1$ wird.

Erinnern wir uns weiter, daß die Winkelgeschwindigkeit

$$\omega = 2\,\pi\,f,$$

so wird

$$E_{s_1} = 2\,\pi\,f\,\overline{\Phi}\,.\,w_1\,.\,10^{-8}\text{ V.}$$

Beiderseits durch $\sqrt{2}$ dividiert ergibt den Effektivwert dieser E. M. K.:

$$E_{s_1} = -\frac{2\,\pi}{\sqrt{2}}\,f\,.\,\overline{\Phi}\,.\,w\,.\,10^{-8}\text{ V.}$$

Da E_{s_1} und E_1 in Gegenphase stehen, wird die aufgedrückte Spannung

$$E_1 = 4\cdot44\,.\,f\,\overline{\Phi}\,.\,w_1\,.\,10^{-8}\text{ V.}$$

Da das Feld Φ auch die zweite Wicklung schneidet, wird

$$E_2 = 4\cdot44\,f\,.\,\overline{\Phi}\,.\,w_2\,.\,10^{-8}\text{ V.}$$

Dividiert man die beiden Gleichungen, so erhält man die nachstehende Beziehung:

$$E_1 : E_2 = w_1 : w_2.$$

Das Verhältnis $\frac{w_1}{w_2}$ heißt das Übersetzungsverhältnis. Das Verhältnis der beiden beim Leerlaufversuch beobachteten Spannungen E_1 und E_2 ergibt daher das Verhältnis der Windungszahlen.

Der Strom I_μ ist der Magnetisierungsstrom. Da er auf der Spannung E_1 senkrecht steht, ist er ein wattloser Strom. Bei unseren Annahmen nimmt also der Transformator bei Leerlauf keine Leistung auf.

In Wirklichkeit verläuft der Leerlauf etwas anders. Wir haben angenommen, daß der Leerlaufstrom mit dem Wechselfelde phasengleich sei. Bei Vorhandensein von Hysteresis werden Magnetisierungsstrom und Wechselfeld nicht in Phase sein. Ist die aufgedrückte Spannung sinoidal, so wird auch das Feld sinoidal sein müssen. Der Magnetisierungsstrom wird aber infolge der im Eisen auftretenden Hysteresisverluste in seiner Form eine Verzerrung erleiden und mit dem Felde nicht mehr in Phase sein. In Fig. 4 ist nach Darstellung von Thomälen aus der Hysteresisschleife der Magnetisierungsstrom I_μ als Funktion der Zeit aufgezeichnet worden.

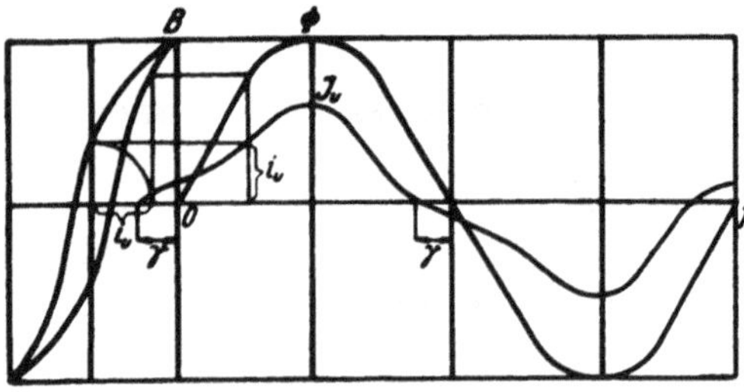

Fig. 4.

Diesen wirklichen Magnetisierungsstrom ersetzen wir durch eine gleichwertige Sinuslinie. Ist der effektive Wert dieser Sinuslinie I', so ist nach Fig. 5

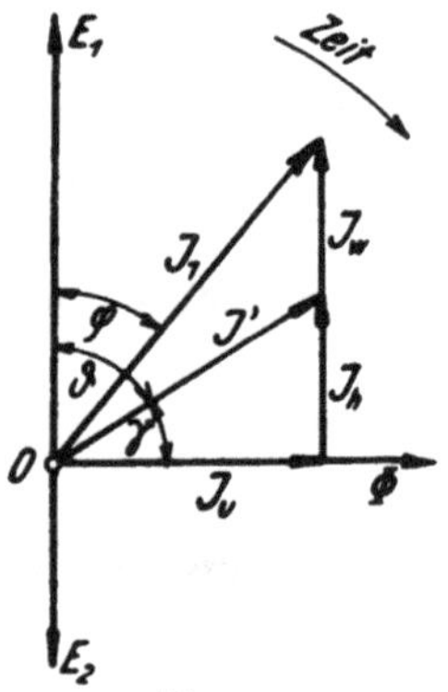

Fig. 5.

$$I_\mu = I' \cos\gamma,$$

die Hysteresisverluste

$$N_h = E_1 \,.\, I' \,.\, \cos\vartheta.$$

Es ist ferners die Wattkomponente von I'

$$I_h = I' \,.\, \sin\gamma,$$

die wattlose Komponente

$$I_\mu = I' \,.\, \cos\gamma.$$

Es erzeugt der gedachte Strom I_μ das Wechselfeld Φ, während die Komponente I_h die Hysteresisverluste zu decken hat.

Um den wirklichen Leerlaufstrom zu erhalten, müssen wir noch die Wirbelstromverluste*) im Eisen und die Kupferverluste berücksichtigen. Dies geschieht durch einen mit E_1 phasengleichen Strom I_w. Addiert man zu I' I_w geometrisch hinzu, so erhält man den wirksamen Leerlaufstrom I_0, der mit der aufgedrückten Klemmenspannung E_1 den Winkel φ einschließt. Dann ist

$$I_\mu = I_0 \sin\varphi$$

und

$$I_{h+w} = I_0 \,.\, \cos\varphi,$$

ferner

$$I_0 = \sqrt{I_{h+w}^2 + I_\mu^2},$$

*) Die Wirbelstromverluste verlaufen im Eisenkern nach Fig. 1 senkrecht zur Bildebene. Daher wird der Kern aus einseitig mit Papier isolierten Eisenblechen aufgebaut.

da die Kupferverluste $I_0^2 . R_1$ bei Leerlauf verschwindend klein sind, stellen die Leerlaufverluste die Eisenverluste vor.

Den Eisenverlust für ein Kilogramm aktiven Eisens bei einer Frequenz von 50 und einer Induktion $\mathfrak{B} = 10\,000$ Gauß nennt man die Verlustziffer v_{10}. Sie schwankt bei Transformatoren zwischen 1·2 und 3 Watt. Sie hängt von der Dicke der Bleche und deren Güte ab. Die Hysteresisverluste sind der Frequenz, die Wirbelstromverluste dem Quadrate der Frequenz proportional, wovon wir bei der Trennung der Verluste Gebrauch machen.

Der Magnetisierungsstrom berechnet sich bei gegebenem Höchstfluß $\overline{\Phi}$ folgend:

$$\overline{\Phi} = \frac{0{\cdot}4\,\pi\, I_\mu \sqrt{2}\, .\, w_1}{\mathfrak{W}}$$

$$\overline{\Phi}\, .\, \mathfrak{W} = 0{\cdot}4\,\pi\, .\, I_\mu \sqrt{2}\, .\, w_1$$

$$I_\mu = \frac{\overline{\Phi}\, .\, \mathfrak{W}}{0{\cdot}4\,\pi\, .\, \sqrt{2}\, .\, w_1}.$$

Hat man sich nach der Zeichnung die nötigen Amperewindungen $\overline{X}$ berechnet, die zur Erzeugung des Höchstwertes von Φ im Kern des Transformators nötig sind, so ist

$$\overline{X} = I_\mu \sqrt{2}\, .\, w_1$$

$$I_\mu = \frac{\overline{X}}{\sqrt{2}\, .\, w_1} \text{ Amp.}$$

Beispiel: Ein 100 K. V. A. Einphasentransformator hat bei Leerlauf ein Übersetzungsverhältnis $E_1 : E_2 = 5000 : 300$. Die Frequenz des aufgedrückten Stromes $f = 50$. Die Länge des mittleren Kraftlinienpfades $= 210$ cm. Davon in den Säulen 130 cm, in den Jochen 80 cm. Der Höchstwert der Induktion beträgt in den Säulen 14 400 Gauß, in den Jochen 12 100 Gauß. Die erste Windungszahl $w_1 = 1970$, die zweite Windungszahl $w_2 = 118$. Das Eisengewicht beträgt 206 kg. Säulen wie Joch sind aus legiertem Bleche von 0·35 mm Stärke aufgebaut.

Die Eisenverluste betragen durchschnittlich 2·5 Watt für ein Kilogramm also im ganzen

$$206 \times 2{\cdot}5 = 515 \text{ Watt,}$$

da man die Kupferverluste vernachlässigt, wird

$$I_{h+w} = \frac{515}{5000} = 0{\cdot}103 \text{ Amp.}$$

Aus der Magnetisierungskurve entnehmen wir für legierte Bleche folgende Werte:

$$\overline{\mathfrak{B}} = 12100;\ X/_{cm} = 4$$

$$\overline{\mathfrak{B}} = 14400;\ X/_{cm} = 15.$$

Daher sind die nötigen Amperewindungen

$$\begin{array}{r} 130 \times 15 = 1950 \\ 80 \times \ \ 4 = \ \ 320 \\ \hline \overline{X} \ \ \ = 2270 \end{array}$$

Es wird somit der Magnetisierungsstrom.

$$I_\mu = \frac{\overline{X}}{w_1 \cdot \sqrt{2}} = \frac{2270}{1970 \cdot 1{\cdot}41} = 0{\cdot}815 \text{ Amp.}$$

Es ist somit der Leerlaufstrom

$$I_o = \sqrt{0{\cdot}103^2 + 0{\cdot}815^2}$$

$$I_o = 0{\cdot}82 \text{ Amp.}$$

$$\cos\varphi = \frac{0{\cdot}103}{0{\cdot}82} = 0{\cdot}123.$$

Aus diesem Beispiel erkennen wir, daß ein leerlaufender Transformator das Netz, an das er angeschlossen ist, stark induktiv belastet.

Transformatoren, die jahraus jahrein ans Netz angeschlossen sind, müssen mit geringen Leerlaufverlusten arbeiten.

Nehmen wir z. B. an, daß eine ländliche Ortschaft einen Anschlußwert von 60 KW hätte, der sich auf Kraft und Licht verteilt. Da von den angeschlossenen Kilowatt höchstens 50 % gleichzeitig gebraucht werden, hat das Elektrizitätswerk einen Masttransformator von $\frac{30}{0{\cdot}8} = \sim 40$ K.V.A. aufgestellt, der einen Leerlaufverlust von 300 Watt besitzt. Nun hätte die Jahresrechnung ergeben, daß jedes angeschlossene Kilowatt nur 200 Stunden im Gebrauch war. Das Elektrizitätswerk hat somit in dem Rechnungsjahr

$$60 \times 200 = 12\,000 \text{ KWh}$$

verkauft.

Die Leerlaufverluste betrugen

$$0{\cdot}3 \times 24 \times 365 = 2650 \text{ KWh},$$

das ist fast der fünfte Teil der verkauften Kilowattstunden. Bei einem solchen Transformator wird man die Eisenverluste so klein wie möglich machen.

Wird hingegen der Transformator nur dann an das Hochspannungsnetz angeschlossen, wenn Energie gebraucht wird, wie z. B. beim fahrbarem Transformator eines Dresch- oder Pflugsatzes oder einer Torfstechmaschine, so spielen die Leerlaufverluste gar keine Rolle, da der Wirkungsgrad der Transformatoren immer groß ist.

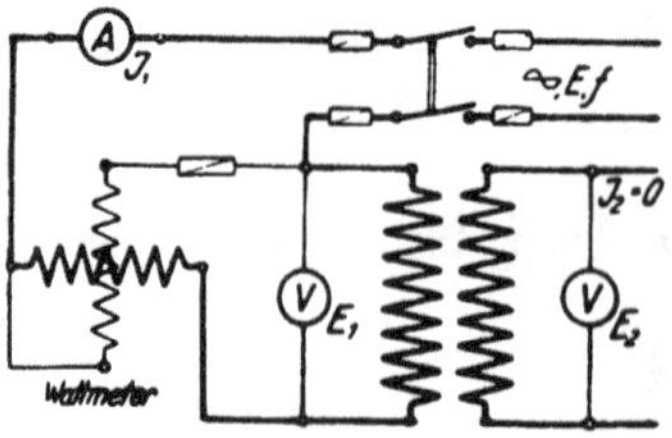

Fig. 6.

Der Leerlaufversuch beim Transformator ergibt das Übersetzungsverhältnis und die Eisenverluste. Die Schaltung ist folgende:

Man liest auf der ersten Seite I_1, E_1 und die Leistung N_0 Watt ab. An der zweiten Seite liest man den Wert E_2 ab.

Wurde beispielsweise I_1 mit 0·82 Ampere, E_1 mit 5000 Volt, die aufgenommene Leistung N_0 mit 520 Watt, ferner E_2 mit 300 Volt und in einem Vorversuch der Wirkwiderstand R_1 der ersten Wicklung mit 2·35 Ω gemessen, so ergibt sich das Verhältnis der Windungszahlen

$$\frac{w_1}{w_2} = \frac{5000}{300} = 16 \cdot 7.$$

Der Spannungsabfall in der ersten Wicklung ist nur

$$0 \cdot 82 \times 2 \cdot 35 = 1 \cdot 92 \text{ Volt},$$

so daß aufgedrückte Spannung und die E. M. K. der Selbstinduktion Es_1 praktisch als gleich groß angenommen werden können.

Die Kupferverluste in der ersten Wicklung sind nur

$$0 \cdot 82^2 \times 2 \cdot 35 = 1 \cdot 6 \text{ Watt},$$

so daß die Eisenverluste den beobachteten Leerlaufverlusten gleichgesetzt werden können.

Sollen die Eisenverluste in Hysteresis- und Wirbelstromverluste getrennt werden, so wird man bei unveränderlich gehaltener Induktion $\overline{\mathfrak{B}}$ die Frequenz ändern. Diese Forderung kann man erfüllen, wenn man sich den Wechselstrom selbst erzeugt. Man hält die Erregung der Wechselstrommaschine unverändert. Verändert man nun die Drehzahl der Wechselstrommaschine, so wächst im gleichen Verhältnis deren Spannung und deren Frequenz. Es ist

$$E_1 = 4 \cdot 44\ \overline{\Phi} \,.\, f \,.\, w_1 \,.\, 10^{-8} \text{ V}$$

und

$$\Phi = \frac{E_1 \,.\, 10^8}{4 \cdot 44 \,.\, w_1 \,.\, f}$$

oder einfacher

$$\overline{\Phi} = C \frac{E_1}{f}.$$

Da also bei Veränderung der Drehzahl nach unserer Voraussetzung $\frac{E_1}{f}$ unverändert bleibt, so ist auch $\overline{\Phi}$ und daher auch $\overline{\mathfrak{B}}$ unverändert. Da die Hysteresisverluste der Frequenz, die Wirbelstromverluste aber dem Quadrate der Frequenz proportional sind, sind die abgelesenen Eisenverluste

$$N_0 = a \,.\, f^2 + b \,.\, f$$

oder

$$\frac{N_0}{f} = a \,.\, f + b.$$

Aus dem Berichte sind nun die Verluste wie die Frequenzen, also die linke Seite der Gleichung (die eine Gerade darstellt) bekannt. Die

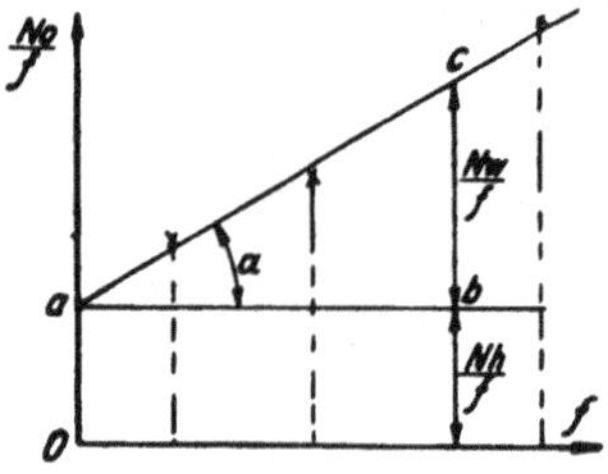

Fig. 7.

Gerade kann man sich aus dem Bericht aufzeichnen. Dann ergeben sich auch die Größen a und b aus der Zeichnung: a ist die trigonometrische Tangente des Neigungswinkels α der Geraden mit der Abszissenachse, b die Strecke, welche die Gerade von der Ordinalenachse abschneidet. Die Strecke b gibt unmittelbar den Hysteresisverlust für eine Periode an. Dann muß der Rest der gezeichneten Ordinate bei der zugehörigen Frequenz den Wirbelstromverlust für eine Periode darstellen. Während also $\frac{N_h}{f}$ unveränderlich ist, steigt $\frac{N_w}{f}$ mit der Frequenz gradlinig. Man wird für je eine unveränderliche Induktion $\mathfrak{B}$ eine Versuchsgruppe ausführen.

Anmerkung: $tg\,\alpha$ ist nicht etwa die Tangente des gezeichneten Winkels α. Man muß die Maßstäbe des Achsenkreuzes berücksichtigen. Ist z. B. die Strecke $\overline{ab} = 50$ Perioden, die Strecke $\overline{bc}$ 4 Watt, so ist

$$tg\,\alpha = \frac{4}{50} = 0{\cdot}08.$$

Beispiel: Zum Versuch wurde eine Drosselspule gewählt. Der quadratische Eisenkern maß 24 cm², dessen Gewicht war 9 kg, die Windungszahl 144, der Widerstand 0·13 Ohm. — Die Bleche waren 0·5 mm stark.

Bericht.

Beobachtete Werte					gerechnete Werte				
Nr.	I_1	E_1	N	f	Φ	$\mathfrak{B}$	N cis $= N - I_1^2 . R$	$I_1^2 . R$	$\frac{N \text{ cis}}{f}$
1	6·8	93·5	80	41·6	$3{\cdot}5 . 10^5$	14 600	73·9	6	1·78
2	6·9	83	67·5	37	$3{\cdot}5 . 10^5$	14 600	61	6	1·65
3	6·4	72	56	32·3	$3{\cdot}5 . 10^5$	14 600	51	5·37	1·57
1	10·4	99	100	38·3	$4{\cdot}01 . 10^5$	16 700	85·8	14·2	2·24
2	10·2	83	80	31·6	$4{\cdot}01 . 10^5$	16 700	66·38	13·6	2·1
3	10	63	62	25·3	$4.01 . 10^5$	16 700	48·88	13	1·93
1	15·4	94	116	31·6	$4{\cdot}63 . 10^5$	19 300	85	31	2·69
2	14·4	60	74·5	20·3	$4{\cdot}63 . 10^5$	19 300	47·3	27·2	2·33

Aus dem Bericht konnten drei Gerade gezeichnet werden. Es ergaben sich aus den drei gezeichneten Geraden:

$$tg\,\alpha_1 = 0{\cdot}014,\ b_1 = 1{\cdot}04\ \frac{\text{Watt}}{f}$$

$$tg\,\alpha_2 = 0{\cdot}023,\ b_2 = 1.4\ \text{„}$$

$$tg\,\alpha_3 = 0{\cdot}031,\ b_3 = 1{\cdot}7\ \text{„}$$

Nun kann man für eine bestimmte Frequenz $f = 50$ und bei einer angenommenen unveränderlichen Induktion $\overline{\mathfrak{B}}$ (14 600) die verschiedenen Werte berechnen, wie nachstehende Tabelle zeigt:

Nr.	f	$\overline{\mathfrak{B}}$	$\frac{N\,cis}{f}$	$\frac{N\bar{h}}{f}$	$\frac{N_w}{f}$	$N\,cis$	$N\bar{h}$	N_w	$\frac{N\,cis}{kg}$	$N\bar{h}/kg$	N_w/kg
1	50	14 600	1·84	1·14	0·7	92	57	35	10·23	6·34	3·9
2	50	14 600	2·52	1·38	0·14	126	69	57	14	7·67	6·33
3	50	14 600	3·26	1·7	1·56	163	85	78	18·12	9·45	8·7

Bei Großtransformatoren stößt die Steigerung der Induktion in den Säulen auf große Schwierigkeiten. Je höher die Induktion, um so stärker die Abweichung des Magnetisierungstromes von der sinoidalen Form. Ist nun der Strom nicht von sinoidaler Form, so kann man ihn in eine Grundharmonische und in mehrere höhere Harmonische zerlegen.*) Der Einfluß der höheren Harmonischen macht sich dann stark bemerkbar. Die nachfolgende Skizze, die der Brown-Boverischen Schrift 787 D vom März 1926 entnommen ist, zeigt den Magnetisierungsstrom a bei einer Säuleninduktion $\overline{\mathfrak{B}} \sim$ $\sim$ 15 000 Gauß.

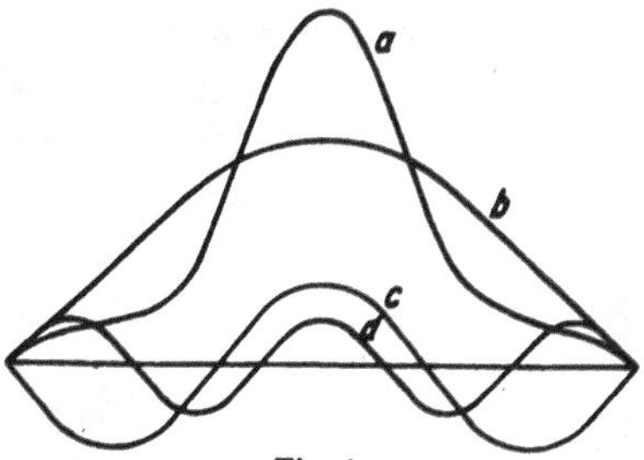

Fig. 8.

Dieser Magnetisierungsstrom a ist in die Grundwelle b, in die dritte Harmonische c, in die fünfte Harmonische d und in die siebente Harmonische e zerlegt worden. Die Amplitude der dritten Oberwelle beträgt 43 %, der fünften Oberwelle 15 % und der siebenten Oberwelle 3·7 % der Grundharmonischen. Auf jeden Fall bewirken die Oberwellen die spitze Form des Magnetisierungsstromes und damit die Vergrößerung der Höchstinduktion, welche wieder für Eisenverluste maßgebend ist.

*) Siehe Wotruba, „Ein- und mehrphasiger Wechselstrom", Seite 29.

II. Der belastete Transformator.

Einfaches Spannungs- und Strombild. Dasselbe mit Berücksichtigung der Eisenverluste und Spannungsabfälle bei induktiver Belastung. Die Streuung. Magnetischer Widerstand der Felder. Das Spannungs- und Strombild mit Berücksichtigung der Eisenverluste, der Spannungsabfälle und der Streuspannungen. Dasselbe Bild bei Kurzschluß der zweiten Seite. Der Kurzschlußversuch. Die Kurzschlußspannung. Bestimmung des Spannungsabfalles bei gleicher Belastung, aber verschiedenem Leistungsfaktor.

Belastet man den Transformator auf der zweiten Seite, so fließt auch durch die zweite Wicklung ein Strom I_2. Dieser Strom wird bei induktionsloser Belastung mit der zweiten Klemmenspannung in Phase sein, bei induktiver Belastung wird er der Klemmenspannung um einen bestimmten Winkel φ_2 nacheilen. Die stromdurchflossene zweite Wicklung erzeugt nun ebenfalls ein Feld. Wir wollen dieses Feld $\mathfrak{N}_2$ nennen. Da nun das Leerlauffeld Φ unter jeder Bedingung unverändert bleiben muß, solange die aufgedrückte Spannung E_1 gleich bleibt, so sind wir gezwungen, das Feld Φ als die geometrische Summe von $\mathfrak{N}_2$*) und $\mathfrak{N}_1$ aufzufassen. $\mathfrak{N}_1$ ist dann das Feld, das von der ersten Spule erzeugt wird. Anders gesagt heißt das,

Fig. 9.

daß jede Stromänderung in der zweiten Spule infolge der Rückwirkung des Feldes $\mathfrak{N}_2$ sich auch in der ersten Spule bemerkbar machen wird.

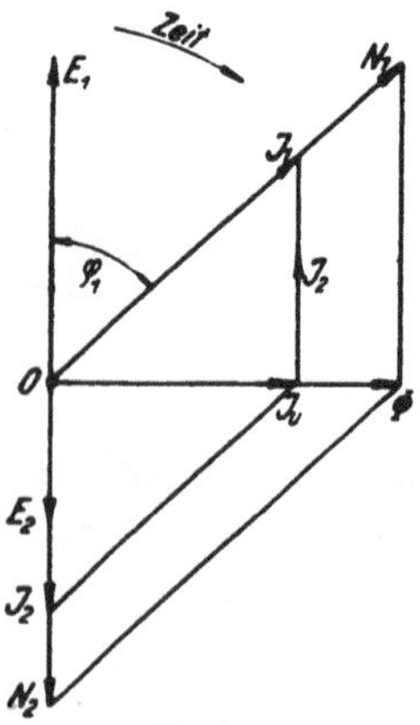

Vernachlässigen wir vorerst die Eisenverluste und die Spannungsabfälle im Wirkwiderstand der beiden Spulen, so ergibt sich unter der Annahme einer induktionsfreien Belastung folgendes Bild:

Aus der Figur ergibt sich, daß das Leerlauffeld ungeändert geblieben ist. Es wird vom Strom I_μ erzeugt. I_μ ist wirklich nicht vorhanden, sondern nur als geometrische Summe von den wirklichen Strömen I_1 und I_2. Die wirklichen Ströme I_1 und I_2 erzeugen die Felder $\mathfrak{N}_1$ und $\mathfrak{N}_2$. Diese Felder sind nicht vorhanden, sie haben sich zu dem wirklichen einzigen Felde Φ vereinigt. $\mathfrak{N}_1$ und $\mathfrak{N}_2$ stehen beinahe in Gegenphase. Die erste Seite nimmt jetzt den Strom I_1 auf, die der ersten Seite zugeführte Leistung ist $N_1 = E_1 . I_1 . \cos \varphi$, die abgegebene Leistung $N_2 = E_2 . I_2$.

Anmerkung: Die Strom- und Spannungsbilder zeichnen wir unter der Annahme auf, daß das Übersetzungsverhältnis 1 ist. Bei einem anderen Übersetzungsverhältnis ändern sich dann nur die Maßstäbe.

Wir wollen nun dieselbe Aufgabe unter der Annahme wiederholen, daß die Belastung eine induktive ist. Die Eisenverluste und die Spannungs-

---

*) Wegen der vielen Felder wurden die ideellen Felder der besseren Übersicht wegen mit den Buchstaben $\mathfrak{N}$ bezeichnet.

abfälle in der ersten und zweiten Wicklung sollen ebenfalls berücksichtigt werden.

Ist die zweite Seite induktiv belastet, so wird der Strom I_2 der zweiten Klemmenspannung E_{k_2} um den Winkel φ_2 nachhinken. Die vom Felde Φ in der zweiten Spule geweckte E. M. K. E_2 muß um den Spannungsabfall $I_2\ R_2$ größer sein. Daher müssen wir diesen zu E_{k_2} geometrisch addieren. In Gegenphase zu E_2 liegt wie früher E_1. Auf beiden senkrecht muß das Feld Φ stehen, das wir uns vom Strom I_μ erzeugt denken. Senkrecht auf I_μ steht der Strom I_h, der die Eisenverluste zu decken hat. Beide geometrisch addiert ergeben den Leerlaufstrom I_0. Addiert man zu I_0 den Strom I_2 in Gegenphase, so erhält man den Strom I_1, der das Feld $\mathfrak{R}_1$ zu erzeugen hat. $\mathfrak{R}_2$ und $\mathfrak{R}_1$ vereinigen sich wie früher zu dem Felde Φ. Die aufzudrückende Klemmenspannung E_{k_1} muß um den Betrag $I_1\ R_1$ größer sein. Könnte man $I_1\ R_1$ vernachlässigen, so würde eben die aufgedrückte Spannung E_1 genügen. E_{k_1} und I_1 schließen den Winkel φ_1 ein. Die von der ersten Seite aufgenommene Leistung

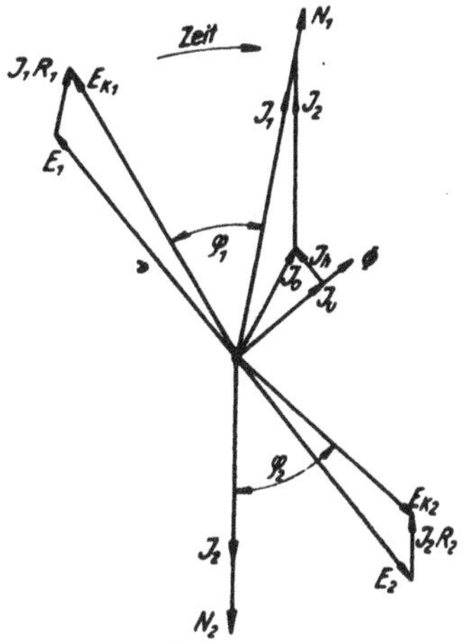

Fig. 10.

$$N_1 = E_{k_1} \,.\, I_1 \,.\, \cos \varphi_1,$$

die zweite Seite gibt die Leistung ab: $N_2 = E_{k_2} \,.\, I_2 \,.\, \cos \varphi_2$, daher ist der Wirkungsgrad

$$\eta = \frac{N_2}{N_1} = \frac{E_{k_2} \,.\, I_2 \,.\, \cos \varphi_2}{E_{k_1} \,.\, I_1 \,.\, \cos \varphi_2}.$$

Allenfalls ist φ_1 größer als φ_2. Aus dem Bilde ist auch zu erkennen, daß große Spannungsabfälle den Winkel φ_1 verkleinern.

Beispiel: Ein 100-K.-V.-A. Transformator ist induktiv belastet. $\cos \varphi_2 = 0{\cdot}7$. Bei der angenommenen Belastung wurde auf der ersten Seite eine Stromstärke von 18 Ampere gemessen. Es soll die der ersten Seite aufzudrückende Wechselspannung E_{k_1} gesucht werden, um an der zweiten Seite eine Klemmenspannung von $E_{k_2} = 277$ Volt zu erhalten. $R_1 = 2{\cdot}36\ \Omega$, $R_2 = 0{\cdot}0057\ \Omega$.

$$\frac{w_1}{w_2} = 16{\cdot}7.$$

Der ohmsche Spannungsabfall ε_2 in der zweiten Wicklung ist $I_2 \,.\, R_2$. Dieser Spannungsabfall wird sich auf der ersten Seite durch einen Anteil

$$\varepsilon_2' = I_2 \,.\, R_2 \frac{w_1}{w_2}$$

bemerkbar machen. Setzen wir statt

$$I_2 = \frac{I_1 \,.\, w_1{}^{*})}{w_2},$$

so wird

$$\varepsilon_2' = I_1 \,.\, R_2 \frac{w_1{}^2}{w_2{}^2}.$$

Hiezu kommt noch der Spannungsabfall in der ersten Spule $E_1 = I_1 \,.\, R_1$, so daß der gesamte Abfall auf die erste Seite bezogen durch folgende Gleichung gegeben ist:

$$\varepsilon = I_1 \, R_2 \frac{w_1{}^2}{w_2{}^2} + I_1 \,.\, R_1,$$

$$\varepsilon = I_1 \,.\left[R_2 \frac{w_1{}^2}{w_2{}^2} + R_1\right].$$

Aus der letzten Formel erkennt man, daß der Ersatzwiderstand, der in der ersten Wicklung R_2 ersetzt, dem Ausdrucke $R_2 \frac{w_1{}^2}{w_2{}^2}$ gleich ist.

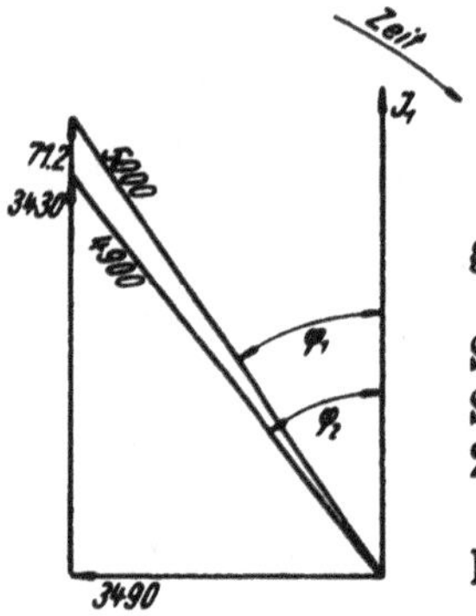

Fig. 11.

In unserem Beispiel wird

$$\varepsilon = 18 \; (0{\cdot}0057 \,.\, 16{\cdot}7^2 + 2{\cdot}36)$$

$$\varepsilon = 18 \; (1{\cdot}6 + 2{\cdot}36) = 71{\cdot}2 \text{ Volt.}$$

Dieser Spannungsabfall hat mit dem Strome I_1 gleiche Phase.

Soll an den Enden der zweiten Wicklung eine Spannung von 277 Volt auftreten, so entspricht dieser Spannung auf der ersten Seite eine Spannung von 277 × 16·7 = 4900 Volt.

Diese Spannung zerlege man in die beiden Komponenten

$$4900 \,.\, \sin \varphi = 3490 \text{ V. und}$$

$$4900 \,.\, \cos \varphi = 3430 \text{ V.}$$

Der Spannungsabfall von 71·2 Volt hat mit I_1 gleiche Phase. Die gesuchte Spannung E_{k_1} ergibt sich zu 5000 Volt.

Bis jetzt haben wir angenommen, daß der erste Fluß $\mathfrak{N}_1$ die zweite Wicklung, der zweite Fluß $\mathfrak{N}_2$ die erste Wicklung vollkommen durchsetzt. Das ist in Wirklichkeit nicht der Fall. Ein Teil des Feldes N_1, das

*) Es ist

$$\eta = \frac{N_2}{N_1} = \frac{E_{k_2} \, I_2 \,.\, \cos \varphi_2}{E_{k_1} \,.\, I_1 \,.\, \cos \varphi_1}.$$

Setzt man $\eta = 1$, ferner $\cos \varphi_1 = \cos \varphi_2$, so wird angenähert $E_{k_2} \,.\, I_2 = E_{k_1} \,.\, I_1$ und $E_{k_1} : E_{k_2} = I_2 : I_1 = w_1 : w_2$. Also: $I_1 : I_2 = w_2 : w_1$. Siehe auch Seite 16.

sogenannte Streufeld N_{s_1}, schließt sich nicht durch den Hauptpfad (siehe Fig. 1), sondern auf einem anderen Pfad, dem sogenannten Streupfad. Dasselbe gilt für den zweiten Fluß. Die magnetischen Pfade der Streuflüsse sind bei den Ausführungen der Wicklungen verschieden und meist sehr schwer zu verfolgen. Es gibt Streulinien, die mit sämtlichen Windungen ihrer erzeugenden Wicklung, und solche, die nur mit wenigen Windungen ihrer Wicklung verkettet sind. Daher ist man gezwungen, mit einem nur gedachten Streufeld zu rechnen, das man sich mit allen Windungen der Wicklung verkettet denkt. Die Wirkung dieses Streufeldes muß selbstverständlich dieselbe sein, wie die Wirkung des wirklichen Streufeldes. Dieses gedachte Streufeld schneidet nun die gesamten Windungen ihrer Wicklung und erzeugt an den Enden dieser eine E. M. K. der Selbstinduktion E_{s_1} oder E_{s_2}, die durch die nachstehenden Gleichungen gegeben sind:

$$E_{s_1} = 4{\cdot}44\, N_{s_1} \,.\, f \,.\, w_1 \,.\, 10^{-8}\ \text{V}.$$

$$E_{s_2} = 4{\cdot}44\, N_{s_2} \,.\, f \,.\, w_2 \,.\, 10^{-8}\ \text{V}.$$

E_{s_1} und E_{s_2} müssen den Feldern N_{s_1} und N_{s_2} um 90° nacheilen. Da $\mathfrak{N}_{s_1}$ und $\mathfrak{N}_{s_2}$ mit $\mathfrak{N}_1$ und $\mathfrak{N}_2$, also auch mit I_1 und I_2 gleiche Phase haben, so müssen E_{s_1} und E_{s_2} den Strömen I_1 und I_2 um 90° nachhinken.

Aus den beiden obigen Gleichungen lassen sich die beiden gedachten Streufelder $\mathfrak{N}_{s_1}$ und $\mathfrak{N}_{s_2}$ berechnen.

Sind die Streufelder bekannt, so kann man auch auf die magnetischen Felder zurückschließen. Es ist

$$\mathfrak{N}_{s_1} = \frac{0{\cdot}4\,\pi\, I_1 \,.\, w_1 \,.\, \sqrt{2}}{\mathfrak{W}_{s_1}}$$

$$\mathfrak{N}_{s_2} = \frac{0{\cdot}4\,\pi\, I_2 \,.\, w_2 \,.\, \sqrt{2}}{\mathfrak{W}_{s_2}},$$

der andere Teil des Feldes $\mathfrak{N}_1$, wir wollen ihn $\mathfrak{N}_1^0$ bezeichnen, schließt sich durch die beiden Kerne und Joche. Ebenso das Feld N_2^0. Der magnetische Widerstand dieses gemeinsamen Pfades sei $\mathfrak{W}$.

Das Feld $\mathfrak{N}_1$ verfolgt also teils den Streupfad und den gemeinsamen Pfad. Beide Pfade sind sozusagen parallel geschaltet. So wird der magnetische Leitwert des Feldes $\mathfrak{N}_1$ die Summe der magnetischen Leitwerte der Felder $\mathfrak{N}_1$ und $\mathfrak{N}_{s_1}$ sein.

Es gelten somit die Beziehungen

$$\frac{1}{\mathfrak{W}_1} = \frac{1}{\mathfrak{W}} + \frac{1}{\mathfrak{W}_{s_1}}$$

$$\frac{1}{\mathfrak{W}_2} = \frac{1}{\mathfrak{W}} + \frac{1}{\mathfrak{W}_{s_2}}.$$

Nach diesen Vorbemerkungen wollen wir nun das Spannungs- und Strombild des belasteten Transformators aufzeichnen. In diesem Bild wird induktive Belastung vorausgesetzt. Eisenverluste, die Spannungsabfälle durch die Wicklungswiderstände und die elektromotorischen Kräfte infolge der Streufelder werden berücksichtigt.

Ist I_2 die Belastung der zweiten Seite in Ampere, so hinkt dieser Strom der auftretenden Klemmenspannung E_{k_2} um den Wickel φ_2 nach. Damit E_{k_2} auftreten kann, muß die geweckte E. M. K. E_2 größer sein, und zwar um den Spannungsabfall $I_2\ R_2$ und um die E. M. K. der Selbstinduktion E_{s_2}, die überwunden werden muß. Wir nehmen wie früher an, daß die Spannung E_2 vom Felde Φ erzeugt wird, also dem Felde Φ um 90° nacheilt. Aus diesem Grunde zeichnen wir Φ senkrecht auf E_2 und E_1, wo E_1 ($= - E_2$ beim Übersetzungsverhältnis 1) jener Teil der aufgedrückten Klemmenspannung E_{k_1} ist, der der E. M. K. der Selbstinduktion E_1 das Gleichgewicht hält.

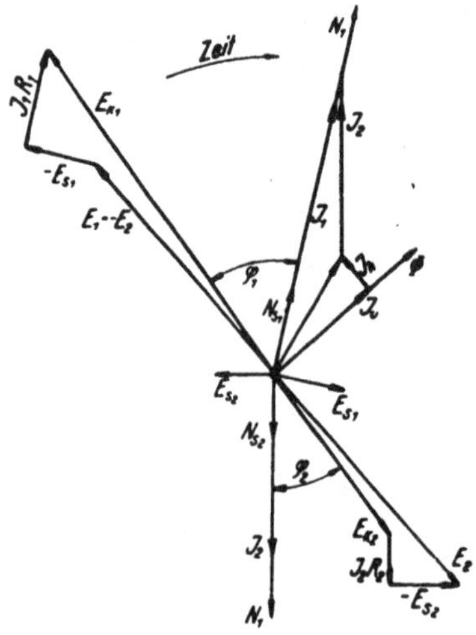

Fig. 12.

E_{k_1} hat aber noch den Spannungsabfall $I_1 . R_1$ und die Streuspannung E_{s_1} zu überwinden. Daraus ergibt sich die aufzudrückende Wechselspannung E_{k_1}, damit die zweite Spannung E_{k_2} bei der induktiven Belastung I_2 entstehen kann.

Aus dem Bilde schließen wir, daß die Berücksichtigung der Streuspannungen eine größere Phasenverschiebung zwischen I_1 und E_{k_1} ergibt.

Der Kurzschlußversuch dient zur Bestimmung des Übersetzungsverhältnisses

$$\frac{I_1}{I_2} = \frac{w_2}{w_1},$$

ferner zur Bestimmung der Kupferverluste in den beiden Wicklungen und zur Bestimmung der Streuspannungen. In Verbindung mit dem Leerlaufversuch gibt er den Wirkungsgrad des Transformators an und ermöglicht nach dem Kappschen Diagramm den Spannungsabfall bei unveränderlicher Stromstärke und verschiedenen Belastungsarten.

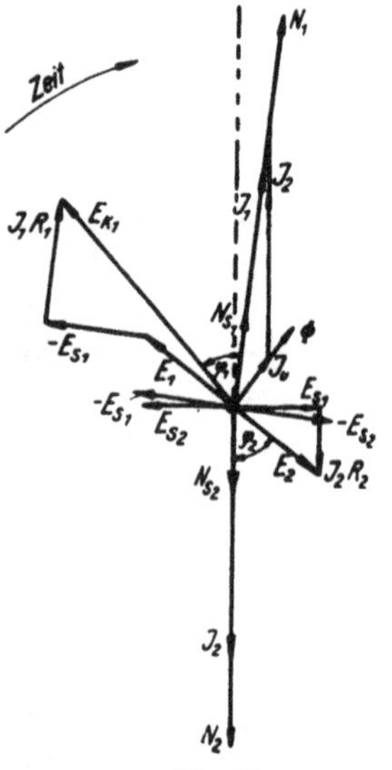

Fig. 13.

Man schließt die zweite Wicklung durch ein Amperemeter von sehr geringem Widerstand kurz und drückt der ersten Wicklung eine solche Spannung auf, daß in der zweiten Wicklung der normale Belastungsstrom entsteht. Im allgemeinen ist bei einer

Versuchsreihe mit Wechselstrom das Abdrosseln der überschüssigen Spannung durch einen Vorschaltwiderstand unstatthaft, da Strom- und Spannungskurven meist verschiedene Gestalt besitzen. Durch den Vorschaltwiderstand wird nun jede Kurve anders verzerrt, so daß bei jedem Versuch die Formfaktoren andere sind. Die erhaltenen Werte sind daher falsch. Dies gilt besonders bei Aufnahme der Eisenverluste. Man wird daher zum Einregeln der Spannung immer Stufentransformatoren benützen.

Die Schaltung wird folgende sein:

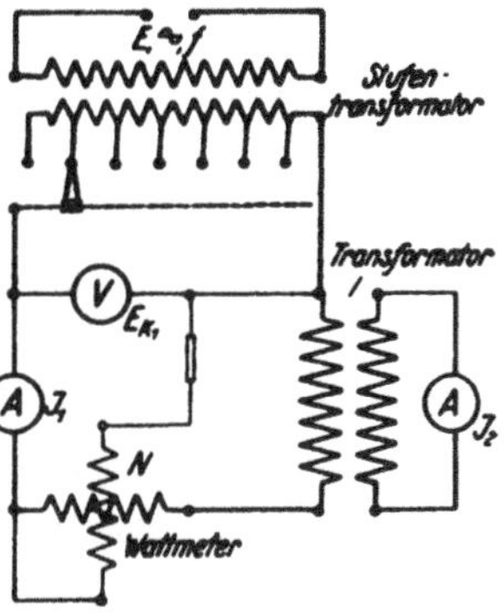

Fig. 14.

Da die zweite Wicklung kurz geschlossen ist, ist die Spannung an den Klemmen dieser Wicklung Null. Die in der zweiten Wicklung zu erzeugende E. M. K. braucht nur so groß zu sein, um die Streuspannung Es_2 und den Spannungsabfall $I_2 R_2$ zu decken. Diese E. M. K. wird nur gering sein, vielleicht nur $^1/_2$—1 v. H. der Normalspannung betragen. Da

$$E_2 = 4{\cdot}44\ \Phi . f . w_2 . 10^{-8}\ \text{V.},$$

wird der Fluß Φ sehr gering, mit ihm die Induktion $\mathfrak{B}$ und somit auch die Eisenverluste. Diese Eisenverluste sind so klein, daß man sie vernachlässigen kann.

Das im ersten Stromkreis eingeschaltete Wattmeter gibt also unmittelbar die Kupferverluste bei einer bestimmten Belastung an.

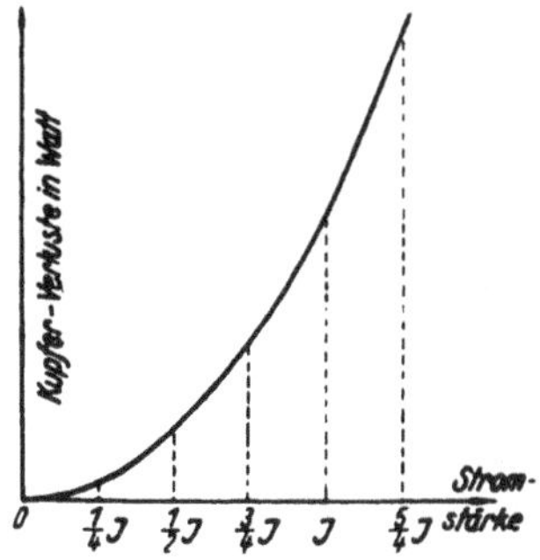

Fig. 14.

Diesen Versuch kann man für Viertel-, Halb-, Dreiviertel-, Voll- und Überlastung aufnehmen und erhält dann folgendes Bild:

Hat man durch einen Leerlaufversuch bei normaler erster Spannung die Eisenverluste N_h bestimmt, so ergibt sich der Wirkungsgrad des Transformators bei einer bestimmten Belastung durch die Gleichung

$$^{*)}\eta = \frac{I_2 . E_{k2} . \cos \varphi_2}{I_2 . E_{k2} \cos \varphi_2 + N_k + N_h}.$$

Da bei dem Kurzschlußversuch I_h fast Null, I_μ vernachlässigbar klein ist, so wird statt

$$I_1 = I_o + I_2 \frac{w_2}{w_1} \qquad\qquad I_1 = I_2 \frac{w_2}{w^1}$$

---

*) Wir wollen hiezu bemerken, daß die durch den Kurzschlußversuch gemessenen Kupferverluste größer sind als jene, die man rechnerisch aus den Stromstärken und Wiederständen erhalten würde. Diese zusätzlichen Verluste sind auf die Wirbelströme zurückzuführen, die in den massigen Metallteilen der Bauteile entstehen, aber auch auf die ungleichmäßige Stromverteilung infolge des Hauteffektes. Der Querschnitt wird bei zunehmender Frequenz nicht mehr gleichmäßig vom Strom durchflossen, die Stromfäden werden mehr nach außen gedrängt und so der Widerstand vergrößert.

$$I_1 w_1 = I_2 \cdot w_2 \qquad \frac{I_1}{I_2} = \frac{w_2}{w_1}.$$

Das Verhältnis der Stromstärken gibt dann ebenfalls das Übersetzungsverhältnis an.

Betrachtet man das Strom- und Spannungsbild des kurzgeschlossenen Transformators, so findet man, daß I_2 und I_1, ebenso E_2 und E_1 fast in Gegenphase sich befinden müssen. Man kann daher schreiben

$$I_1 = I_\mu + I_2$$

und der ohmsche Spannungsabfall

$$\varepsilon = I_1 \left[R_1 + R_2 \cdot \frac{w_1^2}{w_2^2} \right].$$

Ebenso der induktive Spannungsabfall

$$E_{s2} \frac{w_1}{w_2} + E_{s1}$$

Dann erscheint für eine bestimmte Belastung I_2 im zweiten Kreise die im Bilde gezeichnete Spannung E_1 als Hypotenuse des folgenden Dreiecks:

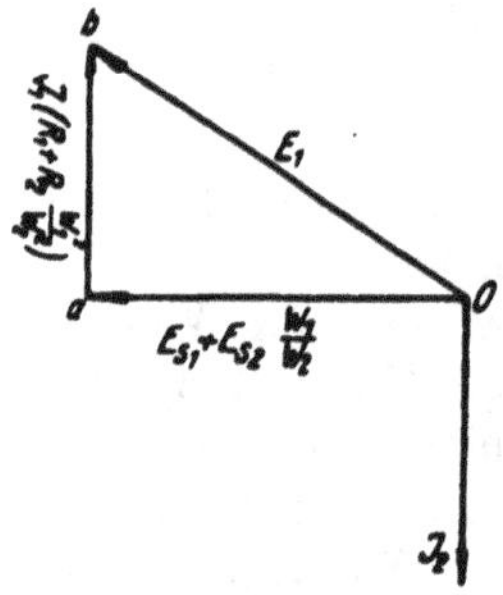

Fig. 16.

Bei größeren Transformatoren ist nun die Kathete $\overline{ab}$ klein gegen die Kathete $\overline{oa}$, so daß man, ohne einen großen Fehler zu begehen, die abgelesene Kurzschlußspannung als die Summe von $E_{s1} + E_{s2} \frac{w_1}{w_2}$ auflassen kann. In der Praxis drückt man diese abgelesene Kurschuß- (Streu-) Spannung bei dem ordentlichen Strom I_2 in Prozenten der Nennspannung aus. Sie liegt etwa zwischen 2 und 4 v. H. Transformatoren, die unter schweren Betriebsverhältnissen arbeiten, baut man mit größerer prozentualer Kurzschlußspannung. Dadurch schützen sich solche Transformatoren vor Überlastungen und Überspannungen selbsttätig.

Nach den Verbandsvorschriften muß die prozentuale Kurzschlußspannung am Schild des Transformators vermerkt sein. Diese Spannung spielt bei Parallelbetrieb mehrerer Transformatoren eine große Rolle. Je größer diese Spannung ist, desto größer ist der „innere" Widerstand des Transformators. Der Anteil, mit dem ein Transformator an der Energieabgabe an das Netz sich beteiligt, ist nun diesem inneren Widerstande umgekehrt proportional. Zwei oder mehrere Transformatoren, die gemeinsam auf ein Netz arbeiten, verhalten sich also ähnlich wie zwei oder mehrere parallel geschaltete Elemente ungleichen inneren Widerstandes. Es seien beispielsweise zu einem 1000-K.-V.-A.-Transformator zwei Transformatoren zu je 800 K. V. A. zugeschaltet. Die Kurzschlußspannungen seien 1·8, 2·75 und 3·2 v. H., die gesamte Netzbelastung sei 2400 K. V. A. Die Belastung wird sich dann wie folgt verteilen:

Der erste Transformator mit der geringsten Kurzschlußspannung liefert z. B. 1000 K. V. A.; dann wird der zweite Transformator nur $800 \frac{1\cdot8}{2\cdot75} = 522$ K.V. A., und der dritte Transformator $800 \frac{1\cdot8}{3\cdot2} = 450$ K.V. A., zusammen 1972 K.V. A. liefern. Da die Belastung 2400 K.V. A. ist, wird der erste Transformator

$$1000 \frac{2400}{1972} = 1220,$$

der zweite Transformator

$$522 \frac{2400}{1972} = 640,$$

und der dritte Transformator

$$450 \frac{2400}{1972} = 550$$

K.V. A. liefern.

Während also der erste Transformator überlastet wird, erreichen die beiden anderen Transformatoren nicht ihre Vollast. Sollen daher die beiden anderen Transformatoren sich regelrecht an der Energielieferung beteiligen können, so müssen alle die gleichen prozentualen Kurzschlußspannungen besitzen. Diese Gleichheit erreicht man durch Zuschaltung von Drosselspulen in die erste Seite der Transformatoren. In unserem Beispiele müßten der erste und zweite Transformator solche Drosselspulen erhalten. Sie werden auf den dritten Transformator mit der Kurzschlußspannung von 3·2 v. H. abgestimmt.*)

Das beim Kurzschlußversuch gewonnene Dreieck kann zur Bestimmung des Spannungsabfalles bei unveränderlicher Belastung I_2 und verschiedener Induktivität benutzt werden.

Bleibt die Stromstärke I_2 unverändert, so liegt das Dreieck oab im Bilde fest. Die Spannung $E_{k_2} = \overline{oc}$ ist mit I_2 in Phase. Die in diesem Falle aufzudrückende Spannung E_{k_1} ist die geometrische Summe von ob und bF. Wir schlagen mit dem Radius $OF = E_{k_1}$ einen Kreis um O. Da $\overline{OF} = \overline{bc}$, können wir mit demselben Radius OF um b als Mittelpunkt einen Kreis schlagen. Die Strecke $\overline{cd}$ stellt nun den Spannungsabfall vor, der sich bei der gedachten Belastung I_2 und der aufgedrückten Spannung E_k einstellen wird.

Wird nun die Belastung induktiv, so daß I_2 um den Winkel ψ_2 nachhinkt, so wird die aufgedrückte Spannung (die in ihrer Größe unveränderlich bleibt) durch den Strahl $\overline{OF'}$ dargestellt: $\overline{OF'} = \overline{Ob} + \overline{bF_1}$. Der Spannungsabfall ist dann durch die Strecke $\overline{c_1 d_1}$ gegeben. Bei rein

*) In Wirklichkeit müßten die drei Transformatoren mit der gleichen prozentualen Spannung geliefert werden.

induktiver Belastung (ein nicht zu verwirklichender Fall) wäre der Spannungsabfall $\overline{c_3 d_3}$.

Bei einer bestimmten kapazitiven Belastung wird der Spannungsabfall Null. Dieser Betriebszustand ist durch den Doppelpunkt c_2, d_2 gegeben.

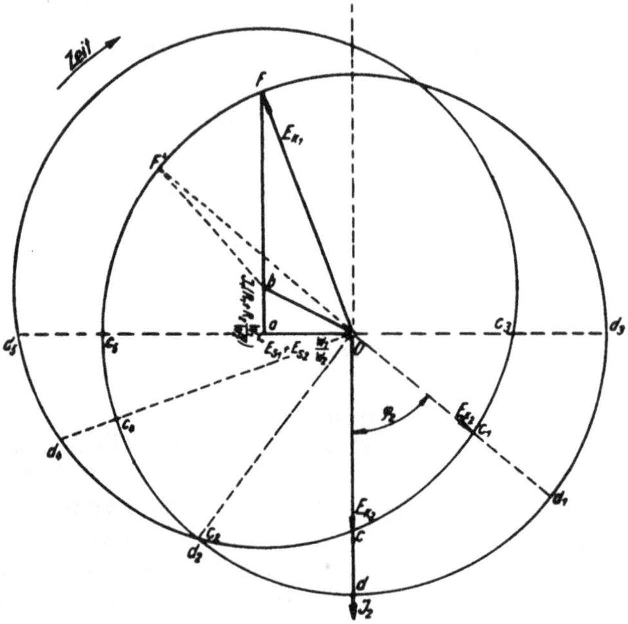

Fig. 17.

Wird die Voreilung des Stromes I_2 noch größer, so kann sogar eine Spannungserhöhung eintreten, die durch die Strecke $\overline{c_4 d_4}$ gegeben ist. Die Spannungserhöhung $\overline{c_5 d_5}$ tritt bei reiner kapazitiver Belastung ein.

III. Das Felderbild des Transformators.

Die Konstruktion des Feldbildes. Das vereinfachte Bild, der sogenannte Heylandkreis. Beispiel. Bestimmung von τ durch Rechnung.

Wir machen die vereinfachende Voraussetzung, daß die aufgedrückte Klemmenspannung E_{k_1} konstant ist, daß wir die Spannungsabfälle $I_1 R_1$ und $I_2 R_2$ vernachlässigen dürfen und daß die Belastung des Transformators induktionsfrei sei. Nun ist zur Aufzeichnung des Bildes folgendes zu wissen nötig: Der zweite Strom I_2 und die zweite Spannung E_2 sind unserer Voraussetzung nach phasengleich. Da das Feld $\mathfrak{N}_2$ vom Strome I_2 erzeugt wird, müssen auch $\mathfrak{N}_2$ und I_2 phasengleich sein. Nun wird E'_2 von dem in der zweiten Wicklung tätigem Felde Φ_2 erzeugt. Es muß daher die Spannung E_2 dem Felde Φ_2 um 90° nacheilen. Daraus geht hervor, daß die Felder N_2 und Φ_2 aufeinander senkrecht stehen müssen, und zwar eilt das Feld Φ_2 dem Felde $\mathfrak{N}_2$ um 90° voraus. Das Feld Φ_2 aber ist die geometrische Summe aus dem Felde $\mathfrak{N}_2$ und dem Felde $\mathfrak{N}_1^0$, das aus der ersten Wicklung in die zweite eindringt.

Solange die aufgedrückte Spannung E_1 konstant bleibt, muß auch das Feld Φ_1 konstant bleiben. Dieses Feld setzt sich aus dem Felde $\mathfrak{N}_1$ und dem Felde $\mathfrak{N}_2^0$ zusammen. $\mathfrak{N}_2^0$ ist jener Teil des Feldes $\mathfrak{N}_2$, der mit beiden Wicklungen verkettet ist. Das Feld Φ_1 erzeugt also die E. M. K. der Selbstinduktion, die dem erzeugenden Felde Φ_1 um 90° nacheilen muß. Die aufgedrückte Klemmenspannung ist dieser E. M. K. entgegengesetzt gerichtet. Jetzt ergibt sich folgendes Bild:

Es sind die Strecken

$$\overline{oa} = \mathfrak{N}_1 \qquad \overline{oh} = \mathfrak{N}_2$$
$$\overline{ob} = \mathfrak{N}_1^0 \qquad \overline{og} = \overline{ae} = \mathfrak{N}_2^0$$
$$\overline{ba} = \mathfrak{N}_{s1} \qquad \overline{gh} = \mathfrak{N}_{s2}$$

$$\overline{oe} = \overline{oa} + \overline{ae}$$
$$\Phi_1 = \mathfrak{N}_1 + \mathfrak{N}_2^0$$
$$\overline{of} = \overline{ob} + \overline{bf}$$
$$\Phi_2 = \mathfrak{N}_2 + \mathfrak{N}_1^0$$
$$\overline{om} = \overline{og} + \overline{gm}$$
$$\Phi = \mathfrak{N}_2^0 + \mathfrak{N}_1^0$$

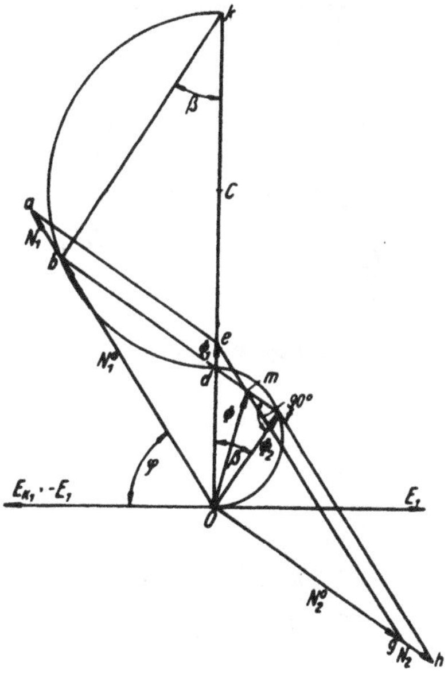

Fig. 18.

Wir haben also drei wirkliche Felder: Das Feld Φ_1 von der ersten Wicklung umhüllt, das Feld Φ_2 von der zweiten Wicklung umhüllt und das Feld Φ, das in den Jochen des Transformators vorhanden ist.

Aus der Ähnlichkeit der Dreiecke *oae* und *obd* ergeben sich folgende Beziehungen:

$$\overline{ae} : \overline{bd} = \overline{oa} : \overline{ob},$$

oder die Strecken durch die Felder ausgedrückt:

$$\mathfrak{N}_2^0 : \overline{bd} = \mathfrak{N}_1 : \mathfrak{N}_1^0$$

$$\overline{bd} = \frac{\mathfrak{N}_2^0 \cdot \mathfrak{N}_1^0}{\mathfrak{N}_1}$$

$$\overline{bd} = \mathfrak{N}_2^0 \cdot \frac{1}{s_1}.$$

Ferners:

$$\overline{oa} : \overline{ob} = \overline{oe} : \overline{od}$$
$$\mathfrak{N}_1 : \mathfrak{N}_1^0 = \Phi_1 : \overline{od}$$

$$\overline{od} = \frac{\mathfrak{R}_1{}^0 \cdot \Phi_1}{\mathfrak{R}_1}.$$

$$\overline{od} = \Phi_1 \cdot \frac{1}{s_1}.$$

Da $\overline{oe} = \Phi_1$ nach unserer Annahme unveränderlich ist, also die Strecke $\overline{oe}$ im Bilde festliegt, so muß auch die Strecke $\overline{od} = \frac{\Phi_1}{s_1}$ unveränderlich sein und im Bilde festliegen. Die Strecke $\overline{oe}$ wie die Strecke $\overline{od}$ können als ein Maß für das Feld Φ_1, also auch für ein Maß des erzeugenden Stromes I_μ angenommen werden. Wir wählen die Strecke $\overline{od}$. Die beiden Schenkel des rechten Winkels bei f müssen durch die beiden Festpunkte d und o gehen. Verändert sich die Belastung, so muß der Punkt f als rechter Winkel im Halbkreise sich auf diesem Halbkreise über den Durchmesser $\overline{od}$ bewegen. Auch der Punkt b wird sich auf einem Kreise bewegen müssen, wenn z. B. das Verhältnis $\overline{fd} : \overline{fb}$ unveränderlich ist. Das ist nun leicht nachweisbar:

$$\frac{\overline{fd}}{\overline{fb}} = \frac{\overline{fh} - \overline{bd}}{\overline{fb}} = 1 - \frac{\overline{bd}}{\overline{fb}} = 1 - \frac{\mathfrak{R}_2{}^0}{s_1\,\mathfrak{R}_2} = 1 - \frac{\mathfrak{R}_2{}^0}{s_1\,\mathfrak{R}_2{}^0\,s_2} = 1 - \frac{1}{s_1 \cdot s_2}.$$

Das Verhältnis $1 - \frac{1}{s_1 \cdot s_2}$, welches wir mit τ bezeichnen wollen, ist also eine unveränderliche Größe.

$$\tau = 1 - \frac{1}{s_1 \cdot s_2}$$

Der Punkt b bewegt sich also bei Belastungsveränderungen auf einem Kreise über dem Durchmesser $\overline{dk}$.

Wir erinnern uns,*) daß wir den Ausdruck $\frac{1}{s_1 \cdot s_2}$ dem Quadrate des Kupplungsfaktors gleich gefunden haben.

$$k^2 = \frac{1}{s_1 \cdot s_2}$$

Wenn nun $\tau = 1 - \frac{1}{s_1 \cdot s_1}$, so ist auch

$$\tau = 1 - k^2 \qquad k^2 = 1 - \tau$$

$$k = \sqrt{1 - \tau}.$$

Es ist demgemäß

$$M = \sqrt{1 - \tau} \cdot \sqrt{L_1 \cdot L_2}.$$

Der Kupplungsfaktor der beiden Wicklungen des Transformators hängt also von τ ab. τ nennen wir den Streufaktor des Transformators.

---

*) Wotruba, Ein-Mehrphasenstrom, Seite 14.

Je größer die Hopkinsonschen Streufaktoren s_1 und s_2 sind, desto größer wird τ, um so kleiner $\sqrt{1-\tau}$, der Kupplungsfaktor k. Wird k klein, so wird auch der Koeffizient der gegenseitigen Induktion M klein, ein um so geringerer Fluß $\mathfrak{N}_1{}^0$ dringt aus der ersten Wicklung in die zweite ein.

Die Strecke $\overline{ob} = \frac{\mathfrak{N}_1}{s_1}$ ist ein Maß für $\mathfrak{N}_1{}^0$, kann aber auch als Maß für $\mathfrak{N}_1$, also auch für I_1 betrachtet werden. Die Strecke $\overline{bd} = \frac{\mathfrak{N}_2{}^0}{s_1}$ ist ebenso ein Maß für $\mathfrak{N}_2{}^0$, für $\mathfrak{N}_2$ und für den zweiten Strom I_2. Das zweite Feld Φ_2 ist veränderlich. Sein Verhältnis zu dem unveränderlichen Felde Φ_1 bestimmt

$$\cos\beta = \frac{\Phi_2}{\Phi_1}.$$

Man kann auch die Strecke $\overline{dk}$ als ein Maß des Feldes Φ_1 auffassen. Dann stellt $\overline{kb}$ jenen Teil des Feldes Φ_1 vor, der dem Felde Φ_2 die Waage halten muß. Die Strecke $\overline{bd} = \frac{\mathfrak{N}_2{}^0}{s_1}$ hebt das Feld $\mathfrak{N}_2{}^0$ auf.

Je mehr der Transformator belastet wird, um so mehr wandert der Punkt f nach abwärts, der Punkt b nach aufwärts, in dem sich der Strahl $\overline{fb}$ um den Punkt d dreht. Φ_2 wird dabei immer kleiner, um bei Kurzschluß Null zu werden. Dabei wächst $\mathfrak{N}_2$, kommt beinahe in Gegenphase mit Φ_1 und wird dabei ganz auf dem Streupfade der zweiten Wicklung gedrängt.

Zur weiteren Besprechung können wir das Feld und das Strombild des Transformators vereinfachen.

b stellt einen Betriebszustand des Transformators dar. Die Strecke $\overline{bd} = I_2$ mißt, mit dem entsprechenden Maßstab gemessen, die Belastung der zweiten Seite vor. I_1 ist der erste Strom und φ_1 die Phasenverschiebung zwischen E_{k_1} und I_1, die sich bei der gedachten Belastung einstellen wird. Die Strecke $\overline{bb'} = I_1 \cdot \cos\varphi_1$. Da die aufgenommene Leistung

$$E_{k_1} \cdot I_1 \cdot \cos\varphi_1$$

und E_{k_1} nach unserer Voraussetzung unveränderlich ist, so muß die Strecke $\overline{bb'}$ ein Maß der aufgenommenen Leistung sein.

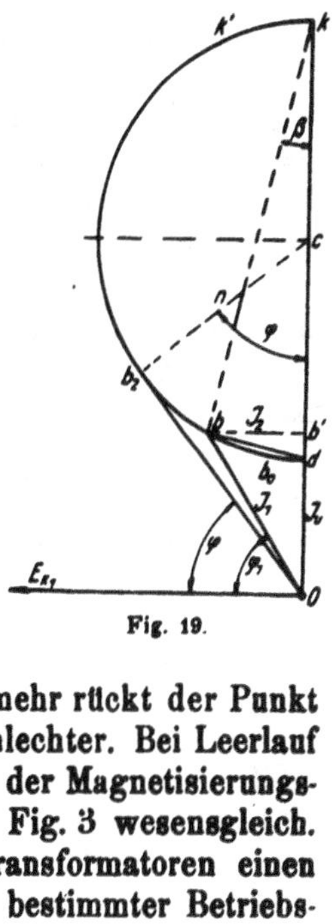

Fig. 19.

Je mehr der Transformator entlastet wird, desto mehr rückt der Punkt b nach d. I_2 und I_1 werden kleiner $\cos\varphi_1$ immer schlechter. Bei Leerlauf fällt der Punkt b nach d. I_2 ist Null geworden, aus I_1 der Magnetisierungsstrom I_μ. Das Bild ist dann mit der Darstellung in Fig. 3 wesensgleich. Man erkennt aus dem Bilde, daß wenig belastete Transformatoren einen sehr schlechten Leistungsfaktor besitzen. Es wird ein bestimmter Betriebszustand vorhanden sein, bei dem $\cos\varphi$ einen Höchstwert erreicht. Das ist augenscheinlich jener, der im Bilde mit b_2 bezeichnet ist. Der Strahl $\overline{o b_2}$ tangiert den Kreis. Der Winkel φ hat den kleinsten Wert erreicht, so daß $\cos\varphi$ den Höchstwert besitzt.

Es ist für diesen Fall

$$\cos\varphi = \frac{\overline{c b_2}}{\overline{o c}} = \frac{r}{r + \overline{o d}}.$$

r ist der Radius des Kreises, der sich leicht bestimmen läßt.

$$\tau = \frac{\overline{o d}}{\overline{o k}} \qquad \tau = \frac{\overline{o d}}{\overline{o d} + 2r}$$

$$\tau \,.\, od + \tau \,.\, 2r = od \qquad \overline{od}\,.\,(1-\tau) = 2r\tau$$

$$r = \frac{\overline{od}\,.\,(1-\tau)}{2\tau} \qquad r = I_\mu \frac{1-\tau}{2\tau}$$

Dann wird

$$\cos\varphi = I_\mu \frac{1-\tau}{2\tau} : \left[I_\mu \frac{1-\tau}{2\tau} + I_\mu\right] \qquad \cos\varphi = I_\mu \frac{1-\tau}{2\tau} : I_\mu \left(\frac{1-\tau}{2\tau} + 1\right)$$

$$\cos\varphi = \frac{1-\tau}{2\tau} : \frac{1-\tau+2\tau}{2\tau} \qquad \cos\varphi = \frac{1-\tau}{1+\tau}.$$

Das ist der Höchstwert für $\cos\varphi$.

Nun könnte man bei einem Transformator tatsächlich einen Leerlauf- und einen Kurzschlußversuch durchführen. Der Leerlaufversuch ergibt nun die Eisenverluste, den Leerlaufstrom I_0 bei der abgelesenen Spannung E_{k_1}. Der Kurzschlußversuch ergibt die Kupferverluste $I_1^2 R_1 + I_2^2 \,.\, R_2$ und den Kurzschlußstrom I_k.

Nach unserer Voraussetzung haben wir aber von den Eisenverlusten und den Widerständen R_1 und R_2 vollkommen abgesehen.

In unserem Bilde wird sich das so ausmalen, daß der Leerlaufpunkt nach b_0, der Kurzschlußpunkt nach K^1 fallen wird.

Beispiel. Der Leerlaufversuch bei einem 100 K.-V.-A.-Transformator wurde mit der Vollspannung $E_{k_1} = 5000$ Volt durchgeführt. Das Amperemeter zeigte 1 Ampere, das Wattmeter 520 Watt.

$$N_1 = E_{k_1} \,.\, I_1 \,.\, \cos\varphi_1$$

$$\cos\varphi_1 = \frac{N_1}{E_{k_1} \,.\, I_1} \qquad \cos\varphi_1 = \frac{520}{5000 \,.\, 1} = 0{\cdot}105.$$

Der Kurzschlußversuch kann nicht mit der vollen Spannung durchgeführt werden, da der Strom I_1 dabei den zwanzig- bis dreißigfachen Vollastwert annimmt. Da aber $\cos\varphi$ von der aufgedrückten Spannung beinahe unabhängig ist, genügt eine kleinere Spannung. Der Kurzschlußstrom bei voller Spannung ist leicht zu berechnen. So haben wir für den Kurzschlußversuch eine Spannung von 350 Volt gewählt. Das Amperemeter zeigte einen Strom von 10 Ampere, das Wattmeter eine Leistung von 900 Watt. Dann war

$$\cos \varphi_1 = \frac{900}{350 \cdot 10} = 0{\cdot}257,$$

der wirkliche Kurzschlußstrom

$$I_k = 10 \, . \, \frac{5000}{350} = 144 \text{ Amp.}$$

Wir zeichnen uns ein Achsenkreuz mit dem Ursprung o und schlagen um o einen Kreis von 100 mm. Auf der Wagrechten tragen wir von o 10·5 und 25·7 mm auf und ziehen die Senkrechten $\overline{m\,m'}$ und $\overline{n\,n'}$. o wird mit m' und n' verbunden und ergeben schon die Winkel φ bei Kurzschluß und Leerlauf. Auf die Strahlen trage man (1 Ampere = 1 mm) die Ströme von 1 Ampere und 144 Ampere auf. Wir erhalten die Punkte bo und K'. Man ziehe die Sehne $\overline{bo\,K'}$, halbiere sie, ziehe im Halbierungspunkte eine Senkrechte und erhält so den Mittelpunkt c des Kreises. Sein Halbmesser wurde mit 74 mm gemessen. Die Strecke $\overline{bo\,bo'} \sim \overline{bo\,d}$ stellt die Leerlaufverluste von 520 Watt vor. Somit ist der Maßstab für die Leistung gegeben: 1 mm = 5000 Watt.

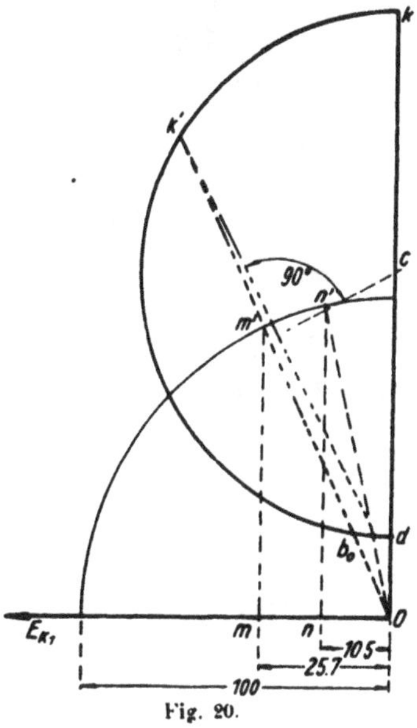

Fig. 20.

Der Streufaktor

$$\tau = \frac{\overline{o\,d}}{\overline{o\,K}} = \frac{1}{149} = 0{\cdot}0067$$

$$k^2 = 1 - \tau = 0{\cdot}9933 \qquad k = 0{\cdot}994,$$

daher ist die Kupplung groß, die Streuung gering.

Sei angenähert $s_1 = s_2$, so wird $s_1 = s_2 = 1{\cdot}04$. Das ist für gewöhnliche Transformatoren schon ein außergewöhnlich großer Wert.

Der Kurzschlußstrom ist $\frac{144}{20} = 7{\cdot}2$ mal größer als der normale Betriebsstrom. Dieser Transformator zeigt einen großen Selbstschutz.

Soll der Streufaktor τ eines Transformators nach dem Entwurfe bestimmt werden, so muß man außer dem Magnetisierungsstrom die Faktoren s_1 und s_2 kennen. Wir nehmen an, daß ein Zentimeter einer Windung (z. B. der ersten Wicklung) bei einem Stromdurchgang von einem Ampere eine bestimmte Anzahl von Streulinien erzeugt. Diese Anzahl von Streulinien sei ζ. Die Werte von ζ sind nun vom Bau des Transformators, hauptsächlich von der gegenseitigen Anordnung, abhängig. Da man bei einem fertigen Transformator nach den vorigen Abschnitten die Streufelder $\mathfrak{N}_{s_1}$ und $\mathfrak{N}_{s_2}$ durch Versuch bestimmen kann, so ergibt die Division $\frac{\mathfrak{N}_{s_1}}{w_1 \cdot I_1 \, \mathfrak{L}_1 \sqrt{2}}$ die gesuchte charakteristische Zahl ζ, die für alle gleichgebauten Transformatoren denselben Wert besitzen wird. Daher wird es dem berechnenden Konstrukteur leicht sein, diese Zahl im vorhinein aus seiner Erfahrung heraus schätzen zu können. Als Mittelwerte kann man bei Röhrenwicklung 0·01 — 0·03, bei Scheibenwicklungen 0·02 — 0·04 annehmen.

Das gesamte (gedachte) Streufeld $\mathfrak{N}_{s_1} = \zeta \cdot \mathfrak{L}_1 \cdot w_1 \cdot I_1 \sqrt{2}$, wenn $\mathfrak{L}_1$ die mittlere Länge einer Windung in Zentimetern, w_1 die Windungszahl und I_1 die effektive Stromstärke bedeuten.

Ebenso ist $\mathfrak{N}_{s_2} = \zeta \cdot \mathfrak{L}_2 \cdot w_2 \, I_2 \sqrt{2}$.

Nun ist $s_1 = 1 + \frac{\mathfrak{N}_{s_1}}{\mathfrak{N}_1{}^0}$, und $s_2 = 1 + \frac{\mathfrak{N}_{s_2}}{\mathfrak{N}_2{}^0}$.

Es handelt sich nun um die Größe der Felder $\mathfrak{N}_1{}^0$ und $\mathfrak{N}_2{}^0$.

Es ist $\mathfrak{N}_1{}^0 = \frac{0{\cdot}4 \, \pi \, I_1 \cdot w_1 \sqrt{2}}{\mathfrak{W}}$.

Um $\mathfrak{W}$ zu bestimmen erinnern wir uns, daß bei Leerlauf das Feld Φ denselben magnetischen Pfad verläuft wie das Feld $N_1{}^0$ bei Belastung.

Es besteht die Beziehung

$$\Phi_1 = \frac{0{\cdot}4 \, \pi \, w_1 \, I_\mu \sqrt{2}}{\mathfrak{W}}.$$

Daraus wird

$$\mathfrak{W} = \frac{0{\cdot}4 \, \pi \, w_1 \, I_\mu \sqrt{2}}{\Phi_1}$$

Es ist somit

$$\mathfrak{N}_1{}^0 = \frac{0{\cdot}4 \, \pi \, w_1 \, I_1 \sqrt{2}}{0{\cdot}4 \, \pi \, w_1 \, I_\mu \sqrt{2}} \, \Phi_1$$

oder

$$\mathfrak{N}_1{}^0 = \frac{I_1}{I_\mu} \, \Phi.$$

Es ist also

$$s_1 = 1 + \frac{\zeta \cdot \mathfrak{L}_1 \cdot w_1 \cdot I_1 \sqrt{2} \cdot I_\mu}{I_1 \, \Phi_1}$$

$$s_1 = 1 + \frac{\zeta \cdot \mathfrak{L}_1 \cdot w_1 \cdot I_\mu \sqrt{2}}{\Phi_1}.$$

Ebenso wird

$$s_2 = 1 + \frac{\zeta \,.\, \mathfrak{L}_2 \,.\, w_1 \, I_\mu \sqrt{2}}{\bar{\Phi}_1}.$$

Die beiden Brüche in den Werten von s und s_2 werden sich wenig unterscheiden. Nimmt man von den mittleren Spulenlängen $\mathfrak{L}_1$ und $\mathfrak{L}_2$ das Mittel $\mathfrak{L}$, so werden die beiden Brüche dem Werte nach gleich und man schreibt dann:

$$s_1 \,.\, s_2 = (1 + a)^2 = 1 + 2\,a,$$

weil man a^2 vernachlässigen kann. Für a wieder den Bruchwert genommen gibt

$$s_1 \,.\, s_2 = 1 + .\, 2 \frac{\zeta \,.\, \mathfrak{L}\, w_1 \, I_\mu \sqrt{2}}{\bar{\Phi}_1}.$$

Beispiel: Ein 100-K.-V.-A.-Transformator ist für eine Oberspannung $E_1 = 20\,000$ Volt, für eine Unterspannung $E_2 = 400$ Volt und für eine Frequenz $f = 50$ gebaut. Die erste Windungszahl $w_1 = 4200$, die zweite Windungszahl $w_2 = 84$.

Die mittlere Länge einer ersten Windung $\mathfrak{L}_1 = 78$ cm, die mittlere Länge einer zweiten Windung $\mathfrak{L}_2 = 59$ cm, der Wirkwiderstand R_1 der ersten Seite ist 46 Ω und der Wirkwiderstand R_2 der zweiten Seite ist 0·013 Ω.

Der Leerlaufversuch ergab einen Leerlaufstrom I_0 von 0·392 Ampere und eine aufgenommene Leistung von 705 Watt. Ein Kurzschlußversuch ergab, daß man an die erste Seite eine Wechselspannung von 50 Perioden und 720 Volt legen muß, um in der zweiten Seite den Vollaststrom von 250 Ampere zu erhalten.

Wir wollen nun die charakteristische Zahl ζ dieses Transformators berechnen. Da E_{s_1} und E_{s_2} (auf die erste Seite reduziert) ungefähr gleich sind, so setzen wir

$$E_{s_1} = 4{\cdot}44\, \mathfrak{N}_{s_1} \,.\, f\, w_1 \,.\, 10^{-8}\ \text{V}.$$

$$360 = 4{\cdot}44\, \mathfrak{N}_{s_1} \,.\, 50 \,.\, 4200 \,.\, 10^{-8}\ \text{V}.$$

$$\mathfrak{N}_{s_1} = \frac{360 \,.\, 10^8}{4{\cdot}44 \,.\, 50 \,.\, 4200} = 38\,200\ \text{Maxwell}.$$

$$\text{Da}\ \zeta = \frac{\mathfrak{N}_{s1}}{w_1 \,.\, \mathfrak{L}_1\, I_1 \sqrt{2}}\ \text{wird}$$

$$\zeta = \frac{38\,200}{4200 \,.\, 78 \,.\, 5 \,.\, 1{\cdot}41} = 0{\cdot}0166.$$

Ist der Magnetisierungsstrom $I_\mu = 0{\cdot}39$ A, der Kraftfluß $\bar{\Phi}_1 = 2{\cdot}16 \,.\, 10^6$, so wird $\tau = 1 - \frac{1}{s_1 \,.\, s_2}$.

$$s_1 \,.\, s_2 = 1 + 2 \,.\, \frac{0{\cdot}0166 \,.\, 68{\cdot}5 \,.\, 4200 \,.\, 0{\cdot}39 \,.\, 1{\cdot}41}{2{\cdot}16 \,.\, 10^6}$$

$$s_1 . s_2 = 1 + 2 . 0{\cdot}0012 = 1{\cdot}0024$$

$$\tau = 1 - \frac{1}{1{\cdot}0024} = 1 - 0{\cdot}9976 = 0{\cdot}0024.$$

Dann wäre bei Vernachlässigung der Wirkwiderstände der bei Kurzschluß der zweiten Spule aufgenommene erste Strom

$$I_k = \frac{I_\mu}{\tau} = \frac{0{\cdot}39}{0{\cdot}0024} = 162 \text{ A}.$$

Da der Vollaststrom 5 A ist, würde also die erste Seite bei Kurzschluß der zweiten den $\frac{162}{5} = 32{\cdot}4$ fachen Vollaststrom aufnehmen. In Wirklichkeit wird die Stromstärke etwas geringer sein. Man kann noch eine kleine Kontrollrechnung hinzufügen: Wenn bei einer der ersten Seite aufgedrückten Spannung von 20 000 Volt diese 162 A aufnimmt, muß sie nach dem Kurzschlußversuch bei 720 Volt den Vollaststrom von 5 A aufnehmen.

20 000 Volt — 162 A
720 „ — ?

$$x = \frac{162 . 720}{20\,000} = 5{\cdot}8 \text{ A}.$$

Der höhere Wert rührt davon her, daß wir bei der Berechnung von den Wirkwiderständen abgesehen haben.

Beispiel. Die Berechnung eines 100-K.-V.-A.-Dreiphasenöltransformators ist schon so weit fortgeschritten, daß man die prozentuelle Kurzschlußspannung berechnen kann. Diese sollte 4% der aufgedrückten Spannung betragen. Es wurden bereits folgende Werte festgelegt:

Oberspannung $E_1 = 20\,000$ V.
Unterspannung $E_2 = 400$ V.
Schaltung der Seiten: Stern, Zick-Zack.
Eisenquerschnitt: 104 cm².
Kraftlinienschluß $\overline{\Phi} = 1{\cdot}46 . 10^6$ M.
Phasenspannung: 11 550 V.
Erster Strom $I_1 = 2{\cdot}88$ A.
Erste Windungszahl $w_1 = 3550$.
Zweiter Strom $I_2 = 144$ A.
Zweite Windungszahl $w_2 = 82$.
Magnetisierungsstrom $I_\mu = 0{\cdot}2$ A.
Wattstrom bei Leerlauf $I_h = 0{\cdot}06$ A.
Leerlaufstrom $I_0 = 0{\cdot}21$ A.
Mittlere erste Windungslänge $\mathfrak{L}_1 = 67$ cm.
Mittlere zweite Windungslänge $\mathfrak{L}_2 = 50$ cm.
Wirkwiderstand der ersten Wicklung $R_1 = 48\ \Omega$.

Wirkwiderstand der zweiten Wicklung $R_2 = 0{\cdot}0162\ \Omega$.

ζ gewählt 0·028.

Es ist die Streuspannung: $E_{s1} = 4{\cdot}44\ \mathfrak{N}_{s1} \, . \, f \, . \, w_1 \, . \, 10^{-8}$ V.

$\mathfrak{N}_{s1} = \zeta \, . \, \mathfrak{L}_1 \, . \, w_1 \, . \, I_1 \, . \sqrt{2}$.

$\mathfrak{N}_{s1} = 0{\cdot}028 \, . \, 67 \, . \, 3550 \, . \, 2{\cdot}88 \, . \, 1{\cdot}41$.

$\mathfrak{N}_{s1} = 27\,000$ M.

Es ist somit:

$E_{s1} = 4{\cdot}44 \, . \, 27\,000 \, . \, 50 \, . \, 3550 \, . \, 10^{-8}$ V.

$E_{s1} = 212$ Volt.

$E_{s2} = 4{\cdot}44\ \mathfrak{N}_{s2} \, . \, f \, . \, w_2 \, . \, 10^{-8}$ V.

$\mathfrak{N}_{s2} = 0{\cdot}028 \, . \, 50 \, . \, 82 \, . \, 144 \, . \, 1{\cdot}41$.

$\mathfrak{N}_s = 23\,500$ M.

$E_{s2} = 4{\cdot}44 \, . \, 23\,500 \, . \, 50 \, . \, 82 \, . \, 10^{-8}$.

$E_s = 3{\cdot}68$ Volt.

Auf der ersten Seite entspricht dieser E. M. K. eine solche von

$$3{\cdot}68 \, \frac{20\,000}{400} = 194 \text{ V} \, . \, 0{\cdot}87 = 170 \text{ V}.$$

Es ist demnach

$$E_{s1} + E_{s2} = 212 + 170 = 382 \text{ V}.$$

Jetzt bestimmen wir die Abfälle in den Wirkwiderständen:

Sie sind:

$$I_1 \, . \, R_1 = 2{\cdot}88 \, . \, 48 = 138 \text{ V}. \qquad I_2 \, . \, R_2 = 144 \, . \, 0{\cdot}0162 = 2{\cdot}33 \text{ V}.$$

Beziehen wir diesen Abfall auf die erste Seite, so wird dieser 2·33 . 43.5 = = 102 V. Daher werden die gleichphasigen Abfälle 138 + 102 = 240 V. Es ist somit die Kurzschlußspannung nach Fig. 16

$$E_k = \sqrt{382^2 + 240^2} = 460 \text{ V}.$$

für eine Phase.

Da die drei ersten Phasen im Stern geschaltet sind, wird die verkettete Spannung

$$460 \, . \, \sqrt{3} = 800 \text{ V}.$$

In Hundertteilen ausgedrückt:

$$\text{v. H.} = \frac{800\ 100}{20\,000} = 4 \text{ v. H.}$$

Man kann diese prozentuelle Kurzschlußspannung noch auf anderem Wege finden, wenn man der Einfachheit wegen die Folgen der Wirkwiderstände vernachlässigen will:

$$\text{Es ist } s_1 \, . \, s_2 = 1 + 2 \, \frac{\zeta \, . \, \mathfrak{L} \, . \, w_1 \, I_\mu \sqrt{2}}{\Phi_1} \qquad \zeta = 0{\cdot}028,$$

$$\mathfrak{L} = \frac{67 + 50}{2} = \frac{117}{2} = 58{\cdot}5 \text{ cm}$$

$$w_1 = 3550, \qquad I_\mu = 0{\cdot}2 \text{ A}.$$

$$\Phi = 1{\cdot}46 \,.\, 10^6 \text{ M}.$$

Somit wird

$$s_1 \,.\, s_2 = 1 + 2\,\frac{0{\cdot}028 \,.\, 58{\cdot}5 \,.\, 3550 \,.\, 0{\cdot}2 \,.\, 1{\cdot}41}{1{\cdot}46 \,.\, 10^6}$$

$$s_1 \,.\, s_2 = 1 + 2 \,.\, 0{\cdot}00112 = 1{\cdot}0022.$$

Dann wird

$$\tau = 1 - \frac{1}{s_1 \,.\, s_2} = 1 - \frac{1}{1{\cdot}0022} = 1 - 0{\cdot}9978 = 0{\cdot}0022.$$

Deshalb ist der ideelle Kurzschlußstrom nach der Formel $\tau = \frac{I_\mu}{I_k}$

$$I_k = \frac{I_\mu}{\tau} = \frac{0{\cdot}2}{0{\cdot}0022} = 91 \text{ A}.$$

Dieser tritt bei einer Phasenspannung von 11 550 Volt oder einer verketteten Spannung von 20 000 Volt auf. Es ist nun leicht zu berechnen, bei welcher Spannung ein Kurzschlußstrom von der Größe des normalen Vollaststromes, das ist von 2·88 Ampere eintreten wird. Das ist dann die gesuchte Spannung.

$$x : 20\,000 = 2{\cdot}88 : 91$$

$$x = \frac{20\,000 \,.\, 2{\cdot}88}{91} = 635 \text{ V.},$$

das sind 3·17 v. H.

Der Wert ist natürlich geringer als bei Berücksichtigung des Einflusses der Wirkwiderstände; denn in diesem Falle muß eine höhere Spannung angelegt werden, um denselben Strom von 2·88 Ampere zu erzeugen.

$$\text{Es ist } \frac{4 \text{ v. H.}}{3{\cdot}17 \text{ v. H.}} = 1{\cdot}26.$$

Die Wirkwiderstände veranlassen also, daß die bei Kurzschluß der zweiten Seite aufdrückende erste Spannung um 26 v. H. größer sein muß, um im ersten Kreis die normale Vollaststromstärke von 2·88 A zu erhalten.

Im nächsten Kapitel auf Seite 43 werden wir den Kurzschlußstrom und die prozentuelle Kurzschlußspannung auf andere Art finden.

IV. Einführung der Induktionskoeffizienten.*)

Zusammenhang zwischen den Feldern und Koeffizienten. Der Kupplungsfaktor. Aufstellung der Differentialgleichungen des Transformators. Das vollkommene Spannungsbild des Transformators. Bestimmung des Ersatzwiderstandes aus dem Spannungsbild. Entwicklung des Osannakreises aus der Differentialgleichung des Transformators. Zeichnung des Osannakreises nach einem aufgenommenen Versuch. Praktische Auswertungen am Osannakreis. Beispiel.

Zwischen Feldern und den zugehörigen Selbstinduktionskoeffizienten besteht eine einfache Beziehung. Ist ein Feld

$$\overline{\Phi}_1 = \frac{0{\cdot}4\,\pi\,\overline{I}_1\,w_1}{\mathfrak{W}} \text{ Maxwell,}$$

so ist der zugehörige Selbstinduktionskoeffizient

$$L_1 = \frac{0{\cdot}4\,\pi\,w_1^2}{\mathfrak{W}}\ cgs\ E.$$

Er ist also $\overline{I}_1$ mal kleiner und w mal größer als das Feld.

$$L_1 = \overline{\Phi}_1 \frac{w_1}{\overline{I}_1} \text{ oder}$$

$$\overline{\Phi}_1 = L_1 \frac{\overline{I}_1}{w_1}.$$

Den Koeffizienten der gegenseitigen Induktion schreibt man so auf:

$$M = \frac{0{\cdot}4\,\pi\,w_1 \cdot w_2}{\mathfrak{W}}\ cgs\ E.$$

Entsteht also in der ersten Wicklung eine E. M. K. der Selbstinduktion $e_{s_1} = L_1 \frac{di_1}{dt}$, so entsteht in der zweiten Spule eine E. M. K.

$$e_{s_2} = M \frac{di_1}{dt}.$$

Durch Einführung der Induktionskoeffizienten fällt der oft ganz unbestimmte Widerstand der magnetischen Felder weg. Deshalb ziehen die Theoretiker bei Berechnungen oft die Koeffizienten vor, weil dadurch eine exakte Behandlung der Aufgabe möglich wird. Wir wollen nun zur Aufstellung der beiden Transformatorengleichungen und zur Aufzeichnung eines exakten Strom- und Spannungsbildes die oben erwähnten Koeffizienten einführen. Jedem Felde ist ein Induktionskoeffizient zugeordnet. Im nachfolgenden sind die entsprechenden Felder und Koeffizienten zusammengestellt:

*) Siehe Wotruba, Wechselstrom, Seite 31.

$$\mathfrak{N}_1 = \frac{0{\cdot}4\,\pi\,I_1\sqrt{2}\,.\,w_1}{\mathfrak{W}_1};\; L_1 = \frac{0{\cdot}4\,\pi\,w_1^2}{\mathfrak{W}} = \mathfrak{N}_1\,\frac{w_1}{I_1\sqrt{2}};\; \mathfrak{N}_1 = L_1\cdot\frac{I_1\sqrt{2}}{w_1}$$

$$\overline{\mathfrak{N}}_1^{\,0} = \frac{0{\cdot}4\,\pi\,I_1\sqrt{2}\,w_1}{\mathfrak{W}};\; L_1^0 = \frac{0{\cdot}4\,\pi\,w_1^2}{\mathfrak{W}} = \mathfrak{N}_1^0\,\frac{w_1}{I_1\sqrt{2}};\; \mathfrak{N}_1^0 = L_1^0\,\frac{I_1\sqrt{2}}{w_1}$$

$$\mathfrak{N}_{s1} = \frac{0{\cdot}4\,\pi\,I_1\sqrt{2}\,w_1}{\mathfrak{W}_{s1}};\; L_{s1} = \frac{0{\cdot}4\,\pi\,w_1^2}{\mathfrak{W}_{s1}} = \mathfrak{N}_{s1}\,\frac{w_1}{I_1\sqrt{2}};\; \mathfrak{N}_{s1} = L_{s1}\,\frac{I_1\sqrt{2}}{w_1}$$

$$\mathfrak{N}_2 = \frac{0{\cdot}4\,\pi\,I_2\sqrt{2}\,w_2}{\mathfrak{W}_2};\; L_2 = \frac{0{\cdot}4\,\pi\,w_2^2}{\mathfrak{W}_2} = \mathfrak{N}_2\,\frac{w_2}{I_2\sqrt{2}};\; \mathfrak{N}_2 = L_2\,\frac{I_2\sqrt{2}}{w_2}$$

$$\overline{\mathfrak{N}}_2^{\,0} = \frac{0{\cdot}4\,\pi\,I_2\sqrt{2}\,w_2}{\mathfrak{W}};\; L_2^0 = \frac{0{\cdot}4\,\pi\,w_2^2}{\mathfrak{W}} = \mathfrak{N}_2^0\,\frac{w_2}{I_2\sqrt{2}};\; \mathfrak{N}_2^0 = L_2^0\,\frac{I_2\sqrt{2}}{w_2}$$

$$\overline{\mathfrak{N}}_{s2} = \frac{0{\cdot}4\,\pi\,I_2\sqrt{2}\,w_2}{\mathfrak{W}_{s2}};\; L_{s2} = \frac{0{\cdot}4\,\pi\,w_2^2}{\mathfrak{W}_{s2}} = \mathfrak{N}_{s2}\,.\,\frac{w_2}{I_2\sqrt{2}};\; \mathfrak{N}_{s2} = L_{s2}\,\frac{I_2\sqrt{2}}{w_2}$$

Beispiel: Wir können nach den vorstehenden Betrachtungen die Selbstinduktionskoeffizienten L_{s1}, L_{s2}, L_1 und L_2 bestimmen:

Es ist

$$L_{s1} = \mathfrak{N}_{s1}\,.\,\frac{w_1}{I_1\sqrt{2}}.\ \text{Da}\ \mathfrak{N}_{s1} = \zeta\,\mathfrak{L}_1\,.\,I_1\sqrt{2}\,w_1,$$

wird

$$L_{s1} = \zeta\,.\,\mathfrak{L}_1\,I_1\sqrt{2}\,\frac{w_1^2}{I_1\sqrt{2}} = \zeta\,.\,\mathfrak{L}_1\,.\,w_1^2.$$

Ebenso

$$L_{s2} = \mathfrak{N}_{s2}\,.\,\frac{w_2}{I_2\sqrt{2}}.\ \text{Da}\ \mathfrak{N}_{s2} = \zeta\,.\,\mathfrak{L}_2\,.\,I_2\,.\,\sqrt{2}\,w_2,$$

wird

$$L_{s2} = \zeta\,.\,\mathfrak{L}_2\,.\,I_2\sqrt{2}\,\frac{w_2^2}{I_2\cdot\sqrt{2}} = \zeta\,.\,\mathfrak{L}_2\,.\,w_2^2,$$

L_1 und L_2 müssen wir aus den Feldern $\mathfrak{N}_1$ und $\overline{\mathfrak{N}}_2$ bestimmen:

$$\mathfrak{N}_1 = \frac{0{\cdot}4\,\pi\,\overline{I}_1\,.\,w_1}{\mathfrak{W}_1},\quad \mathfrak{N}_2 = \frac{0{\cdot}4\,\pi\,\overline{I}_2\,.\,w_2}{\mathfrak{W}_2}.$$

Mit Benützung der Formel

$$E = I\,\omega\,L$$

wird dann

$$L_1 = \frac{0{\cdot}4\,\pi\,w_1^2\,.\,F\,.\,s_1}{\vartheta\,.\,a\,.\,10^8}\,H^{*)}\qquad L_2 = \frac{0{\cdot}4\,\pi\,w_2^2\,.\,F\,.\,s_2}{\vartheta\,.\,a\,.\,10^8}\,H.$$

---

*) Siehe Wotruba, Wechselstrom, Seite 38 und 44.

s_1 uns s_2 sind die Hopkionschen Streukoeffizienten, ϑa ist der wirkliche magnetische Widerstand. Aus L_1 und L_2 kann man den Koeffizienten M der gegenseitigen Induktion bestimmen:

$$M = k \sqrt{L_1 . L_2} = \sqrt{\frac{1}{s_1 . s_2}} \cdot \sqrt{L_1 . L_2}.$$

Es ist nun das augenblickliche Feld Φ_1 in der ersten Wicklung dürch die folgende Gleichung gegeben:

$$\Phi_1 = \mathfrak{N}_{s_1} + \mathfrak{N}_1^0 + \mathfrak{N}_2^0.$$

Ebenso ist

$$\Phi_2 = \mathfrak{N}_{s_2} + \mathfrak{N}_2^0 + \mathfrak{N}_1^0.$$

Führen wir die Induktionskoeffizienten ein, so wird

$$\Phi_1 = \frac{L_{s_1} . i_1}{w_1} + \frac{L_1^0 . i_1}{w_1} + \frac{M . i_2}{w_1},$$

$$\Phi_2 = \frac{L_{s_2} . i_2}{w_2} + \frac{L_2^0 . i_2}{w_2} + \frac{M . i_1}{w_2}.$$

Die augenblicklichen E. M. K. erhält man nach der Gleichung

$$e = - \frac{d\,\Phi}{dt} . w \ cgs\ E.$$

Es ist somit

$$e_1 = - \frac{d\,\Phi_1}{dt} . w_1 = \underbrace{- L_{s_1} \frac{di_1}{dt} - L_1^0 \frac{di_1}{dt}}_{a} \underbrace{- M \frac{di_2}{dt}}_{b}.$$

a = die E. M. K. der Selbstinduktion vom Felde $\mathfrak{N}_1$ in der ersten Wicklung,

b = die vom Felde $\mathfrak{N}^0_2$ in der ersten Wicklung erzeugte E. M. K.

Ebenso ist:

$$e_2 = - \frac{d\,\Phi_2}{dt} w_2 = \underbrace{- L_{s_2} \frac{di_2}{dt} - L_2^0 \frac{di_2}{dt}}_{a'} \underbrace{- M \frac{di_1}{dt}}_{b'}.$$

a' = die E. M. K. der Selbstinduktion vom Felde $\mathfrak{N}_2$ in der zweiten Wicklung,

b' = die vom Felde $\mathfrak{N}_1^0$ in der zweiten Wicklung erzeugte E. M. K.

Wir schreiben daher auch:

$$e_1 = - \underbrace{(L_{s_1} + L_1^0)}_{L_1} \frac{di_1}{dt} - M \frac{di_2}{dt}.$$

$$e_2 = - \underbrace{(L_{s_2} + L_2^0)}_{L_2} \frac{di_2}{dt} - M \frac{di_1}{dt}.$$

Um die augenblickliche Klemmenspannung e_{k_1} und e_{k_2} zu erhalten, vergesse man nicht, daß e_{k_1} und e_1 in Gegenphase sich befinden.

Es ist somit

$$e_{k_1} = -e_1 + i_1 R_1$$

$$e_{k_2} = -e_2 + i_2 R_2 \text{ und}$$

$$e_{k_1} = L_1 \frac{d i_1}{dt} + M \frac{d i_2}{dt} + i_1 R_1 \; a)$$

$$e_{k_2} = L_2 \frac{d i_2}{dt} + M \frac{d i_1}{dt} + i_2 R_2.$$

Ist die auf der zweiten Seite bestehende Belastung induktiv, R_a der eingeschaltete Wirkwiderstand, L_a der Selbstinduktionskoeffizient der angeschlossenen Belastung, so ist

$$e_{k_2} = -\left(R_a i_2 + L_a \frac{d i_2}{dt}\right).$$

Somit kann man die Gleichung aufstellen:

$$-R_a i_2 - L_a \frac{d i_2}{dt} = L_2 \frac{d i_2}{dt} + M \frac{d i_1}{dt} + i_2 R_2.$$

Setzt man $R_a + R_2 = R$ und $L_a + L_2 = L$, so wird

$$O = R \cdot i_2 + L \frac{d i_2}{dt} + M \frac{d i_1}{dt} \quad b).$$

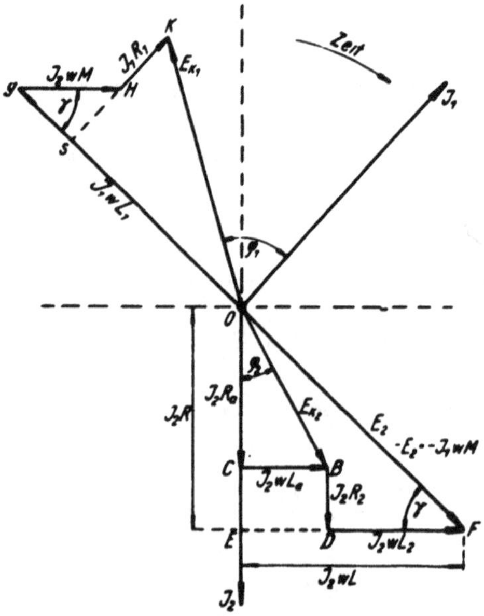

Fig. 21.

Gleichungen a) und b) sind die Differentialgleichungen des Transformators und sind für jegliche Spannungskurven gültig. Setzen wir voraus, daß wir der ersten Seite eine sinoidale Spannung aufdrücken, so wird

$$i = I \sin \omega t.$$

Die Gleichungen a) und b) erhalten, auf effektivem Werte bezogen, folgende Form

$$E_{k_1} = I_1 \omega L_1 + I_2 \omega M + I_1 R_1$$

$$O = R I_2 + I_2 \omega L + I_1 \omega M.$$

Diese Gleichungen kann man zur Aufzeichnung eines exakten Bildes benutzen. Die Eisenverluste sind indes dabei nicht berücksichtigt. Fig. 21.

Der Linienzug der Spannungen im ersten Stromzweig ist

$O\mathfrak{S}HKO$. Der Linienzug im zweiten Stromkreis ist $OCBDFO$. Der Vektor des Stromes I_1 muß auf den beiden Vektoren $O\mathfrak{S}$ und OF senkrecht stehen.

Wenn wir das Bild betrachten, so unterscheiden wir in demselben einen oberen und unteren Teil; der erstere beschreibt die Größen der ersten Seite, der zweite Teil die Größen der zweiten Seite. Da alle Belastungsveränderungen der zweiten Seite sich auf der ersten Seite widerspiegeln, so können wir — soweit uns nur die Meßgeräteangaben der ersten Seite interessieren — von der zweiten Seite ganz absehen. Wir könnten uns die Sache so vorstellen, als ob der Transformator gar keine zweite Seite hätte. Dann wird man aus den Meßgeräteangaben der ersten Seite schließen müssen, daß die erste Seite durch irgendeinen Wirk- und Blindwiderstand belastet sei. Diesen Ersatzwiderstand wollen wir nun wie üblich nicht aus den beiden Gleichungen, sondern unmittelbar aus dem Bilde entnehmen.

Die in der zweiten Spule geweckte E. M. K. ist $E_2 = I_1 . \omega . M$ und auch gleich dem Vektor $\overline{OF}$. Der gesamte Wirkwiderstand im zweiten Stromkreise ist $R_a + R_2 = R$. Der gesamte Blindwiderstand ist $\omega\,(L_a + L_2) = \omega\, L$. Somit ist

$$I_2 = \frac{E_2}{\sqrt{(R_a + R_2)^2 + \omega^2\,(L_a + L_2)^2}}$$

oder

$$I_2 = \frac{E_2}{\sqrt{R^2 + \omega^2 L^2}} = \frac{I_1\,\omega\,M}{\sqrt{R^2 + \omega^2 L^2}}.$$

Ferner ist aus dem rechtwinkligen Dreieck $\overline{OEF}$

$$\sin\gamma = \frac{I_2\,R}{I_1\,\omega\,M} \text{ und}$$

$$\cos\gamma = \frac{I_2\,\omega\,L}{I_1\,\omega\,M} = \frac{I_2 . L}{I_1 . M}.$$

Die aufgedrückte Klemmenspannung E_{k_1} kann man aus dem rechtwinkligen Dreiecke OKS berechnen:

$$\overline{OK}^2 = \overline{OS}^2 + \overline{SK}^2.$$

Nun ist

$$\overline{OS} = \overline{OG} - \overline{GS} \qquad OS = I_1\,\omega\,L_1 - I_2\,\omega\,M\cos\gamma$$

$$\overline{OS} = I_1\,\omega\,L_1 - I_2\,\omega\,M . \frac{I_2\,L_2}{I_1\,M}$$

$$OS = I_1\,\omega\,L_1 - \frac{I_2^2\,\omega\,L_2}{I_1}.$$

Führt man für I_2 den gefundenen Wert ein, so wird

$$\overline{OS} = I_1\,\omega\,L_1 - \frac{I_1^2\,\omega^2\,M^2}{R^2 + \omega\,L^2} \cdot \frac{\omega\,L_2}{I_1}$$

$$\overline{OS} = I_1 \omega L_1 - \frac{I_1 \omega^3 M^2 L_2}{R^2 + \omega L^2}$$

$$OS = I_1 \omega \left[L_1 - \frac{\omega^2 M^2 L_2}{R^2 + \omega L^2}\right].$$

Ebenso ist

$$\overline{SK} = \overline{GH} . \sin \gamma + I_1 R_1$$

$$\overline{SK} = I_2 \omega M \frac{I_2 R}{I_1 \omega M} + I_1 R_1$$

$$\overline{SK} = \frac{I_2^2 R}{I_1} + I_1 R_1.$$

Abermals für I_2 den Wert eingesetzt:

$$\overline{SK} = \frac{I_1^2 \omega^2 M^2}{R^2 + \omega^2 L^2} . \frac{R}{I_1} + I_1 R_1$$

$$\overline{SK} = I_1 \left[R_1 + \frac{\omega^2 M^2 . R}{R^2 + \omega^2 L^2}\right].$$

Es wird also aus

$$\overline{OK}^2 = \overline{OS}^2 + \overline{SK}^2$$

$$E_{k_1}^2 = I_1^2 \omega^2 \left[L_1 - \frac{\omega^2 M^2 L}{R^2 + \omega^2 L^2}\right]^2 + I_1^2 \left[R_1 + \frac{\omega^2 M^2 R}{R^2 + \omega^2 L^2}\right]^2.$$

Wir bezeichnen nun $L_1 - \frac{\omega^2 M^2 L}{R^2 + \omega^2 L^2}$ mit λ. λ ist der Ersatz für die gesamten Induktionskoeffizienten. λ ist immer kleiner als L_1.

Ferners bezeichnen wir $R_1 + R_2 \frac{\omega^2 M R}{R^2 + \omega^2 L^2}$ mit ς. ς ist der Ersatz für die Wirkwiderstände.

Wir führen nun die Bezeichnungen λ und ς in die Gleichung ein und erhalten:

$$E_{k_1}^2 = I_1^2 \omega^2 \lambda^2 + I_1^2 . \varsigma^2 \qquad E_{k_1}^2 = I_1^2 . (\omega^2 \lambda^2 + \varsigma^2)$$

$$I_1 = \frac{E_{k_1}}{\sqrt{\varsigma^2 + \omega^2 \lambda^2}}.$$

Beim Entwurf des Feld- und Spannungsbildes des Transformators haben wir die Auswirkung der Wirkwiderstände R_1 und R_2 vernachlässigt. Daher konnten wir bei allen Belastungen die E. M. K. E_1 und somit auch das Feld Φ als unveränderlich annehmen. Ist hingegen der Widerstand R_1 nicht mehr zu vernachlässigen, so wird bei jeder Belastung und bei unveränderlicher Klemmenspannung E_{k1} die E. M. K. E_1 und mit ihr das Feld Φ_1 veränderlich.

Es läßt sich nun zeigen, daß sich auch bei Berücksichtigung der Wicklungswiderstände R_1 und R_2 der Punkt b des Kreises in Fig. 19 auf einem Kreise bewegt.

Man kann, um diese Aufgabe zu lösen, unmittelbar entweder von dem erwähnten Kreise oder von den Differentialgleichungen des Transformators ausgehen. Wir wählen die letzte Darstellung und lehnen uns an die Veröffentlichung des Herrn Professors Siegel in der E und M vom Jahre 1922 an. Es sei wieder eine induktionsfreie Belastung vorausgesetzt. Die Eisenverluste werden nicht berücksichtigt. Da wir der Voraussetzung gemäß eine induktionsfreie Belastung angenommen haben, ist $\mathfrak{L}_a =$ Null zu setzen. Die beiden Differentialgleichungen sind somit:

$$e_1 = R_1 i_1 + L_1 \frac{di_1}{dt} + M \frac{di_2}{dt} \quad (1)$$

$$o = R i_2 + L_2 \frac{di_2}{dt} + M \frac{di_1}{dt} \quad (2)$$

Ist die aufgedrückte Spannung sinoidal, so wird

$$e_1 = \sqrt{2} \,.\, E_1 \,.\, \sin \omega t.$$

Um die spätere Zerlegung von I_1 sinngemäß vornehmen zu können, schreiben wir

$$e_1 = \sqrt{2} \,.\, E_1 \,.\, \cos \omega t.$$

Eine sinoidale Größe läßt sich immer in der Form $e = E \sqrt{2}\ \varepsilon^{j\omega t}$ darstellen, wenn ε die Basis des natürlichen Logarithmensystems und $j = \sqrt{-1}$ darstellen.*) Es ist somit $e_1 = \sqrt{2} \,.\, E_1 \,.\, \varepsilon^{j\omega t}$ (3).

Die Ströme I_1 und I_2 in der ersten und zweiten Wicklung werden gegen E_1 eine Phasenverschiebung φ_1 und ψ_2 haben. Die Augenblickswerte sind durch folgende Gleichungen gegeben:

$$i_1 = \sqrt{2} \cdot I_1 \cos(\omega t - \varphi_1) \quad \text{oder} \quad i_1 = \sqrt{2}\, I_1 \,.\, \varepsilon^{j(\omega t - \varphi_1)} \quad (4)$$

$$i_2 = \sqrt{2}\, I_2 \cos(\omega t - \psi_2) \qquad i_2 = \sqrt{2} \,.\, I_1 \,.\, \varepsilon^{j(\omega t - \psi_2)} \quad (5)$$

Wir differentieren Gleichungen 4 und 5:

$$\frac{di_1}{dt} = \sqrt{2}\, I_1\, \omega j\ \varepsilon^{j(\omega t - \varphi_1)} \qquad \frac{di_2}{dt} = \sqrt{2}\, I_2\, \omega j\ \varepsilon^{j(\omega t - \psi_2)}$$

Die gefundenen Differentialquotienten setzen wir in die aufgestellten Gleichungen 1 und 2 ein:

$$e_1 = R_1 i_1 + L_1 \sqrt{2}\, I_1\, \omega j\ \varepsilon^{j(\omega t - \varphi_1)} + M \sqrt{2}\, I_2\, \omega j\ \varepsilon^{j(\omega t - \psi_2)}$$

$$o = R i_2 + L_2 \sqrt{2}\, I_2\, \omega j\ \varepsilon^{j(\omega t - \varphi_1)} + M \sqrt{2}\, I_1\, \omega j\ \varepsilon^{j(\omega t - \varphi_1)}$$

---

*) Siehe Wotruba, Ein- und Mehrphasenstrom, Seite 34.

In diese beiden Gleichungen werden für e_1 ebenso die Werte für i_1 und i_2 eingesetzt.

$$\sqrt{2}\, E_1\, \varepsilon^{j\omega t} = R_1 \sqrt{2}\, I_1\, \varepsilon^{j\omega t} \,.\, \varepsilon^{-j\varphi_1} + L_1 \,.\, w j \sqrt{2}\, I_1\, \varepsilon^{j\omega t} \,.\, \varepsilon^{-j\varphi_1} + \\ + M w j \sqrt{2}\, \varepsilon^{j\omega t} \,.\, \varepsilon^{-j\psi_2}$$

$$0 = R \sqrt{2}\, I_2\, \varepsilon^{j\omega t} \,.\, \varepsilon^{-j\psi_2} + L_2\, \omega j \sqrt{2}\, I_2 \,.\, \varepsilon^{j\omega t} \,.\, \varepsilon^{-j\psi_2} + \\ + M \omega j \sqrt{2}\, I_1\, \varepsilon^{j\omega t} \,.\, \varepsilon^{-j\varphi_1}$$

Diese beiden Gleichungen vereinfacht ergeben:

$$E_1 = R_1\, I_1\, \varepsilon^{-j\varphi_1} + L_1\, \omega j\, I_1\, \varepsilon^{-j\varphi_1} + M \omega j\, I_2\, \varepsilon^{-j\psi_2}$$

$$0 = R\, I_2\, \varepsilon^{-j\psi_2} + L_2\, \omega j\, I_2\, \varepsilon^{-j\psi_2} + M \omega j\, I_1\, \varepsilon^{-j\varphi_1}$$

oder weiter vereinfacht:

$$E_1 = [R_1 + L_1\, \omega j]\, I_1 \,.\, \varepsilon^{-j\varphi_1} + M \omega j\, I_2\, \varepsilon^{-j\psi_2} \quad (6)$$

$$0 = [R + L_2\, \omega j]\, I_2 \,.\, \varepsilon^{-j\psi_2} + M \omega j\, I_1\, \varepsilon^{-j\varphi_1} \quad (7)$$

Aus Gleichung 7 können wir den Wert $I_2 \,.\, \varepsilon^{-j\psi_2}$ berechnen.

$$I_2\, \varepsilon^{-j\psi_2} = -\frac{j\, \omega\, M\, \varepsilon^{-j\varphi_1}}{R + L_2\, \omega j}\, I_1 \quad (8)$$

Der Wert von 8 wird in Gleichung (6) eingesetzt:

$$E_1 = [R_1 + L_1\, \omega j]\, I_1 \,.\, \varepsilon^{-j\varphi_1} - M \omega j \frac{j\, \omega\, M\, \varepsilon^{-j\varphi_1}}{R + L_2\, \omega j}\, I_1$$

$$E_1 = I_1\, \varepsilon^{-j\varphi_1} \left[R_1 + L_1\, \omega j + \frac{\omega^2 M^2}{R + L_2\, \omega j}\right] \quad (9)$$

Der Klammerausdruck der Gleichung 9 stellt den Ersatzwiderstand des Transformators dar. Wir haben denselben auf Seite 34 so ausgedrückt:

$$\varsigma = \left[R_1 + \frac{\omega^2 M^2 R}{R^2 + \omega^2 L^2}\right]^2 + \left[L_1 - \frac{\omega^2 M^2 L}{R^2 + \omega^2 L^2}\right].$$

Wir können nun den Strahl $I_1 \,.\, \varepsilon^{-j\varphi_1}$ in zwei aufeinander senkrechte Komponenten zerlegen. Es ist

$$I_1\, \varepsilon^{-j\varphi_1} = I_1 \cos \varphi_1 - j\, I_1 \sin \varphi_1$$

$$I_1 \,.\, \varepsilon^{-j\varphi_1} = y - j\, x.$$

Wir setzen also $y = I_1 \,.\, \cos \varphi_1$ und $x = I_1 \,.\, \sin \varphi_1$.

Es ist also $\dfrac{x}{y} = \dfrac{I_1 \,.\, \sin \varphi_1}{I_1 \,.\, \cos \varphi_1} = tg\, \varphi_1$.

Wir setzen nun in Gleichung 9 statt $I_1\, \varepsilon^{-j\varphi_1}$ den Wert $(y - j\, x)$ ein. Dadurch werden alle Vektoren in zwei Komponenten, in die Ordinaten und in die Abszissenachse zerlegt und so der geometrische Ort von I_1 erhalten.

$$E_1 = [y - j\, x] \,.\, \left[R_1 + j\, \omega\, L_1 + \frac{\omega^2 M^2}{R + j\, \omega\, L_2}\right].$$

Der zweite Ausdruck auf gemeinschaftlichen Nenner gebracht und mit $y - j x$ multipliziert ergibt:

$$E_1 R + E_1 j \omega L_2 = R_1 R y - \omega^2 L_1 L_2 y + R_1 j \omega L_2 y + j \omega L_1 R y + \\ + \omega^2 M^2 y - j x R_1 R + j x \omega^2 L_1 L_2 + R_1 x \omega L_2 + x \omega L_1 R - j x \omega^2 M^2.$$

In dieser Gleichung sind reelle und imaginäre Glieder vorhanden. Die ersteren liegen in der X-Achse, die zweiten in der y-Achse des Koordinatensystems. Ist die obige Gleichung richtig, so müssen die reellen Glieder der linken Seite gleich sein den reellen Gliedern der rechten Seite. Dasselbe gilt für die imaginären Glieder. Wir erhalten somit zwei Gleichungen.

$$E_1 R = R_1 R y - \omega^2 L_1 L_2 y + \omega^2 M^2 y + R_1 x \omega L_2 + \omega L_1 R x$$

$$j \omega L_2 E_1 = j R_1 \omega L_2 y + j \omega L_1 R y - j R_1 R x + j \omega^2 L_1 . L_2 x - j \omega^2 M^2 x$$

Wir ziehen nun in beiden Gleichungen die Glieder mit x und y zusammen:

$$E_1 R = y . [R_1 R - \omega L_1 L_2 + \omega^2 M^2] + x [\omega L_1 R + \omega L_2 R_1]$$

$$\omega L_2 E_1 = y . [R_1 \omega L_2 + \omega L_1 R] + x . [- R_1 R + \omega^2 L_1 L_2 - \omega^2 M^2].$$

Um die beiden Gleichungen zu vereinfachen, dividieren wir sie beiderseits durch $\omega L_1 \omega L_2$ und erhalten:

$$\frac{E_1}{\omega L_1} . \frac{R}{\omega L_2} = y . \left[\frac{R_1}{\omega L_1} . \frac{R}{\omega L_2} - 1 + \frac{M_2}{L_1 L_2}\right] + x \left[\frac{R}{\omega L_2} + \frac{R_1}{\omega L_1}\right]$$

$$\frac{E_1}{\omega L_1} = y . \left[\frac{R_1}{\omega L_1} + \frac{R}{\omega L_2}\right] + x . \left[\frac{-R_1}{\omega L_1} . \frac{R}{\omega L_2} + 1 - \frac{M^2}{L_1 L_2}\right]$$

Nun war nach Seite 20 der Koeffizient der gegenseitigen Induktion $M = k \sqrt{L_1 L_2} = \sqrt{1 - \tau} . \sqrt{L_1 L_2}$. Es ist somit $M^2 = (1 - \tau) . L_1 . L_2$ und $\frac{M^2}{L_1 L_2} = 1 - \tau$. Setzen wir $\frac{R_1}{\omega L_1} = a_1$ (10) und $\frac{R}{\omega L_2} = a$ (11), so erhält man für die beiden obigen Gleichungen die folgenden einfacheren Ausdrücke:

$$\frac{E_1}{\omega L_1} . a = y . [a_1 . a - \tau] + x [a + a_1]$$

$$\frac{E_1}{\omega L_1} = y . [a_1 + a] - x [a_1 . a - \tau].$$

Um nun die veränderliche Größe a aus der aufzustellenden Beziehung von x und y zu entfernen, rechnen wir den Wert von a aus der ersten Gleichung aus und setzen den gefundenen Wert in die zweite Gleichung ein:

$$\frac{E_1}{\omega L_1} . a = y a a_1 - y \tau + x . a + x . a_1$$

$$a\left[\frac{E_1}{\omega L_1} - a_1 y - x\right] = a_1 x - y\tau$$

$$a = \frac{a_1 x - y\tau}{\frac{E_1}{\omega L_1} - a_1 y - x}.$$

Diesem Wert in die zweite Gleichung eingesetzt:

$$\frac{E_1}{\omega L_1} = y.\left[a_1 + \frac{a_1 x - y\tau}{\frac{E_1}{\omega L_1} - a_1 y - x}\right] - x\left[a_1 \frac{a_1 x - y\tau}{\frac{E_1}{\omega L_1} - a_1 y - x} - \tau\right]$$

oder

$$x^2 - \underbrace{\frac{E_1}{\omega L_1}\cdot\frac{1+\tau}{\tau + a_1^2}}_{A} x + y^2 - \underbrace{\frac{E_1}{\omega L_1}\cdot\frac{2a_1}{\tau + a_1^2}}_{B}\cdot y = -\underbrace{\frac{E_1^2}{\omega^2 L_1^2}\cdot\frac{1}{\tau + a_1^2}}_{C}$$

$$x^2 - Ax + y^2 - By + C = 0.$$

Das ist die Gleichung eines Kreises. Dessen Radius ς und dessen Koordinaten ξ und η sind durch die Größen A, B und C bestimmbar.

Es ist:

$$(x - \xi)^2 + (y - \eta)^2 = \varsigma^2.$$

daher:

$$\xi = \frac{1}{2}\cdot\frac{E_1}{\omega L_1}\cdot\frac{1+\tau}{\tau + a_1^2} \quad (12)$$

$$\eta = \frac{1}{2}\cdot\frac{E_1}{\omega L_1}\cdot\frac{2a_1}{\tau + a_1^2} \quad (13)$$

$$\varsigma = \frac{1}{2}\cdot\frac{E_1}{\omega L_1}\cdot\frac{1-\tau}{\tau + a_1^2}. \quad (14).$$

Der geometrische Ort der Endpunkte der Fahrstrahlen des Stromes I_1 liegt daher auf dem bestimmten Kreise.

Es ist: $$\frac{\eta}{\xi} = tg\gamma = \frac{2a_1}{1+\tau}. \quad (15).$$

Setzt man den Widerstand R_1 der ersten Wicklung Null, so wird auch $\frac{R_1}{\omega L_1} = a_1$ den Wert Null erhalten. Dann muß der Kreis mit dem in Fig. 19 gezeichneten Kreise, den wir als Heylandkreis bezeichnen wollen, zusammenfallen.

Es wird

$$\xi = \frac{1}{2} \cdot \frac{E_1}{\omega L_1} \cdot \frac{1+\tau}{\tau} \quad (16)$$

$$\eta = 0 \quad (17)$$

$$\varsigma = \frac{1}{2} \cdot \frac{E_1}{\omega L_1} \cdot \frac{1-\tau}{\tau}. \quad (18).$$

Nun ist uns schon aus dem Heylandkreis dessen Halbmesser ς bekannt. Er war (Seite 22)

$$I_\mu \frac{1-\tau}{2\tau}.$$

Setzen wir die beiden Werte gleich, so erhalten wir

$$I_\mu \frac{1-\tau}{2\tau} = \frac{E_1}{\omega L_1} \frac{1-\tau}{2\tau}.$$

Daraus ergibt sich, daß $\frac{E_1}{\omega L_1}$ der Magnetisierungsstrom I_μ ist, den man wieder aus dem Leerlaufversuch erhalten kann.

$$I_\mu = I_0 \cdot \sin \varphi.$$

Da $\omega = 2\pi f$ und E_1 gegeben sind, läßt sich der Selbstinduktionskoeffizient der ersten Wicklung bestimmen:

$$I_\mu = \frac{E_1}{\omega L_1} \text{ Amp.} \qquad L_1 = \frac{E_1}{\omega \cdot I_\mu} \text{ Henry.}$$

Ist der Widerstand R_1 der ersten Wicklung gemessen worden, so ist auch der Ausdruck $a_1 = \frac{R_1}{\omega L_1}$ bekannt und somit auch die Bestimmungsstücke unseres Kreises, den wir als Osannakreis bezeichnen wollen.

$$tg\gamma = \frac{2 a_1}{1+\tau} \qquad \varsigma = I_\mu \frac{1-\tau}{2(\tau + a_1^2)}$$

$$\xi = I_\mu \frac{1+\tau}{2(\tau + a_1^2)} \qquad \eta = I_\mu \cdot \frac{a_1}{\tau + a_1^2}.$$

Der Wert τ selbst ergibt sich aus dem Verhältnis $\tau = \frac{I_\mu}{I_k}$, das wir dem Heylandkreis entnehmen.

Beispiel: Ein kleiner Drehtransformator nahm bei Leerlauf und einer ersten Spannung von 223·5 Volt 1·88 Ampere auf. Die aufgenommene Leistung betrug 75 Watt. Der Kurzschlußversuch wurde bei 142·5 Volt durchgeführt. Die Stromaufnahme war dabei 9·26 Ampere, die aufgenommene Leistung 460 Watt. $f = 50$.

Es war somit

$$\cos\varphi_0 = \frac{75}{223{\cdot}5\,.\,1{\cdot}88} = 0{\cdot}17$$

$$\cos\varphi_k = \frac{460}{142{\cdot}5\,.\,9{\cdot}26} = 0{\cdot}35.$$

Der Kurzschlußstrom auf der ersten Seite ist auf die Spannung von 223·5 Volt bezogen

$$I_k = \frac{223{\cdot}5}{142{\cdot}5}\,.\,9{\cdot}26 = 14{\cdot}5 \text{ Amp.}$$

R_1 ergab sich mit 2·36 Ω, R_2 mit 0·59 Ω. Auf Grund dieser Größen zeichnen wir den Heylandkreis, der uns den Streufaktor τ ergeben wird.

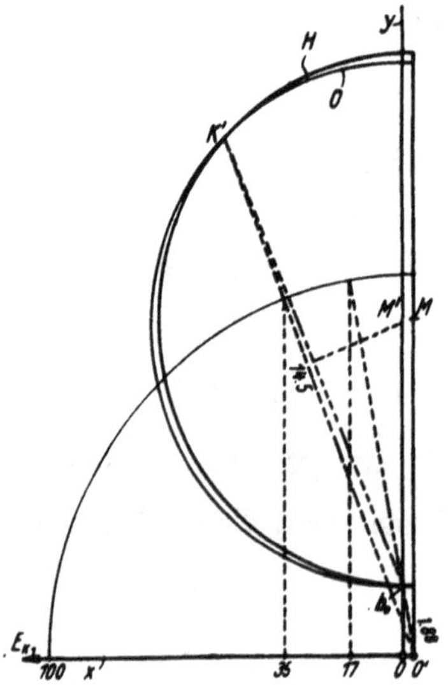

Fig. 22.

Die Strecke $\overline{O'O}$ ist den Eisenverlusten gleich. Sie betruge 75 Watt. Das für uns in Betracht kommende Koordinatensystem ist das mit dem Ursprunge O. Dann ist $\overline{Ob_0}$ der Magnetisierungsstrom $I_\mu = 1{\cdot}88$ Ampere.

Aus dem Bilde ist

$$\tau = \frac{18{\cdot}8}{160} = 0{\cdot}117.$$

Es ist somit

$$L_1 = \frac{E_{k_1}}{\omega\,.\,I_\mu} = \frac{223{\cdot}5}{314\,.\,1{\cdot}88}$$

$$L_1 = 0{\cdot}383 \text{ Henry}$$

$$a_1 = \frac{R_1}{\omega L_1} = \frac{2{\cdot}36}{314\,.\,0{\cdot}383}$$

$$a_1 = 0{\cdot}0196.$$

Es ist somit

$$\varsigma = 1{\cdot}88\,\frac{1 - 0{\cdot}117}{2\,(0{\cdot}117 + 0{\cdot}0196^2)}$$

$$\xi = 1{\cdot}88\,\frac{1 + 0{\cdot}117}{2\,(0{\cdot}117 + 0{\cdot}0196^2)}$$

$$\eta = 1{\cdot}88\,\frac{0{\cdot}0196}{0{\cdot}117 + 0{\cdot}0196^2}$$

$\varsigma = 7{\cdot}08$ Ampere, $\xi = 8{\cdot}87$ Ampere, $\eta = 0{\cdot}314$ Ampere.

Das Beispiel zeigt, daß der Osannakreis nur wenig vom Heylandkreis abweicht. Die Abweichung wird erst dann bemerkenswert, wenn $a_1 = \frac{R_1}{\omega \mathfrak{L}_1}$ groß wird. Das wird bei Transformatoren selten der Fall sein.*)

Wir wollen an der Hand der Fig. 23 den Osannakreis weiter betrachten.

Die Strecke $\overline{ob}$ ist wieder ein Maß für die Stromstärke I_1. Der Winkel φ_1 gibt die Phasenverschiebung zwischen I_1 und E_{k1} an.

Wir wollen nun I_1 durch die bekannten Größen E_{k1} ω_1 $\mathfrak{L}_1$, τ_1 a_1 und a ausdrücken. Wir gehen von den bekannten Gleichungen aus:

$$I_\mu \,.\, a = (a_1 \,.\, a - \tau)\, y + (a_1 + a)\, x$$

$$I_\mu = (a_1 \,.\, a - \tau)\, x + (a_1 + a) \,.\, y.$$

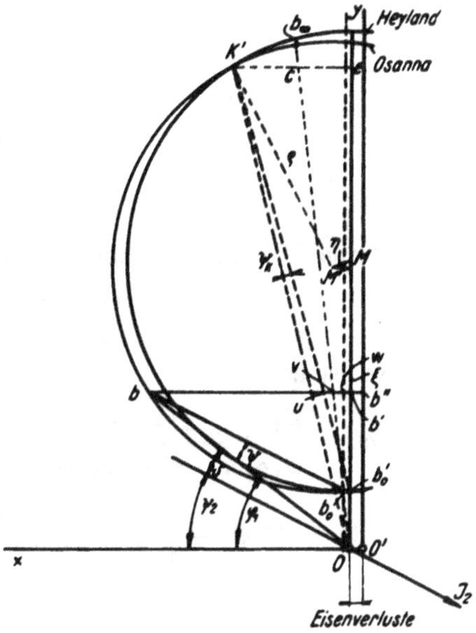

Fig. 23.

Wir quadrieren und addieren diese Gleichungen und setzen nach früheren

$$I_1 = \sqrt{x_1^2 + y_1^2}$$

$$I_\mu^2 \,.\, (a^2 + 1) = (a_1 + a)^2 \,.\, (x^2 + y^2) + (a_1 \,.\, a - \tau^2) \,.\, (x^2 + y^2)$$

$$I_\mu (a^2 + 1) = I_1^2 [(a_1 + a)^2 + (a_1\, a - \tau)^2]$$

$$I_1 = I_\mu \sqrt{\frac{a^2 + 1}{(a_1 + a)^2 + (a_1 \,.\, a - \tau)^2}} \quad (19).$$

Man kann aber auch die Richtung des Vektors I_1 bestimmen, wenn $tg\, \varphi_1$ oder $\cos \varphi_1$ bekannt sind. Das geschieht aus den beiden oberen Ansatzgleichungen. Um die Lösung zu vereinfachen, setzen wir

$$a_1\, a - \tau = m \qquad a_1 + a = n$$

und erhalten so

$$\left.\begin{aligned} I_\mu \,.\, a &= m\, y + n\, x \\ I_\mu &= n\, y - m\, x \end{aligned}\right\}$$

Wir multiplizieren die erste Gleichung mit n, die zweite Gleichung mit m.

*) Bei Drehstrommotoren, die als Transformatoren aufgefaßt werden können, ist der Selbstinduktionskoeffizient L_1 klein, R_1 hingegen, besonders bei kleinen Motoren, groß. Dann wird der Mittelpunkt M^1 eine von M verschiedene Lage besitzen.

$$
\begin{array}{l}
I_\mu\, a\, n = n\, m\, y + n^2 x \\
I_\mu\, m = n\, m\, y - m^2 x \\
\quad - \qquad - \qquad + \\
\hline
I_\mu (a\, n - m) = y\, (m^2 + n^2).
\end{array}
$$

Wir multiplizieren nun die erste Gleichung mit m und die zweite mit n.

$$
\begin{array}{l}
I_\mu\, a\, m = m^2 y + n\, m\, x \\
I_\mu\, n = n^2 y - n\, m\, x \\
\hline
I_\mu (am + n) = x\, (m^2 + n^2).
\end{array}
$$

Durch Division der beiden Ergebnisse erhält man

$$
\frac{a\, n - m}{a\, m + n} = \frac{x}{y} = tg\, \varphi_1.
$$

Es ist somit

$$
tg\, \varphi_1 = \frac{a\, (a_1 + a) - a_1\, a + \tau}{a\, (a_1 a - \tau) + a_1 + a} = \frac{(\tau - a_1\, a) + a\, (a_1 + a)}{-a\, (\tau - a_1\, a) + (a_1 + a)} \qquad (20)
$$

$$
\text{und } \cos \varphi_1 = \frac{-a\, (\tau - a_1\, a) + (a_1 + a)}{\sqrt{(1 + a^2) \cdot [(a_1 + a)^2 + (\tau - a_1\, a)^2]}} \qquad (21).
$$

Wir können nun den Vektor I_1 für Leerlauf und Kurzschluß bestimmen. Bei Leerlauf ist R unendlich groß, daher $a = \frac{R}{\omega L_2} = \infty$. Dividiert man Zähler und Nenner des Wurzelausdruckes in der Gleichung für I_1 durch a, so erhält man

$$
I_1 = I_\mu \sqrt{\frac{1}{1 + a_1^2}} \qquad (22)
$$

oder

$$
I_1 = \frac{E_{k1}}{\omega L_1} \sqrt{\frac{1}{1 + \frac{R_1^2}{\omega^2 L_1^2}}}.
$$

Daher ist $I_0 = \frac{E_{k1}}{\sqrt{R_1^2 + \omega^2 L_1^2}}$.

Ebenso wird $\cos \varphi_0 = \frac{R_1}{\sqrt{R_1^2 + \omega^2 L_1^2}}$ (23).

Bei Kurzschluß ist der äußere Widerstand Ra Null, daher

$$
R = Ra + R_2 = R_2.
$$

Es wird somit $a_2 = \frac{R_2}{\omega L_2}$.

Setzen wir diese Werte wieder in Gleichung (19) ein, so erhält man:

$$I_k = I_\mu \sqrt{\frac{1 + a_2^2}{(\tau - a_1 \cdot a_2)^2 + (a_1 + a_2)^2}} \quad (24)$$

$$\cos \varphi_k = \frac{(a_1 + a_2) - a_2 (\tau - a_1 \cdot a_2)}{\sqrt{(1 + a_2^2) \cdot [(\tau - a_1 \cdot a_2)^2 + (a_1 + a_2)^2]}} \quad (25).$$

Denkt man sich schließlich den Betriebsfall, wo man $R = Ra + R_2$ Null setzen kann, wo man also auch den Widerstand R_2 der zweiten Wicklung vernachlässigt, dann wird

$$\frac{R}{\omega \mathfrak{L}_2} = \frac{Ra + R_2}{\omega \mathfrak{L}_2} = o.$$

Den Vektor für I_1 wollen wir für diesen Fall $I\infty$*) setzen.

$$I\infty = I_\mu \frac{1}{\sqrt{\tau^2 + a_1^2}} \quad (26) \qquad \cos \varphi\infty = \frac{a_1}{\sqrt{a_1^2 + \tau^2}} \quad (27).$$

Wenn man in den Formeln 19 bis 27 R_1 und R_2 nicht berücksichtigt, so erhält man wieder die bekannten Werte des Heylandkreises.

Nun berechnen wir den Strom I_2. Hiezu schreiben wir die Gleichung 8 nochmals auf.

$$I_2 \varepsilon^{-j\psi_2} = -\frac{j \omega M I_1 \varepsilon^{-j\varphi_1}}{R + j \omega L^2}.$$

ψ_2 ist die Phasenverschiebung von I_2 und der aufgedrückten Spannung E_{k_1}. Nennen wir ϑ den Winkel, den I_1 und I_2 einschließen, so ist

$$\psi_2 = \varphi_1 - \vartheta.$$

$$I_2 \varepsilon^{-j\varphi_1} \cdot \varepsilon^{j\vartheta} = \frac{j \omega M I_1 \varepsilon^{-j\varphi_1}}{R + j \omega L_2}.$$

Nun ist $I_2 \cdot \varepsilon^{j\vartheta} = I_2 \cos \vartheta + j I_2 \sin \vartheta$, daher wird aus der vorletzten Gleichung

$$I_2 \cos \vartheta + j I_2 \sin \vartheta = \frac{j \omega M I_1}{R + j \omega L_2}$$

Wir multiplizieren beiderseits mit $R + j \omega L_2$ und erhalten:

$$R I_2 \cos \vartheta + j \omega L_2 I_2 \cos \vartheta + Rj I_2 \sin \vartheta - I_2 \omega L_2 \sin \vartheta = j \omega M I_1.$$

In dieser Gleichung müssen die reellen Glieder der linken Seite gleich den reellen Gliedern der rechten Seite sein. Ebenso ist dies bei den imaginären Gliedern der Fall. Wir erhalten demgemäß zwei Gleichungen:

$$\left.\begin{aligned} R I_2 \cos \vartheta - I_2 \omega L_2 \sin \vartheta &= o \\ j \omega L_2 I_2 \cos \vartheta + j R I_2 \sin \vartheta &= j \omega M I_1 \end{aligned}\right\}$$

*) In der Theorie der Drehfeldmotoren entspricht diesem Betriebszustand der Motor bei unendlich großer Drehzahl.

Aus der ersten Gleichung folgt

$$\frac{R}{\omega L_2} = a = tg\,\vartheta$$

aus der zweiten

$$I_2 = \frac{\omega M}{\omega L^2 \cos\vartheta + R \sin\vartheta}$$

$$I_2 = \frac{M}{L^2 \cos\vartheta + \frac{R}{\omega} \sin\vartheta}$$

Da $\frac{\sin\vartheta}{\cos\vartheta} = tg\,\vartheta = \frac{R}{\omega L_2} = a$, wird

$$I_2 = \frac{M}{L_2 \cos\vartheta + \frac{R}{\omega} \,.\, a \,.\, \cos\vartheta} \,.\, I_1$$

$$I_2 = \frac{M}{\cos\vartheta \,.\, \left(L_2 + \frac{R}{\omega} a\right)} \,.\, I_1$$

$$I_2 = \frac{M}{\frac{1}{\sqrt{1 + tg^2\vartheta}} \,.\, \left(L_2 + \frac{R}{\omega} a\right)} I_1$$

$$I_2 = \frac{M}{\sqrt{1 + a^2} \,.\, (L_2 + L_2\, a^2)} I_1.$$

$$I_2 = \frac{M}{L_2 \sqrt{1 + a^2}} I_1.$$

Nun ist M nach vorangegangenem durch folgenden Ausdruck gegeben:

$$M = k \sqrt{L_1 \,.\, L_2}$$

ferner $k^2 = 1 - \tau$.

Daher wird

$$M = \sqrt{(1 - \tau)\, L_1 \,.\, L_2}.$$

Wir schreiben daher

$$I_2 = \sqrt{\frac{(1 - \tau) \,.\, L_1}{(1 + a^2) \,.\, L_2}} \,.\, I_1 \quad (28).$$

Die Gleichung 28 gibt das Verhältnis der beiden Ströme an:

$$\frac{I_2}{I_1} = \sqrt{\frac{(1 - \tau) \,.\, L_1}{(1 + a^2) \,.\, L_2}}.$$

Dieses Verhältnis ist veränderlich. Bei Kurzschluß wird aus a die Größe a_2. Es ist somit das Verhältnis der Kurzschlußströme

$$\frac{I_{2k}}{I_{1k}} = \sqrt{\frac{(1-\tau) L_1}{(1+a_2^2) L_2}}.$$

Da man bei Kurzschluß das Verhältnis $\frac{1-\tau}{(1+a_2^2)}$ ungefähr Eins setzen darf und da L_2 und L_1 dem Quadrate der Windungszahlen proportional sind, so wird das Verhältnis $\frac{I_{2k}}{I_{1k}} = \frac{w_1}{w_2}$, ein Ergebnis, das wir auch auf Seite 16 kennengelernt haben.

Wir können nun in Formel 28 den Wert von I_1 (Formel 19) einsetzen und erhalten für I_2 den folgenden Ausdruck:

$$I_2 = \sqrt{\frac{(1-\tau) L_1}{L_2 [(\tau - a_1 a_2)^2 + (a_1 + a)^2]}} \,.\, I_\mu \quad (29).$$

Wir haben I_2 berechnet. Der Vektor I_2 ist durch den Winkel ϑ bestimmt. In Fig. 21 wird die Größe von I_2 durch die Strecke $\overline{b\,bo}$ bestimmt, nicht also wie im Heylandkreis durch die Strecke $\overline{b\,bo'}$. Wie bereits gesagt, gibt die Strecke $\overline{b\,bo}$ wohl die Größe von I_2 an, nicht aber die Richtung. Die Richtung von I_2 bestimmt ϑ. Das soll nun im folgenden bewiesen werden.

Es ist nach Fig. 21

$$\overline{b b_o'} = \sqrt{\overline{oh}^2 + \overline{ob'_o}^2 - 2\,\overline{ob} \,.\, \overline{ob_o'} \,.\, \cos\psi}.$$

Die Größen unter dem Wurzelzeichen sind bekannt. Setzt man sie ein, so erhält man nach einer längeren Rechnung folgende Ergebnisse:

$$\overline{b b_o'} = I_2 \sqrt{\frac{(1-\tau) L_2}{(1+a_1^2) L_1}} \quad (30).$$

$$b b_o' = I_2 \,.\, \frac{M}{L_1} \quad (30\,a).$$

$$tg\,\psi = \frac{a_1 + a_2}{1 - a_1 \,.\, a_2} \quad (31).$$

Die Strecke $\overline{bb_o'}$ ist also ein Maß für I_2.

$\overline{bb_o'}$ gibt aber nicht die Richtung von I_2 an: denn $tg\,\vartheta$ ist ja mit a berechnet worden.

Nach Formel (30 a) muß man den wirklichen Strom I_2 mit $\frac{M}{\mathfrak{L}_1}$ multiplizieren, um die Strecke $\overline{bb_o'}$ zu erhalten. Es ist also die Strecke $\overline{bb_o'}$ die auf die erste Seite bezogene Stromstärke I_2.

Berechnet man aus dem Dreiecke obk' die Seite $\overline{bk'}$, so ergibt sich ähnlich wie früher

$$\overline{bk'} = I_2 R_2 \frac{1-\tau}{\omega M \sqrt{(a_1 + a_2)^2 + (\tau - a_1 . a_2)^2}}.$$

IaR ist aber nichts anderes als die meßbare Spannung E_2 des induktionsfrei belasteten Transformators. Ferner ist

$$\frac{1-\tau}{\omega M} = \frac{M}{L_2} \cdot \frac{1}{\omega L_1}.$$

Es ist somit

$$\overline{bk'} = \frac{E_2}{\omega L_1} \cdot \frac{M}{L_2} \cdot \frac{1}{\sqrt{(a_1 + a_2)^2 + (\tau - a_1 . a_2)^2}}.$$

Es muß also bk_1' ein Maß von E_2 sein.

Nun ist nach Gleichung (24) der Kurzschlußstrom

$$I_k = I_\mu \sqrt{\frac{1 + a_2^2}{(a_1 + a_2)^2 + (\tau - a_1 . a_2)^2}}$$

und da $I_\mu = \frac{E_1}{\omega L_1}$,

wird

$$I_k = \overline{OK'} = \frac{E_1}{\omega L_1} \cdot \sqrt{\frac{1 + a_2^2}{(a_1 + a_2)^2 + (\tau - a_1 . a_2)^2}}.$$

Stellt man also das Verhältnis

$\frac{bK'}{OK'}$ auf, so erhält man

$$\frac{bK'}{OK'} = \frac{E_2}{E_1} \cdot \frac{M}{L_2 \sqrt{1 + a^2}}.$$

$\overline{OK'}$ ist eine Spannung der ersten Seite, $\overline{bK'}$ eine Spannung der zweiten Seite, aber auf die erste Seite bezogen. Es ist also die Differenz von $\overline{OK'}$ und $\overline{bK'}$ der Spannungsabfall bei dem angenommenen Betriebszustand b.

Die vom Transformator aufgenommene Leistung ist durch die Strecke $\overline{bb_1}$ meßbar. Bei Kurzschluß ist die aufgenommene Leistung

$$K'\mathfrak{k} = I_{1k}^2 . R_1 + I_{2k}^2 . R_2.$$

Bei Leerlauf ist die aufgenommene Leistung

$$b_0 b_0' = I_0^2 . R_1.$$

Nach Fig. 23 läßt sich aus dem Dreiecke $uwbo$ beweisen, daß die Kupferverluste der Strecke $\overline{ub'}$ proportional sind und daß der Strahl $bob \sim$ im Punkte v diese Verluste so teilt, daß die Strecke uv die Kupferverluste in der zweiten Wicklung, die Strecke $\overline{vb'}$ die Kupferverluste in der ersten Wicklung vorstellen. — Dann stellt die Strecke $\overline{bu}$ die abgegebene elektrische Leistung vor. Es ist demnach die Gerade $\overline{bou}$ die Leistungslinie, von der die abgegebene Leistung gemessen wird.

Die Eisenverluste berücksichtigt man so, daß man die entsprechende Wattzahl als Strecke $\overline{OO'}$ aufträgt und in O' eine Parallele zur X-Achse zieht.

Es ist also für den Belastungszustand b die Strecke

$\overline{b'b''}$ = aufgenommene elektrische Leistung.

$\overline{bu}$ = die Verluste im Kupfer der ersten und zweiten Wicklung.

$\overline{bb''}$ = die unveränderlichen Eisenverluste.

Ferner ist das Verhältnis $\frac{bu}{bb''}$ der Wirkungsgrad η bei der Belastung $\overline{bu}$, $\overline{Ob}$ der Strom in der ersten Wicklung und $\overline{bb_o'}$ der zweite Strom multipliziert mit $\frac{M}{L_1}$, so daß $I_2 = bb_o' \cdot \frac{L_1}{M}$.

Der Spannungsabfall, auf die erste Seite bezogen, ist $\overline{OK'} - \overline{bK'}$.

Beispiel: Wir betrachten nochmals den 100-K.-V.-A.-Öltransformator und wiederholen dessen Baugrößen: $f = 50$.

Die erste Spannung $E_1 = 20\,000$ V.
Die zweite Spannung $E_2 = 400$ V.
Windungszahl der ersten Seite $w_1 = 4200$.
Windungszahl der zweiten Seite $w_2 = 84$.
Länge einer mittleren Windung der ersten Seite $\mathfrak{L}_1 = 78$ cm.
Länge einer mittleren Windung der zweiten Seite = $\mathfrak{L}_2$ 59 cm.
Wirkwiderstand der ersten Seite $R_1 = 46\ \Omega$.
Wirkwiderstand der zweiten Seite $R_2 = 0{\cdot}013\ \Omega$.
Stromstärke in der ersten Seite $I_1 = 5$ A.
Stromstärke in der zweiten Seite $I_2 = 250$ A.
Höchstinduktion in den Säulen $\mathfrak{B}_1 = 14\,000$ $\mathfrak{G}$.
Höchstinduktion in den Jochen $\mathfrak{B}_j = 11\,650$ $\mathfrak{G}$.
Der gesamte Fluß $\Phi = 2{\cdot}16 \cdot 10^6$ M.
Eisenweg in den Säulen $l_s = 120$ cm.
Eisenweg in den Jochen $l_j = 60$ cm.
Eisenquerschnitt einer Säule $F_s = 185\ \text{cm}^2$.
Eisengewicht der Säulen $\mathfrak{G}_s = 140$ kg.
Eisengewicht der Joche $\mathfrak{G}_j = 111$ kg.
Verlustziffer des verwendeten hochlegierten Eisens $v_{10} = 1{\cdot}45$ W/kg.
Eisenverlust für 1 kg Eisen in den Säulen $v_s = 3{\cdot}32$ W/kg.
Eisenverlust für 1 kg Eisen im Joch $v_j = 2$ W/kg.
Stärke einer Paßstelle zwischen oberem Joch und Säule 0·05 cm.

Art der Wicklung: Röhrenwicklung.

Streulinien für 1 cm Windungslänge und für ein Ampere $\zeta = 0{\cdot}0166$.

Berechnung des Magnetisierungsstromes: Für hochlegiertes Blech sind die bei einer Induktion von 14 000 Gauß aufzuwendenden Amperewindungen für 1 cm des magnetischen Pfades AW/cm = 17. Desgleichen für das Joch AW/cm = 4·5. Die nötigen A. W. zur Überbrückung der zwei Paßstellen

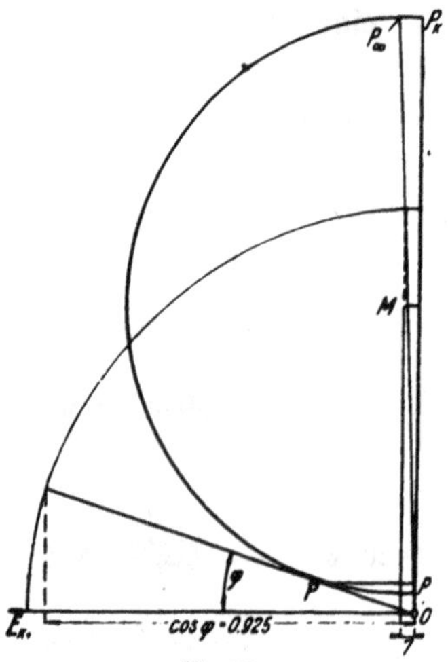

Fig. 24.

$$X_s = 0{\cdot}8\,\mathfrak{B}_s\,.\,2\,\vartheta.$$

Wir erhalten somit:

$$X_s = 17\;.\;120 \qquad = 2050$$
$$X_j = 4{\cdot}5\;.\;60 \qquad = 270$$
$$X_s = 0{\cdot}8\;.\;14\,000\;.\;0{\cdot}1 = 1120$$
$$\text{Insgesamt} = 3440,$$

dann wird der Magnetisierungsstrom

$$I_\mu = \frac{\Sigma X}{w_1\,.\sqrt{2}} = \frac{3440}{4200\;.\;1{\cdot}41} = 0{\cdot}59 \text{ A.}$$

Es ist $\tau = 1 - \dfrac{1}{s_1\,.\,s_2}$

$$s_1\,.\,s_2 = 1 + 2\,\frac{\zeta\,\mathfrak{L}\,w_1\,I_\mu\sqrt{2}}{\Phi_1}$$

$$s_1\,.\,s_2 = 1 + 2\,\frac{0{\cdot}0166\;.\;68{\cdot}5\;.\;3440\;.\;0{\cdot}59\;.\;1{\cdot}41}{2{\cdot}16\;.\;10^6}$$

$$s_1\,s_2 = 1 + 0{\cdot}00302 = 1{\cdot}003$$

$$\tau = \frac{s_1\,.\,s_2 - 1}{s_1\,.\,s_2} = \frac{0{\cdot}003}{1{\cdot}003} = 0{\cdot}003.$$

Aus der bekannten Beziehung $I_\mu = \dfrac{E_1}{\omega\,L_1}$ berechnen wir den Blindwiderstand

$$\omega\,L_1 = \frac{E_1}{I_\mu} = \frac{20\,000}{0{\cdot}59} = 33\,500\;\Omega.$$

Es ist somit

$a_1 = \dfrac{R_1}{\omega L_1} = \dfrac{46}{33\,500} \sim = 0{\cdot}0014$. Dieses Verhältnis ist so klein, daß man es im Verlaufe der weiteren Rechnung vernachlässigen kann. Das Verhältnis a_1 wird sich erst dann auswerten, wenn der Blindwiderstand nicht zu groß wird.

Die Bestimmungsstücke des Osannakreises sind dann:

$$\xi = \frac{I_\mu}{2}\,.\,\frac{1+\tau}{\tau + a_1^{\,2}} \qquad \xi = \frac{0{\cdot}59}{2}\,.\,\frac{1 + 0{\cdot}003}{0{\cdot}003}$$

$$\xi = 0{\cdot}295\,\frac{1{\cdot}003}{0{\cdot}003} = 98\text{ A} \qquad \eta = \frac{I_\mu}{2}\cdot\frac{2\,a_1}{\tau + a_1^2}$$

$$\eta = 0{\cdot}295\,\frac{0{\cdot}0028}{0{\cdot}003} = 0{\cdot}275\text{ A} \qquad \varsigma = \frac{I_\mu}{2}\cdot\frac{1-\tau}{\tau + a_1^2}$$

$$\varsigma = 0{\cdot}295\,.\,\frac{1 - 0{\cdot}003}{0{\cdot}003} \qquad \varsigma = 0{\cdot}295\,\frac{0{\cdot}997}{0{\cdot}003} = 97{\cdot}7\text{ A.}$$

Unter Zugrundelegung eines bestimmten Maßstabes kann man den Kreis aufzeichnen. (Fig. 24.)

Zur Berechnung des Kurzschlußstromes haben wir die Formel abgeleitet:

$$I_k = I_\mu \sqrt{\frac{1 + a_1^2}{(\tau - a_1\,.\,a_2)^2 + (a_1 + a_2)^2}}.$$

Es ist

$$a_2 = \frac{R_2}{\omega\,L_2}.$$

Um L_2 zu bestimmen, müssen wir auf die Formel

$$\mathfrak{M} = \frac{0{\cdot}4\,\pi\,w_1\,.\,w_2}{\mathfrak{W}\,.\,10^8}\quad\text{H}$$

zurückgehen. Nun ist bei Leerlauf

$$\overline{\Phi} = \frac{0{\cdot}4\,\pi\,w_1\,I_\mu\sqrt{2}}{\mathfrak{W}},$$

daraus

$$\mathfrak{W} = \frac{0{\cdot}4\,\pi\,w_1\,I_\mu\sqrt{2}}{\overline{\Phi}}.$$

Es ist somit

$$\mathfrak{M} = \frac{0{\cdot}4\,\pi\,w_1\,w_2}{10^8}\cdot\frac{\overline{\Phi}}{0{\cdot}4\,\pi\,w_1\,I_\mu\sqrt{2}}$$

$$\mathfrak{M} = \frac{w_2\,.\,\overline{\Phi}}{10^8\,.\,I_\mu\sqrt{2}} = \frac{84\,.\,2{\cdot}16\,.\,10^6}{10^8\,.\,0{\cdot}59\,.\,1{\cdot}41} = \mathfrak{M} = 2{\cdot}17\text{ Henry.}$$

Nun ist anderseits

$$\mathfrak{M} = \sqrt{(1-\tau)\,.\,L_1\,.\,L_2} \qquad \mathfrak{M}^2 = (1-\tau)\,.\,L_1\,.\,L_2$$

$$L_2 = \frac{\mathfrak{M}^2}{(1-\tau)\,.\,L_1} \qquad L_2 = \frac{2{\cdot}17^2}{(1 - 0{\cdot}003)\,.\,L_1}.$$

Der Wert L_1 ergibt sich aus den bereits gerechneten Wert

$$\omega\,L_1 = 33\,500\,\Omega$$

$$L_1 = \frac{33\,500}{314} = 103\text{ H.} \qquad L_2 = \frac{2{\cdot}17^2}{0{\cdot}997\,.\,103} = 0{\cdot}0487\text{ H.}$$

Es ist somit

$$a_2 = \frac{0{\cdot}013}{314\,.\,0{\cdot}049} = 0{\cdot}0007.$$

Es wird daher

$$I_k = 0{\cdot}59 \sqrt{\frac{1{\cdot}0014^2}{0{\cdot}003^2 + 0{\cdot}002^2}} \qquad I_k = 0{\cdot}59 \sqrt{\frac{1\,.\,10^6}{13}}$$

$$I_k = 0{\cdot}59\,.\,2{\cdot}76\,.\,100 = 149 \text{ A}.$$

Anmerkung: Wir haben auf Seite 26 den Kurzschlußstrom desselben Transformators ohne Berücksichtigung der Wirkungswiderstände mit 162 A berechnet. Es ist 162 : 149 = 1·25. Ist uns der wirkliche Kurzschlußstrom bekannt, so können wir abermals die zu erwartende Kurzschlußspannung berechnen.

$$x : 20\,000 = 5 : 149$$

$$x = \frac{20\,000\,.\,5}{149} = 675 \text{ V}.$$

Diese Kurzschlußspannung in Hundertteilen ausgedrückt gibt

$$\frac{675\,.\,100}{20\,000} = 3{\cdot}37 \text{ v. H.}$$

Wir haben also noch eine Art, die Kurzschlußspannung zu berechnen, kennengelernt.

Am Ende des 6. Abschnittes werden wir ein drittes Mal auf die Kurzschlußspannung zurückkommen und zeigen, von welchen Baugrößen sie beeinflußt wird.

Die Punkte P_∞ und K' werden zusammenfallen.

Die Differenz der Strecken $\overline{OP_\infty}$ und $\overline{PP_\infty}$ gibt den Spannungsabfall im Normalbetrieb an. Die Strecke OP_k stellt dann die Oberspannung von 20 000 Volt vor. Es ist dann nach der Zeichnung

$$\frac{\overline{OP_\infty} - PP_\infty}{OP_\infty} = 0{\cdot}083.$$

Der gesammte Spannungsabfall beträgt somit 8 v. H.

Aus diesem Beispiel ersieht man, das bei der graphischen Behandlung der Transformatorenaufgaben die Berücksichtigung von R_1 und R_2 nicht nötig ist, daß man also mit dem ersten Kreis alle Aufgaben mit genügender Genauigkeit lösen kann.

Nun ist aber zu bemerken, daß die Theorie der Drehfeldmotoren und auch die der Wechselstromerzeuger auf das Transformatorproblem sich aufbauen. Hat man also vorerst die Theorie der Transformatoren nach den vorangegangenen Darlegungen verstanden, so wird es dann leicht sein, in die Theorie der anderen Wechselstrommaschinen einzudringen.

II. Teil.

V. Aufbau der Transformatoren.

Einleitung. Der Eisenkern. Die Wicklungen. Die Durchführungsisolatoren. Der Ölkessel. Die Kühlung. Die inneren Schaltungen der Phasen. Über den elektrischen Aufbau des Transformators.

Die Transformatoren kann man nach verschiedenen Gesichtspunkten einteilen.

Der Größe nach unterscheidet man Klein- und Großtransformatoren Die ersteren sind zumeist an eine Hochspannungsleitung angeschlossen und haben die Aufgabe, den hochgespannten Strom in einen niedergespannten Verbrauchsstrom umzuwandeln. Die Hochspannungsleitung versorgt ein Gebiet von etwa 15 bis 20 Kilometer im Umkreise. In vielen Fällen wird diese Hochspannungsleitung von einer Höchstspannungsleitung versorgt. Für die Hochspannungsleitungen kommen normal 6000 Volt (= 6 Kilovolt = 6 k. V.), 15 k. V. und 35 k. V. in Frage, für Höchstpannungsleitungen 60 k. V., 100 k. V., 150 k. V. und 250 k. V. Für Betriebsspannungen sind für Drehstrom von 50 Perioden 220 Volt und 380 Volt für alle Fälle normal.

Die Großtransformatoren stehen in den Großkraftwerken und transformieren die Maschinenspannung von 5 bis etwa 8000 Volt auf die geforderte Übertragungsspannung.

Nach der Anzahl der Phasen unterscheiden wir Ein- und Dreiphasentransformatoren. Die ersteren versorgen zumeist die Fahrdrahtleitung der

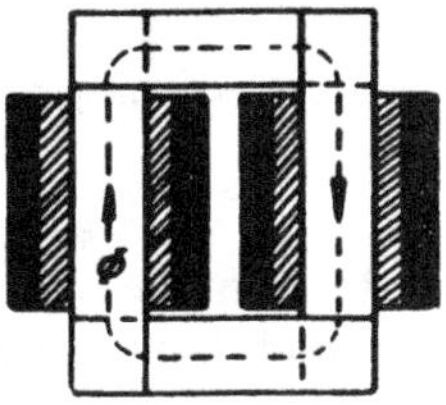

Fig. 25.

Fig. 25a.

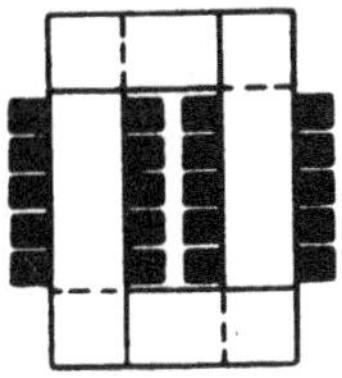

Fig. 26.

elektrischen Vollbahnen, die letzteren dienen der Industrie, Landwirtschaft und der Beleuchtung.

Nach dem Aufbau des Eisenkerns unterscheiden wir Kern- und Manteltransformatoren.

Der Kern besteht beim Einphasentransformator aus zwei Säulen und und zwei Jochen (Fig. 25), beim Dreiphasentransformator aus drei Säulen und zwei Jochen (Fig. 25a). Jede Säule des Einphasentransformators trägt die Hälfte der Nieder- und Hochspannungswicklung. Beim Dreiphasentransformator trägt jede Säule die Nieder- und Hochspannungswicklung einer Phase. Die Wicklungen selbst können grundsätzlich auf zweierlei Weise angeordnet sein. Entweder wie in den Fig. 24 und 25 konzentrisch übereinander, so daß zumeist die Niederspannungswicklung zunächst der Säule und darüber die Hochspannungswicklung angeordnet ist. Dann spricht man von einer Röhrenwicklung. Oder es wechseln wie in Fig. 26 Nieder- und Hochspannungswicklung ab. Man spricht von einer Scheibenwicklung. Beide Arten haben ihre Vorzüge und Nachteile.

Die Manteltransformatoren nach Fig. 27 verwendet man zumeist für ganz kleine Leistungen, obgleich z. B. die Siemens-Schuckertwerke auch für größte Leistungen Transformatoren nach dem Mantelmodell bauen. Die isolierten Bleche haben zwei Fenster, *a* und *b*, die zusammen zwei Kanäle bilden. In diesen Kanälen liegen die Seiten der Hoch- und Niederspannungsspulen. Vorne und rückwärts schließen zwei Spulenköpfe die Seiten zu geschlossenen Spulen. Bei Dreiphasentransformatoren sind sechs Fenster vorhanden. Nach der Art der Kühlung unterscheidet man zunächst Luft- und Öltransformatoren. Die älteren Transformatoren waren nur Lufttransformatoren. Die Öltransformatoren wurden erst später von Ing. Brown eingeführt.

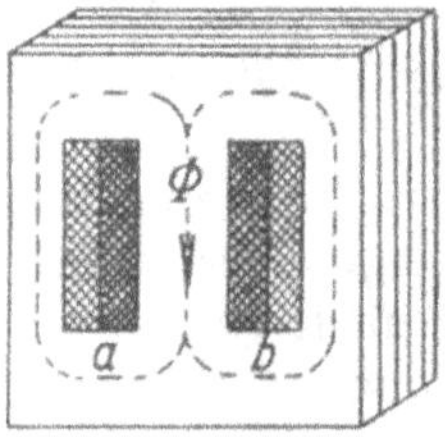

Fig. 27.

Bei dem Lufttransformator muß die Wärme vom Eisen und der Wicklung in die Luft übergeführt werden. Um die Kühlung zu verbessern, wird mittels Ventilatoren Druckluft erzeugt, die in vorgeschriebenen Wegen den Transformator bestreicht. Dann ist der Transformator in einem gußeisernen Fuß gelagert. Lotrechte Säulen tragen einen gußeisernen Kopf, der die Durchführungen aufzunehmen hat. Ein Blechmantel zwischen Fuß und Kopf schützt die Wicklungen vor mechanischen Angriffen und verhindert die Kühlluft am vorzeitigen Entweichen. Die Kühlluft tritt am Fuße ein und bläst unter dem Kopfe seitwärts aus.

Bei den Öltransformatoren steht der Transformator in einem mit Öl gefüllten Kessel. Der luftdicht schließende Deckel nimmt die Durchführungen auf. Die entwickelte Wärme geht in das Öl über. Dieses gibt die Wärme an die Wände des Kessels ab, und letztere strahlen die Wärme in die umgebende Luft aus: Man spricht von einem Öltransformator mit natürlicher Luftkühlung. Um die Strahlung zu verbessern, verwendet man zu den Seiten des Kessels Wellbleche oder man schweißt an die glatten Seitenwände Kühlrippen an. Oder man läßt das Öl umlaufen: Das warme Öl wird im oberen Teil des Kessels abgesaugt, mit Hilfe einer Pumpe durch einen Kühler gepreßt und an der Unterseite des Transformators wieder in diesen hineingedrückt, so daß ein starker Ölumlauf eintritt. Oder man benützt zur Kühlung der Öltransformatoren in den oberen Teil des Ölkessels eingebaute Kühlschlangen. Diese Kühlschlangen werden vom Kühlwasser durchflossen. Die Kühlschlangen nehmen die Wärme des Öles auf und leiten diese in das Wasser. Das Wasser tritt bei einer Temperatur von etwa 14° C ein und erwärmt sich bis zum Austritt auf etwa 35° C.

Man braucht dann bei gut bemessener Kühlschlange etwa einen Liter Kühlwasser für ein Kilowatt Verlust. Die Öltransformatoren haben die Lufttransformatoren fast vollständig verdrängt. Die Gründe sind im wesentlichen folgende:

Da die Isolationsfestigkeit des Öls bedeutend höher ist als die der Luft, kann der Öltransformator für große Übersetzungsverhältnisse gebaut werden. Der Öltransformator verträgt höhere Stromdichten und Überspannungen, da sich letztere in höheren Eisenverlusten auswerten, weil das Öl eine größere Wärmekapazität besitzt als die Luft. Der Öltransformator besitzt größere Anwendungsmöglichkeiten: Er eignet sich zur Aufstellung im Freien, sei es als Masttransformator, sei es als Großtransformator in den Freiluftstationen.

Fig. 28.

Wie bereits erwähnt, wird von den meisten Firmen der Kerntyp bevorzugt. Je nach Betriebsverhältnissen verwendet man legiertes oder hochlegiertes Eisenblech,*) das in Tafeln von 750 × 1500 mm hergestellt wird. Gewöhnliches Dynamoblech wird für hochwertige Transformatoren nicht verwendet.

Die Stärke der Bleche ist 0·35 oder 0·3 mm, die Stärke der Papierisolation 0·05 mm. Der Kern wird aus Blechen so zusammengesetzt, daß sich keine durchgehenden Stoßfugen bilden können (Fig. 65). Da man bei Kleintransformatoren besonders auf geringen Magnetisierungsstrom achten muß, wird man die Säulen und Joche zusammenschachteln. Einen solchen Aufbau zeigt Fig. 28.

Man sieht wie die Säulen mit dem unteren Joch verschachtelt sind. Dicke Endbleche und starke Bolzen halten Joch und Säulen zusammen. An der Säule beobachtet man ebenfalls die Bolzenlöcher. Die Bolzen müssen auf das sorgfältigste vom Bolzenloch und den Endblechen isoliert sein, da

*) Legiertes Blech ist Dynamoblech mit Siliziumzusatz. Durch diesen Zusatz wird die elektrische Leitfähigkeit x des Eisens verringert und mit ihr die Wirbelstromverluste. Mit wachsendem Siliziumgehalt vermindert sich gewöhnlich die magnetische Durchlässigkeit des Eisens und erhöhen sich die Hysteresisverluste. Man stellt aber schon legierte Bleche her, bei denen auch die Hysteresisverluste abnehmen. Einfach legiertes Blech hat einen Siliziumzusatz von 0·6 bis 1 v. H., hochlegiertes Blech einen solchen von 3 bis 4 v. H. Die Verlustziffer v_{10} (das ist der gesamte Eisenverlust für ein Kilogramm, für $f = 50$ und für $\mathfrak{B} = 10\,000$ Gauß in Watt) erniedrigt sich bei legierten Blechen um 40 bis 50 v. H., so daß man für Transformatorenbleche v_{10} mit 1·28 annehmen darf. Siehe auch Anhang.

sonst Bolzenschlüsse eintreten. Auch die Endbleche wird man von dem aktiven Eisen mittelst starker Isolierplatten isolieren. Sonst hätte man starke Wirbelströme zu befürchten, die eine so hohe örtliche Wärme im Eisen entwickeln, daß die Papierisolation verkohlt und der Transformator unbrauchbar wird.

Die Säulen erhalten meist einen Querschnitt, den man einem Kreis umschreiben kann. Um den Kreisquerschnitt auszunutzen, werden die Säulenpakete abgestuft, wie z. B. Fig. 56 zeigt. Um Paketschlüsse zu vermeiden, werden die einzelnen Pakete untereinander isoliert. Man nennt das Verhältnis des reinen Eisenquerschnitts F_{eis} zu dem Flächeninhalt $\frac{d^2 \pi}{4}$ des umschriebenen Kreises den Eisenfüllfaktor f_s. Bei Kleintransformatoren kann man einen Eisenfüllfaktor f_s von 0·75 erreichen. Dabei wird die Wärmeabfuhr schwieriger, da der größte Teil der Wärme nur in der Längsrichtung des Pakets wandert und so zum Joch gelangt, das dann die Wärme an das Öl abgeben muß.

Man kann aber auch zwischen den einzelnen Paketen durch Distanzstücke (ähnlich wie bei den Ankern der Gleichstrommaschinen) lotrechte Luftschlitze anordnen, die sich durch die beiden Joche fortsetzen. Dann kann das Öl in diesen lotrechten Kanälen von unten nach oben steigen und einen Teil der Eisenwärme aufnehmen. Der Eisenfüllfaktor f_s sinkt dann leicht auf 0·6 herab. Bei gleichem magnetischen Fluß und gleicher Induktion wird der Durchmesser des umschriebenen Kreises größer und mit ihm die mittleren Längen der Windungen. In vielen Fällen werden diese lotrechten Kanäle unentbehrlich sein.

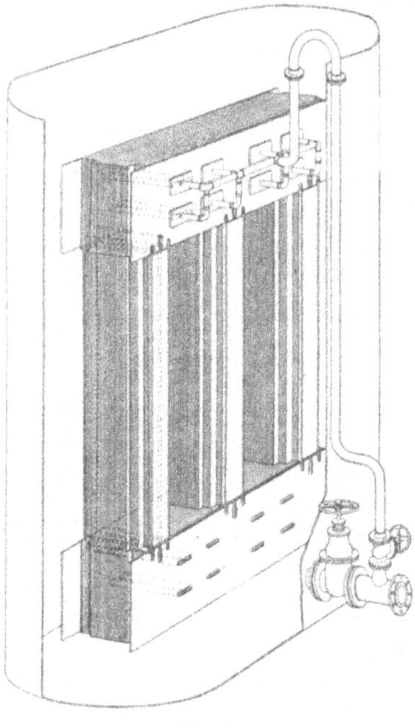

Fig. 29.

Bei Großtransformatoren muß der Eisenkern noch viel sorgfältiger aufgebaut werden, da jeder Fehler unabsehbaren Schaden anrichten kann. Hier werden nur das obere Joch oder beide Joche auf die Säulen stumpf aufgestoßen, oft unter Zwischenlage mehrerer Preßspahnschichten. Joche und Säulen werden dann mit besonderen Armaturen so zusammengepreßt, daß das Brummen der Transformatoren nur wenig störend wirkt. Die Isolation der Bolzen gegen die Bolzenlöcher, ferner die Isolation der einzelnen Blechpakete untereinander ist von höchster Wichtigkeit.

Eine ganz besondere Aufgabe bildet hier die Abfuhr der Eisenwärme. Diese kann, wie vorhin schon beschrieben, durch lotrechte Kanäle erfolgen. Fig. 29 zeigt einen Eisenkern eines Dreiphasen-Öltransformators der Brown-Boveri-Werke.

Hier sind die Säulenpakete abgestuft. Die Joche sind mit den Säulen durch dicke Endbleche und kräftigen Bolzen (letztere in der Figur nicht gezeichnet) zusammengehalten. Die Endbleche müssen vom Kern, der den magnetischen Fluß führt, durch starke isolierende Zwischenlagen getrennt sein, um die zusätzlichen Eisenverluste nicht zu groß werden zu lassen. Joche und Säulen werden durch kräftige Preßbalken und Schrauben zusammengehalten, wie Fig. 30 zeigt.

Fig. 30.

Der obere Preßbalken ist als Doppeltraghaken ausgebildet, der das leichte Ausziehen des Transformators aus dem Kessel gestattet. Die unteren Preßbalken dienen gleichzeitig als Fuß des Transformators. In dem Eisenkern ist die Kühlung auf eine besondere Art durchgeführt worden.

Säulen und Joche haben besondere Querschlitze, durch welche das Öl strömen kann. Die Zu- und Abführung des Öls in die Säulenquerschlitze geschieht durch hiefür in den Jochen ausgestanzte Kanäle. Für die Kühlung des oberen Joches, das im heißen Öl liegt, wird bei Transformatoren besonders großer Leistung und mit Zirkulationsabkühlung Frischöl verwendet.

Man beobachtet, daß die Magnetisierungsströme der drei Säulen ungleich sind. Der Unterschied kann 25 bis 50 v. H. ausmachen, und zwar brauchen die äußeren Säulen um diesen Prozentsatz mehr. Ungünstig wirken hohe Induktionen im Joch und im Verhältnis zum Joch geringe Säulenhöhe.

Wir wollen nun diese Verhältnisse näher beschreiben. In Fig. 31 ist ein Kern angedeutet. Wir nehmen an, daß die Säulen und Joche aufeinander gestoßen sind. Die magnetischen Flüsse hätten dort Luftwege zu überwinden. Der Widerstand einer solchen Stoßfuge soll so groß sein, daß wir darüber den Widerstand des Eisenpfades vernachlässigen können. Jede Säule trage der Einfachheit wegen nur eine Spule. Der Höchstwert des die Spulen durchfließenden sinoidalen Stromes sei ein Ampere. Wir betrachten den Augenblick, wo nach dem Bilde die Spule der zweiten Säule den Höchststrom führt. Dann führen die Spulen der anderen Säulen 0·5 Ampere. Hat nun jede Spule nur eine einzige Windung, so wirken

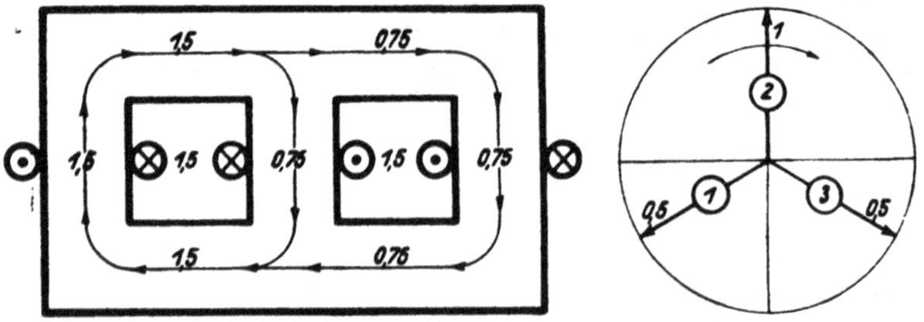

Fig. 31.

im linken Fenster 1·5 und im rechten Fenster ebenfalls 1·5 Amperedrähte. Die Amperedrähte des linken Fensters erzeugen einen in der Figur eingezeichneten Fluß, der sich auf zwei parallel liegenden Pfaden schließt. Die Stärke dieser Flüsse können wir der Annahme gemäß den Amperedrähten gleichsetzen.

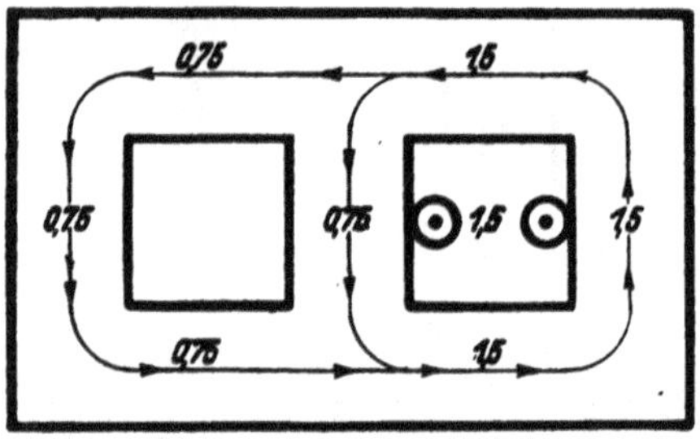

Fig. 32.

In Fig. 32 ist der Fluß der magnetomotorischen Kraft des rechten Fensters gezeichnet, und in Fig. 33 wurden die Felder der beiden ersten Figuren zusammengelegt.

Wir sehen, daß der Höchstfluß in der mittleren Säule herrscht und die beiden übrigen Säulen wie das ganze Joch die Hälfte dieses Flusses führt.

Anders wird es, wenn z. B. die dritte Säule den Höchstfluß zu führen hat, wie Fig. 34 zeigt. Nach dem Strombilde führen die Spulen der ersten und zweiten Säule positiven, die Spule der dritten Säule negativen Strom. Die Wirkung der Amperedrähte im linken Fenster hebt sich auf, im rechtem Fenster sind 1·5 Amperedrähte wirksam. Die Flüsse sind aus der Figur zu ersehen. Man findet, daß die Flüsse in den Säulen dieselben sind wie früher. Die rechten Jochseiten aber haben den ganzen Fluß zu führen. Die nötigen Amperewindungen $x = 0{\cdot}8\ \mathfrak{B}.\ \vartheta$ sind größer. Damit wäre also die in der Praxis gemachte Erfahrung erklärt.

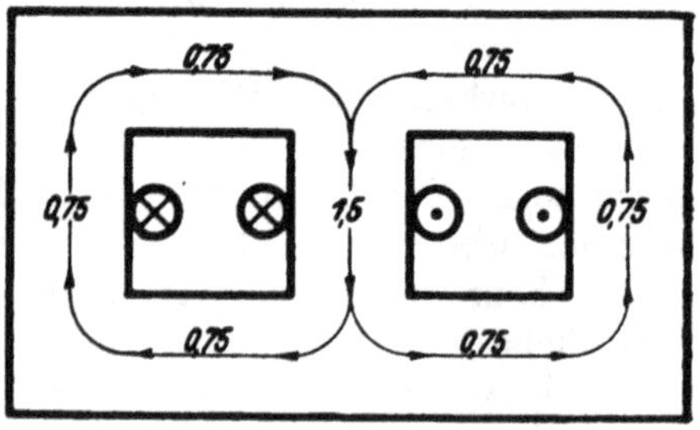

Fig. 34.

Die Transformatoren ältesten Typs waren so gebaut, daß die drei Säulen im Abstande von 120° auf dem Umfang eines Kreises standen. Im

Mittelpunkt des Kreises stand eine Säule, die man als Sternpunkt der drei Säulen auffassen konnte. Magnetisch war diese Anordnung ganz gut.

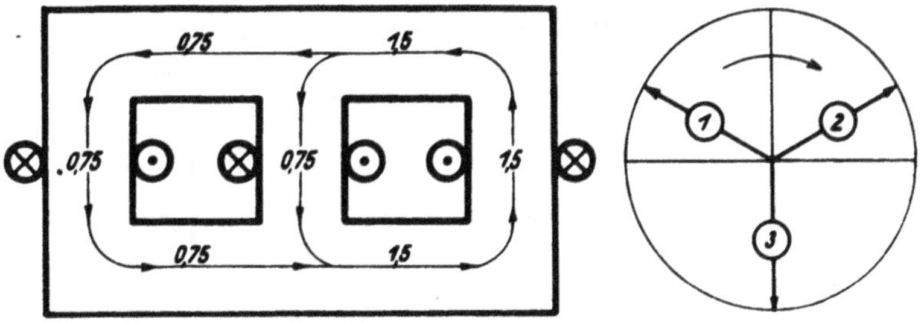

Fig. 34.

Wir wollen nun untersuchen, ob die Anordnung zweier seitlicher Hilfsjoche, wie es Fig. 35 zeigt, einen Vorteil bringen könnte. Die Figur zeigt die Ströme. In der dritten Spule hat die Stromstärke wieder den Höchst-

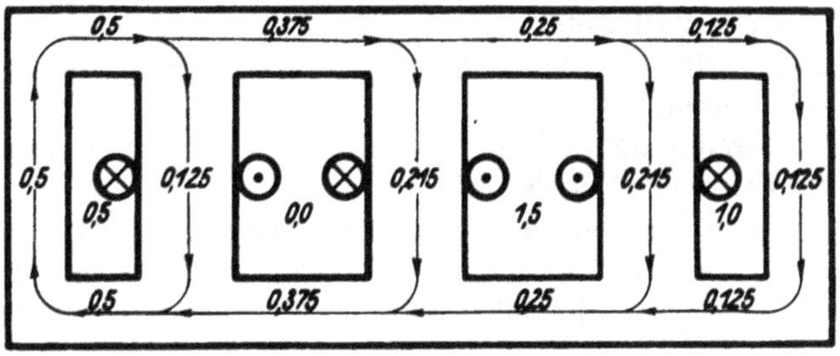

Fig. 35.

wert von 1 Ampere. Wir haben jetzt vier Fenster. Das erste Fenster hat 0·5 Amperedrähte. Infolge dieser magnetomotorischen Kraft ergeben sich die eingezeichneten Teilflüsse.

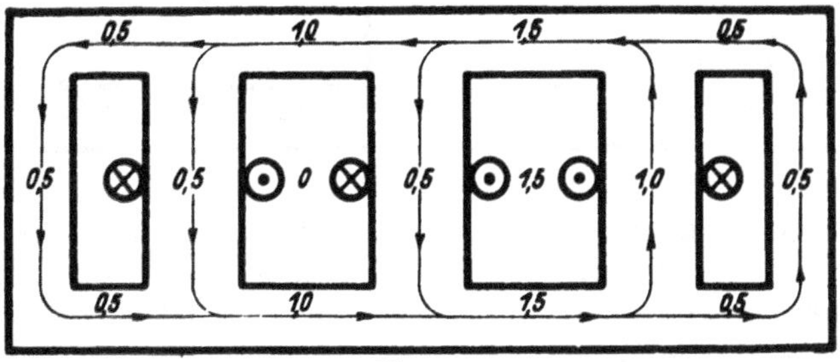

Fig. 36.

Im zweiten Fenster heben sich die Wirkungen der Amperedrähte auf und im dritten Fenster wirken 1·5 Amperedrähte, die die in Fig. 36 gezeichnete Feldverteilung zur Folge haben.

In Fig. 37 ist die Feldverteilung eingezeichnet, die durch die Amperedrähte (1) im letzten Fenster hervorgebracht wurde.

In der Fig. 38 endlich sind die drei Feldverteilungen zu der wirklichen Feldverteilung zusammengesetzt worden.

Wir finden in den Jochen von links nach rechts einen steigenden Fluß, der aber bei richtiger Berücksichtigung der magnetischen Widerstände höchstens nur die Hälfte des Säulenflusses betragen wird. Man kann also Joche wie Hilfssäulen nur für die Hälfte des Säulenflusses bemessen und man erhält keinen größeren Eisenaufwand wie früher, dafür geringere Eisenverluste. Die Joche werden zeitlich von einem wellenförmigen Felde durchflutet.

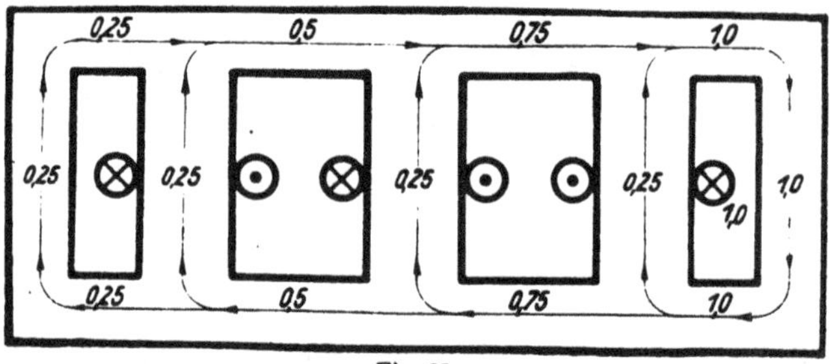

Fig. 37.

Für die Herstellung und den Aufbau der Wicklungen sind eine Reihe von Überlegungen erforderlich.

Die einzelnen Wickelelemente müssen von den Säulen und den Jochen einen bestimmten Abstand haben, um Überschläge zu vermeiden. An jedes Wickelelement stellt man die höchsten Anforderungen in mechanischer und elektrischer Hinsicht. Bei einem Kurzschluß suchen sich die ersten und zweiten Wicklungen in radialer Richtung und auch in axialer Richtung gegeneinander zu verschieben. Dies erfordert eine kräftige Befestigung der Spulen unter sich und gegen die oberen und unteren Abstützungen. Wenn die Wicklungen in der Längsrichtung nicht stark genug zusammengepreßt sind, können bei Kurzschlüssen heftige Schlagwirkungen ausgelöst werden. Diese Schlagwirkungen treten besonders auf, wenn die Verteilung der Amperewindungen zwischen erster und zweiter Wicklung unsymmetrisch sind. Solche Unsymmetrien können leicht dann eintreten, wenn die Anzapfungen an der Hochspannungsseite ungeschickt angeordnet werden.

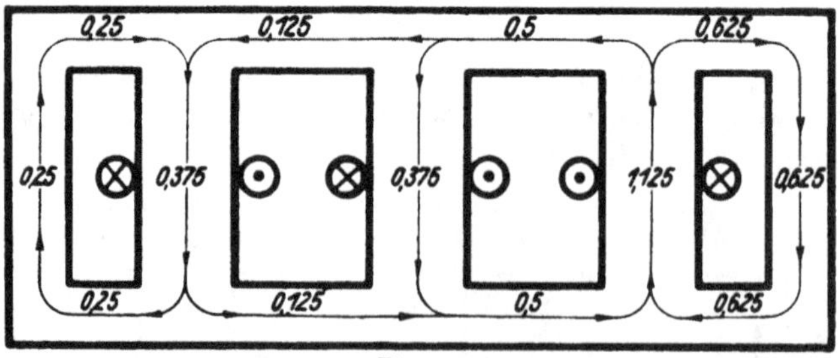

Fig. 38.

Die von den Brown-Boveri-Werken angewandte Wicklungsabstützung durch Federn für Großtransformatoren zeigt Fig. 39.

In elektrischer Hinsicht müssen die Wicklungselemente so hergestellt sein, daß innerhalb derselben keine Luftbläschen bestehen können. In diesen Luftbläschen treten nämlich stille Entladungen auf, die zur Bildung von Ozon und salpetriger Säure führen und empfindliche Isolierungen mit der Zeit zerstören können. So hat jede Großfirma auf Grund ihrer jahrelangen Erfahrungen ihre besonderen Isoliermassen, Isolierlacke und Imprägnierungen. Vielfach werden die Wickelelemente zu diesem Zwecke in Trockenofen erwärmt und unter Vakuum gesetzt, damit Luft und Feuchtigkeit entzogen werden. Im Vakuum nachher mit Isoliermasse getränkt, getrocknet und mit Imprägnierung behandelt, welche die Spule mechanisch fest und unempfindlich gegen Feuchtigkeit und Säuren macht.

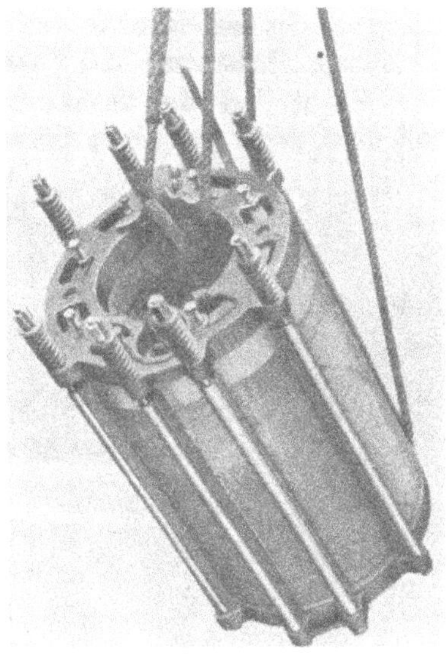

Fig. 39.

Bei Wicklungen für hohe Spannung ist auch auf die Spannungswellen Rücksicht zu nehmen. Diese treten z. B. beim Einschalten der Hochspannungsseite ein. Beim Einschalten wird doch die Leitung unter Spannung gesetzt, oder anders ausgedrückt, die Spannnung eilt längs der Leitung fort und tritt so auch in die Wicklung ein. So ist z. B. die Spannung bereits in die erste Windung gelangt, während die zweite Windung noch spannungslos ist. So ist es möglich, daß zwischen zwei benachbarten Windungen die volle Netzspannung herrschen kann. Freilich tritt diese Spannung nur kurzzeitig auf, so daß eine halbwegs gute Isolation diese Überspannung aushalten kann.

Am meisten sind die Endspulen durch eindringende Spannungswellen gefährdet, doch isoliert man der Sicherheit wegen alle Spulen gleich gut. Als besondere Kennziffer gilt die Spannung für den laufenden Zentimeter einer Säule als auch die sogenannte Windungsspannung, das ist die Spannung, die auf eine Windung entfällt. Diese schwankt nach den Ausführungen zwischen 6 und 15 Volt.

Für die Lebensdauer eines Transformators ist die Temperatur im Innern der Wicklung von maßgebendem Einfluß. Aufgabe ist es, den Aufbau der Wicklungen so auszuführen, daß in keinem ihrer Teile übermäßige Erwärmungen auftreten. Daher findet man durchwegs, daß die einzelnen Spulen durch breite Schlitze getrennt sind. Außerdem muß Vorsorge getroffen werden, daß das Öl in aufsteigender Richtung den Eisenkern und die beiden Wicklungen bestreichen kann.

Durchführungsisolatoren haben den Zweck, die Enden der Hoch- und Niederspannungswicklung des Transformators durch den Deckel des Kessels nach außen zu den Klemmen zu führen, an denen die Außenleitungen angeschlossen sind. Ein solcher Durchführungsisolator besteht bei Niederspannungen zumeist aus einem metallenen Durchführungsrohr, das mit einer Isoliermasse umpreßt ist, bei Hochspannungen fast durchwegs aus einem einzigen oder aus einem oberen und unteren Porzellankörper, den zugehörigen Einsätzen, Fassungen und Fassungsringen nach Fig. 40.

Es ist bei den Isolatoren zwischen dem durchgeführten Metallrohr und dem meist geerdeten Ölkesseldeckel eine Isolierung herzustellen. Der

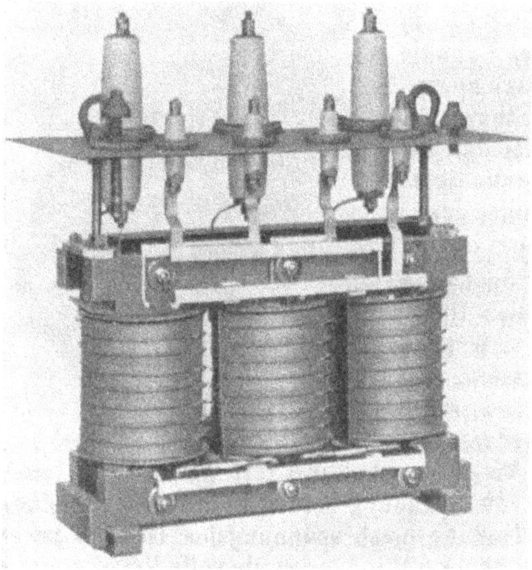

Fig. 40.

Fig. 41.

Isolator muß in der Fassung luftdicht eingeschlossen sein. Die Durchführungsisolatoren sind auf Durchschlag und Überschlag sehr ungünstig beansprucht, weil die Spannungsverteilung im Innern und auf der Oberfläche des Isoliermaterials ungleichmäßig ist. Auch die Anfangsspannungen sind sehr niedrig.

Dabei versteht man unter Durchschlagsspannung jene, bei der die Isolierfestigkeit des Isolationsmaterials in der Richtung vom inneren Durchführungsrohr durch das Isolationsmaterial nach dem Deckel überwunden wird. Unter Überschlagsspannung versteht man hiebei jene, bei der längs der äußeren Fläche des Isolators vom Klemmstück zum Ölkesseldeckel büschelförmige Gleitfunken nach Fig. 41 entstehen.

Anfangsspannung schließlich ist jene, bei der zuerst ein Leuchten des Klemmstückes eintritt. In dem Augenblicke, als die Glimmerscheinungen eintreten, wird Energie abgegeben, die mit wachsender Spannung sehr rasch zunimmt, Die Spannungsverteilung eines glatten Isolators gibt Fig. 42.*)

Die Abszissen stellen den Ort an der Oberfläche des Isolators, die Ordinaten die Spannungen gegen Erde an diesen Orten vor. Der Spannungsanstieg ist an der Fassung und am oberen Ende des Isolators steiler als in der Mitte. Dementsprechend ist dort auch das elektrische Feld stärker. Während bei kleineren Spannungen keine stillen Entladungen auftreten, wird dies bei den gewählten Spannungen von 20 und 50 Kilovolt der Fall sein. Je höher die gewählte Spannung, je ausgeprägter die stillen Entladungen vor sich gehen, um so gleichmäßiger finden wir die Spannungsverteilung an der Oberfläche, ohne jedoch die Gerade *G* zu erreichen, welche die gradlinige Spannungsverteilung angibt. Senken sich nun die Kurven unterhalb der Geraden, so müßte dort ein vollkommener Überschlag in Form eines Lichtbogens und damit ein Kurzschluß auftreten.

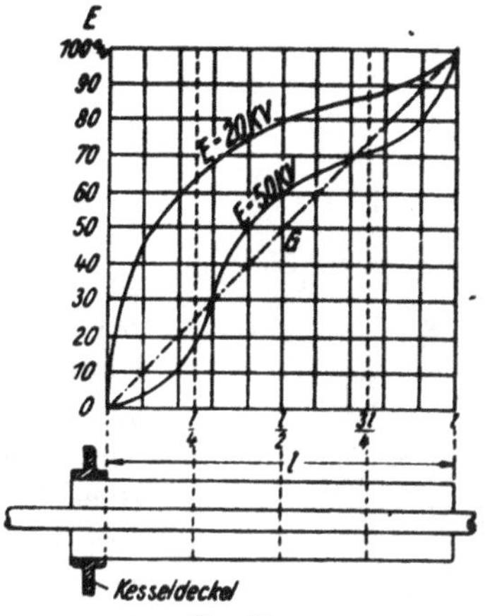

Fig. 42.

Ingenieur Nagel hat durch abgestufte Metalleinlagen, besonders in der Nähe der Fassung, eine gradlinige Spannungsverteilung erreicht.

Die A. E. G. verwendet die von Crämer angegebenen Durchführungen. Bei diesen wird in der Nähe der Fassung und mit dieser leitend verbunden ein Ring um den Porzellanzylinder gelegt. Dieser Ring hat rechteckigen Querschnitt. Die Kante, die der Fassung abgewendet ist, wurde nun zu einer messerscharfen Schneide ausgebildet.

Dieser Glimmring liegt im stärksten Felde des Isolators.

Obgleich dieser Glimmring an der Spannungsverteilung wenig ändert, wirkt er wie eine unendlich große Anzahl von nebeneinander liegenden Spitzenelektroden. Wenn also die Anfangsspannung überschritten ist, beginnt der Ring zu glimmen. Der Teil des Verschiebungsstromes, der auf eine Spitze entfällt, ist sehr klein, die Entladungen sind also stromschwach, Bei stromschwachen Entladungen aber tritt auch bei hohen Spannungen nur das Glimmen ein. Tatsächlich beobachtet man bei allmählicher Steigerung der Spannung am Ring eine Glimmentladung, die mit zunehmender Spannung immer stärker wird, bis die ganze Durchführung vom Klemmstück bis zum Ring von einer Glimmhülle umgeben ist.

Dabei kommt es trotz der hohen Spannung zu keinen Überschlag. Dieser tritt oft bei weiterer noch höherer Spannung auf.

Gute Isolatoren zeigen z. B. bei einer Nennspannung von 110 K. V. im Regen einen Überschlag bei 180 K. V., während die Durchschlagsspannung bei 330 K. V. liegt.

*) Siehe Schwaiger und Rebhahn, E. T. Z. 1925, Seite 729.

Fig. 43.

Die in Fig. 43 abgebildete Durchführung ist eine Porzellandurchführung der A.-G. Brown-Boveri für Spannungen für etwa 100 K. V. Der ganze Isolator ist mit Öl gefüllt, dessen Ausdehnung bei Erhöhung der Temperatur durch das aufgesetzte Expansionsgefäß Rechnung getragen wird. Die zwischen den Porzellanteilen bemerkbaren Einsatzhülsen sollen Brückenbildung durch Staubteilchen verhindern.

Der Ölkessel kleiner Transformatoren wird oft aus Gußeisen hergestellt, bei Großtransformatoren durchwegs aus Kesselblech. Hier werden die Verbindungen der Bleche entweder durch mehrere Nietreihen oder durch Schweißung hergestellt. Entweder sind die Kesselwände glatt, wie dies bei kleinen Leistungen und bei Großtransformatoren mit Ölzirkulation der Fall ist, oder sie erhalten Kühlrippen oder Radiatoren. Die Deckel der Ölkessel müssen luftdicht schließen. Durch den Deckel gehen die Durchführungen für die Hoch- und Niederspannung, die Durchführungen für die Anzapfstellen, auch das Ölverbindungsrohr des Ölkonservators.

Fig. 44.

Bei kleinen Leistungen ist der Transformator unmittelbar mittels einer Armatur am Deckel befestigt so daß man mit dem Deckel auch den Transformator aus dem Kessel heben kann. Der Kessel selbst hängt dann beim Heben an dem Deckel, mit dem er durch Schrauben verbunden ist. Bei Großtransformatoren ist der Kessel mit Öl viel zu schwer, als daß er vermittelst des Deckels ohneweiters gehoben werden könnte. Hier verstärkt man den Mantel durch einen oberen starken Ring und die Breitseiten des Kessels durch Profileisen, an denen Traghaken angebracht sind. (Fig. 44.)

Soll ein Transformator in einer Freiluftstation aufgestellt werden, so verlangen Deckel und Durchführungsisolationen besondere Bauarten. Solche Transformatoren sind nicht bis zu einer bestimmten Höhe des Kessels, sondern ganz gefüllt. Das Öl steht vom aufgebauten Expansionsgefäß her unter einem bestimmten Druck. Die Kessel müssen also besonders öldicht gemacht werden. Das Expansionsgefäß ist auch Konservator. Das Öl im Kessel kann nie mit der äußeren Luft durch Undichtheiten in Berührung kommen. Fig. 45 zeigt einen Transformator für Aufstellung im Freien.

Die Art der Kühlung ist teilweise in der Einleitung dieses Kapitels behandelt worden. In allen Fällen ist die im Innern des Eisens und des Kupfers durch die Verluste entstehende Wärme in das Öl zu führen. Das Öl spielt neben seiner Aufgabe als hervorragender Isolierstoff noch die Rolle des Wärmeträgers. Der Eisenkern wie die Wicklungen werden nun so aufgebaut, daß der Übergang vom wärmeaktiven Material in das Öl mit dem geringsten Temperaturgefälle vor sich gehen kann. Für die Abführung der Wärme aus dem Öl selbst kommen die natürliche Kühlung, die innen liegende Wasserkühlung und die Kühlung mit äußerem Ölumlauf in Betracht. Die beiden letzteren Arten kommen für Großtransformatoren in Betracht. Fig. 46 zeigt einen Großtransformator mit innerer Wasserkühlung. Der Transformator ist aus dem Kessel gehoben. Die Verluste dieses 6000-k.-V.-A. Transformators betragen bei Vollast etwa 130 kW. Es sind demgemäß sekundlich $\frac{130\,000}{9{\cdot}81 \,.\, 427} = 31$ Wärmeeinheiten abzuführen. Darauf kann man unter Annahme einer zehnprozentigen Ausstrahlung einer Wassereintrittstemperatur von 14° C, einer Austrittstemperatur von 35° C bereits die minutliche Wassermenge berechnen.

Fig. 45.

Die Wassergeschwindigkeit im Rohr ist etwa 1 m/sec. Die Kühlrohre sind gebräuchliche Gasrohre von einem lichten Rohrdurchmesser von $1^1/_2$ bis 2 Zoll englisch. So läßt sich auch die Wassergeschwindigkeit im Rohr bestimmen. Damit aber die gewünschte Wärme in der bestimmten Zeit auch tatsächlich vom Öl in das Kühlwasser abgeführt werden kann, ist eine bestimmte Oberfläche der Kühlwasserschlange nötig:

$$O = \frac{N_r}{T_m}\left[\frac{1}{\lambda_1\,(1+3\sqrt{v_1})} + \frac{1}{\lambda_2\,(1+3\sqrt{v_2})}\right]$$

N_r = abzuführende Wärmemenge in Watt.

T_m = die mittlere Übertemperatur des Öls in °C.

$\frac{1}{\lambda_1}$ = 150 Überführungszahl für Öl — Eisen.

$\frac{1}{\lambda_2}$ = 100 Überführungszahl für Eisen — Wasser.

v_1 = die Geschwindigkeit des Ölauftriebes $\sim$ 0·01 m/sec.

v_2 = Wassergeschwindigkeit im Kühlrohr.

Fig. 46.

Aus der Oberfläche und dem äußeren Umfang des Rohrs ergibt sich dann dessen Länge.

Die Kühlung mit äußerem Ölumlauf wird sehr bevorzugt, da das Öl im unteren Teil des Kessels unter Druck eintritt und so durch die vielen vorgesehenen Kühlkanäle durchgepreßt wird. Man ist so vom langsamen Auftrieb des warmen Ols unabhängig und kann durch Geschwindigkeitseinstellung des Ölpumpenmotors die Austrittstemperatur des Öls regulieren.

Auch kann die Ölpumpe selbst geringer gehalten werden. Die Ölmenge ist etwa durch die Formel gegeben

$$Q = 2{\cdot}5 \,.\, \text{k. V. A.} + 60 \text{ Liter.}$$

Ölpumpe und Motor werden gekuppelt und auf gemeinsamer Grundplatte angeordnet. Die Ölumlaufmenge beträgt für ein Kilowatt Verlust etwa 6 l/min.

Die Kühlung des Öls selbst erfolgt entweder durch Wasser oder durch Luft in den entsprechend gebauten Kühlern. Bei guten Dichtungen

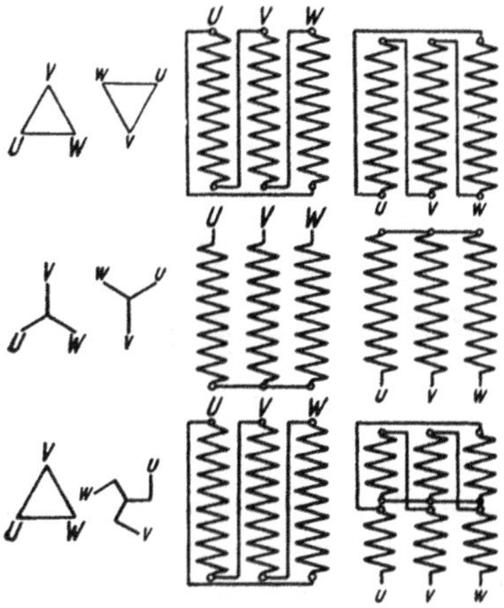

Fig. 47.
Gruppe *a*.

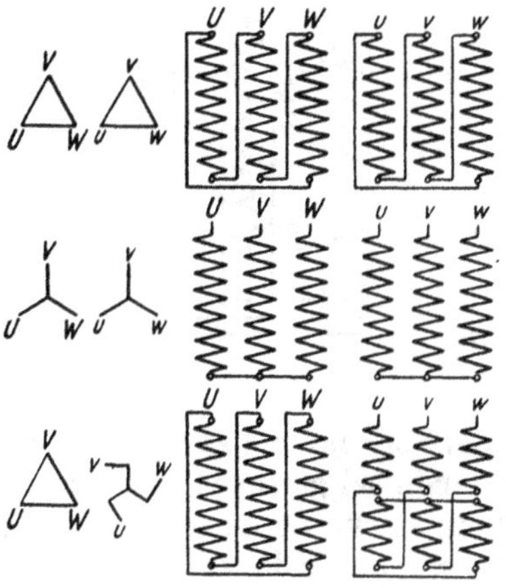

Fig. 47a.
Gruppe *b*.

und entsprechendem Material bleibt das Öl von sauren und alkalischen Niederschlägen frei. Zu bemerken ist, daß das Wasser nach dem Kühler frei austreten soll. Der Regulierhahn ist dementsprechend auf der Seite des Wassereintritts anzuordnen. Dadurch wird der Öldruck im Kühler stets höher als der Wasserdruck sein, so daß niemals bei fehlerhafter Dichtung das Wasser in das Öl und damit in den Transformator gelangen kann.

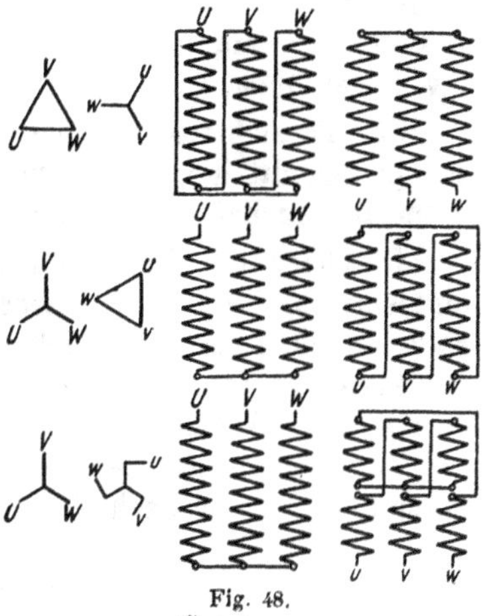

Fig. 48.
Gruppe *c*.

Nach den Maschinennormalien unterscheidet man bei Drehstromtransformatoren drei Gruppen von Schaltungen, Gruppe *a*, *b* und *c*. Jede Gruppe umfaßt wieder drei Schaltungen. Die Schaltart muß neben der normalen Spannung am Schilde des Transformators angegeben sein. Transformatoren der drei Gruppen können durch Verbindung gleichnamiger Klemmen parallel geschaltet werden.

Siehe Fig. 47 (Gruppe *a*), 47a (Gruppe *b*) und 48 (Gruppe *c*).

Sollen Drehstromtransformatoren primär und sekundär parallel arbeiten, so ist zu beachten, daß nur Apparate mit Phasengleichheit parallel geschaltet werden können.

Die folgende Figur 49 zeigt Beispiele von Transformatoren, die alle parallel auf beiden Seiten geschaltet werden können:

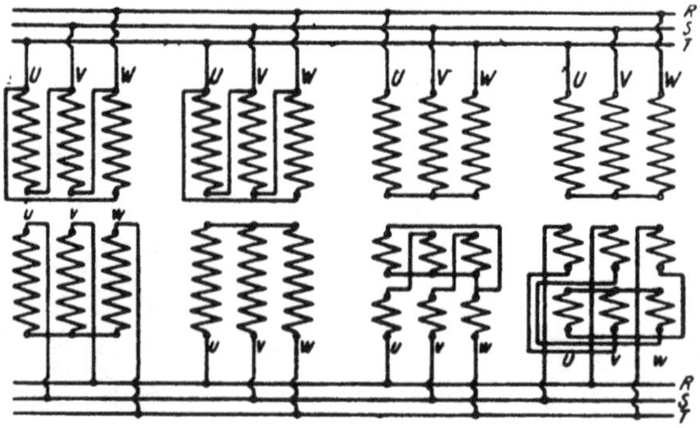

Fig. 49.

Bei Verwendung gewöhnlicher Stern-Stern geschalteter Transformatoren treten schon bei geringen nicht zu vermeidenden Ungleichheiten in der Lichtbelastung starke Spannungsungleichheiten der Phasenspannungen auf. Man schaltet am besten die erste Seite im Dreieck, die zweite im Stern (eventuell mit Nulleiter). Einen sehr guten Ausgleich bietet die Doppelsternschaltung der Gruppen *a*, *b* und *c*. Dabei ist zu bemerken, daß bei sonst gleichen Verhältnissen die Spannung bei Zickzackschaltung um ungefähr 15·5 v. H. kleiner wird, wie man sich durch Aufzeichnung des Spannungsbildes leicht überzeugen kann. Die beiden hintereinander geschalteten Hälften der ersten und zweiten Säule sind nicht phasengleich. Soll also bei Zickzackschaltung wieder dieselbe Spannung erzielt werden wie bei gewöhnlicher Sternschaltung, so muß man die Windungszahl auf der zweiten Seite um 15 v. H. erhöhen.

Für die elektrische Bemessung des Transformators sind bei gegebenem Eisenquerschnitt der Säulen und des Joches die Induktion und die Stromdichten in den beiden Wicklungen maßgebend.

Je höher die Induktion gewählt wird, um so geringer werden die Abmessungen, die Kurzschlußspannung wird höher, auch der Leerlaufstrom, also auch die Leerlaufverluste und die Erwärmung im Eisen. Besonders bemerkenswert ist, daß die zur Bildung des magnetischen Feldes nötige Energie beim Aufbau des Feldes und ebenso die freiwerdende Energie beim Zusammenbruch des Feldes mit zunehmender Induktion sehr rasch zunimmt, und zwar nach der Formel

$$A = \frac{1}{8\pi} \int \mu H^2 . dv.$$

Daraus geht hervor, daß die Schaltstromstärken mit zunehmender Induktion rasch wachsen, ein Umstand, der den Transformator gefährden kann.

Schon bei Besprechung des Leerlaufes eines Transformators wurde darauf hingewiesen, daß bei hohen Induktionen der Magnetstrom infolge Hysteresis auch bei aufgedrückter sinoidaler Spannung von der Sinusform stark abweicht, oder anders gesagt, daß bei starker Magnetisierung die ungeraden Harmonischen sich stark bemerkbar machen. Bei Einphasentransformatoren gehen die auftretenden Oberwellen ins Netz über. Bei Dreiphasenschaltungen tritt der Fall ein, daß je nach der Schaltungsart die dritte Harmonische nicht in das Netz gelangt. Das ist z. B. der Fall bei den Stern-Sternschaltungen, wenn kein Nulleiter verwendet wird, und bei der Dreieckschaltung. Es ist daher vorteilhaft, mindestens die erste Seite des Dreiphasentransformators im Dreieck zu schalten und mit der Induktion nicht über 14 500 Gauß zu gehen.

Bei dem Aufbau der Wicklung muß man sich, wie bereits erwähnt, über die erforderliche Isolation des Wicklungsdrahtes im klaren sein. Nicht nur bei Schaltvorgängen, sondern auch bei Erd- und Kurzschlüssen treten Überspannungen auf, deren Frequenz, Spannung und Form sich nicht im vorhinein bestimmen lassen. Die Spannung kann leicht den doppelten Wert der Betriebsspannung annehmen. Ist die Welle kurz (steile Stirn) so können beim Eindringen der Welle in die Wicklung zwischen naheliegenden Drähten sehr hohe Spannungen auftreten. Nun sucht man die steile Stirn der Wanderwellen durch Schutzapparate abzuflachen. Je mehr solcher Schutzapparate verwendet werden, desto mehr Gefahrenquellen werden in die ganze Anlage hineingetragen. Daher geht heute das Bestreben dahin, den Transformator so zu bauen, daß er mit den einfachsten und wenigsten Schutzmitteln hohe Überspannungen ertragen kann. Um dieser Forderung gerecht zu werden, muß eine besonders gute und starke Drahtisolation und damit eine schlechtere Wärmeabfuhr in Kauf genommen werden.

Um ein Bild von der Beanspruchung der Isolation zu erhalten, sei angenommen, daß für einen 100 000-Volt-Transformator die Wicklungslänge einer Phase 5000 m sei. Die Wanderwelle habe eine Länge von 1000 m, die Amptitude derselben betrage 200 000 Volt. — Dann entfällt schon auf den fünften Teil der Wicklungslänge, also auf 1000 m eine Spannung von 200 000 Volt, auf einen Meter also eine Spannung von 200 Volt, was unter Umständen zu einem Durchschlag führen kann. — Die von der A. G. Brown-Boveri diesbezüglich gemachten Versuche zeigen, daß die Beanspruchungen wohl je nach Abstand der Erdschlußstelle vom Transformator auf verschiedene Werte von Draht zu Draht und Spule zu Spule ansteigen, daß jedoch die Gesamtheit der Beanspruchungskurven innerhalb einer Umhüllungslinie liegen, die für die gewählte Spulenisolation kennzeichnend ist.

Man sieht, daß die ersten und letzten Spulen die höchsten Spannungen auszuhalten haben, ferner beobachtet man, daß große Wellenlängen kleineren

Beanspruchungen entsprechen. Die Wellenstirnhöhe wurde bei den Versuchen mit 1·3facher Betriebsspannung gewählt. Nach diesen Erfahrungen genügt es also, die Anfangs- und Endspulen besonders zu isolieren. Aber auch die Nullpunktsverbindungen und die Anzapfungen müssen besonders gut isoliert werden.

Große Stromdichten vermindern ebenfalls die Abmessungen wie auch die Kurzschlußspannung, vergrößern indessen die Kupferverluste und begrenzen die Überlastbarkeit. Bei den meisten Transformatoren hat man, die Wärmekapazität des Öles ausnutzend, die Stromdichten groß gewählt. Bei den alten Lufttransformatoren konnte man schwer über 2 A/mm² hinausgehen, bei Öltransformatoren findet man besonders bei der Hochspannungswicklung Stromdichten über 4 A/mm².

Nur bei den Einheitstransformatoren*) ergeben sich oft zwangsweise kleinere Stromdichten.

Die Eisen- und Wicklungsverluste wie auch die prozentuale Kurzschlußspannung sind bei den Einheitstransformatoren normiert. Um die Eisenverluste nicht zu überschreiten, muß vorerst der Eisenkern für eine bestimmte Induktion entworfen werden. Man erhält dann bei einem mäßigen magnetischen Fluß größere Windungszahlen für beide Seiten, daher eine größere Drahtlänge für eine Phase. Um nun die Wicklungsverluste nicht zu überschreiten, ergibt sich dann zwangsläufig eine geringe Stromdichte.

Die Ansicht, daß eine hohe Kurzschlußspannung eines Transformators ein guter Selbstschutz ist, wird allgemein anerkannt. Besonders bei Großtransformatoren wird eine Kurzschlußspannung bis 10 v. H. gefordert. Bei den Einheitstransformatoren der Hauptreihe ist die durchschnittlich geforderte Kurzschlußspannung etwa 4 v. H., bei den Transformatoren der Sonderreihe etwa durchschnittlich 3·5 v. H. Ist es schwer, eine niedere Kurzschlußspannung zu erreichen, so ist es ebenso schwierig, einen guten Transformator mit hoher Kurzschlußspannung zu bauen. Auf die Kurzschluß-

---

*) Nach den deutschen Industrienormen (D. I. N.) sind Einheitstransformatoren lagermäßig hergestellte Transformatoren mit Ölkühlung und Kupferwicklung für Drehstrom, Frequenz 50. Sie entsprechen den Regeln für die Bewertung und Prüfung von Transformatoren des V. D. I. Man unterscheidet eine Hauptreihe (H. E. T.) mit den Nennleistungen von 5, 10, 20, 30, 50, 75 und 100 K. V. A. und eine Sonderreihe (S. E. T.) mit den Nennleistungen von 5, 10, 15, 25, 37·5 und 50 K. V. A.

Für beide Reihen kommen Nennspannungen an der Hochspannungsseite von 5, 6, 10, 15 und 20 K. V. in Frage. Für diese Einheitstransformatoren sind folgende Überlastungen zulässig, und zwar im Anschluß an einen zehnstündigen Betrieb:

a) Für die Hauptreihe mit halber Nennleistung 30 v. H. für eine Stunde oder 10 v. H. für drei Stunden.

b) Für die Sonderreihe mit Nennleistung 110 v. H. für eine Stunde oder 75 v. H. für drei Stunden oder 60 v. H. dauernd.

Die Einheitstransformatoren erhalten auf der Oberspannungsseite zwei Anzapfungen für + 4 v. H. und — 4 v. H. und eine Einführungsöffnung für ein Thermometer. (Siehe R. E. T. 1923, § 61).

Die normierten Leerlauf- und Wicklungsverluste unterliegen einer Toleranz von 10 v. H., die Nennkurzschlußspannung einer Toleranz von + 10 v. H. bis — 20 v. H.

spannung hat die Wicklungsform einen großen Einfluß. So eignet sich die Scheibenwicklung für Spannungen bis zu 20 K. V.

Die doppelkonzentrische Wicklung (die Hochspannung ist in zwei konzentrischen Lagen angeordnet) ergibt immer eine geringere Kurzschlußspannung, ist aber für große Leistungen und Spannungen nur bis 65 K. V. empfehlenswert.

Bei geforderter hoher Kurzschlußspannung und für Spannungen bis 100 K. V. und darüber bleibt die gewöhnliche einfache konzentrische Wicklungsanordnung die beste.

Die Größe der Streuspannungen wurde im vorigen Abschnitt behandelt. Die dort abgeleiteten Formeln geben mit den Erfahrungswerten von ζ brauchbare Werte.

Soll aber eine besondere außergewöhnliche Streuspannung erzielt werden, so muß man im vorhinein wissen, welche Baugrößen des Transformators die Streuspannung beeinflussen. Da bleibt nichts anderes übrig, als das Kraftlinienbild des Transformators aufzuzeichnen, die Pfade des Streuflusses zu verfolgen und die magnetischen Leitfähigkeiten der einzelnen Röhren zu berechnen. Dann kann man unter bestimmten Annahmen auch die E. M. K. des Streuflusses bestimmen.

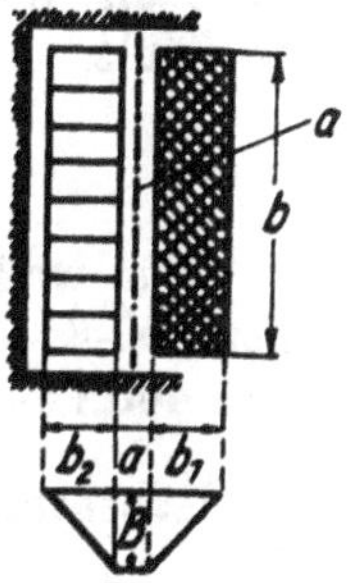

Fig. 50.

Es geht nicht an, die von Arnold, Niethammer und auch die von Vidmar und anderen Fachschriftstellern durchgeführten Berechnungen hierzu wiederholen. In den Fig. 50, 51 und 52 sind die Streufelder bei der einfachen und doppelten Röhrenwicklung und der Scheibenwicklung angegeben. Aus der Endformel in (1) erkennt man, daß die Streuspannung um so geringer wird, je kleiner die Spulendicken b_1 und b_2 gewählt werden, je näher die beiden Wicklungen zueinandergerückt sind, je geringer der mittlere Umfang der beiden Windungssysteme und je größer die Spulenlänge h wird. Dieselben Ergebnisse folgen aus der Betrachtung der Formel für die Doppelröhrenwicklung in (2). Aus der Endformel in (3) ist zu erkennen, daß bei gegebener Windungszahl die Streuspannung mit der Gesamtzahl n der Spulen stark abnimmt. Sie nimmt auch mit der Spulenstärke b ab. Der Spulenabstand s und die Spulenhöhe h wirken auf eine Vergrößerung der Reaktanzspannung hin, wie auch der mittlere Spulenumfang $\mathfrak{U}$.

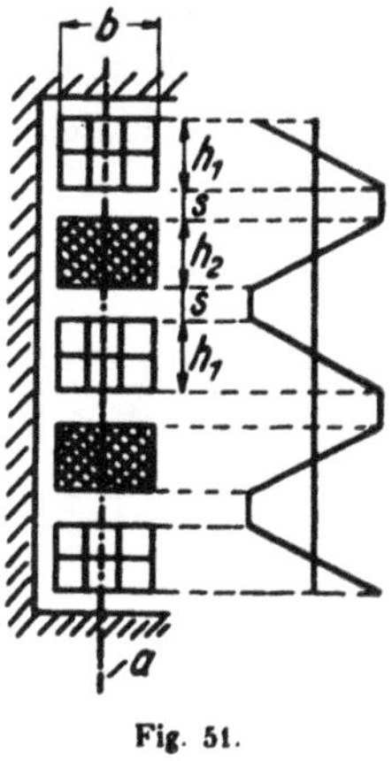

Fig. 51.

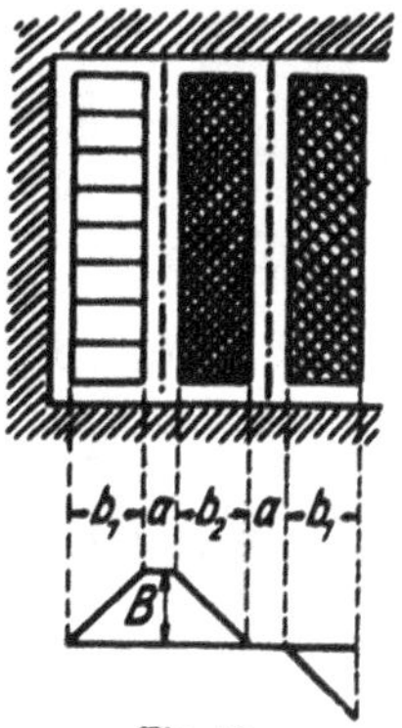

Fig. 52.

Diese Erkenntnisse werden den Berechner beim Entwurfe gut beraten.

Bei einfacher konzentrischer Wicklung ist

$$E_s = 16 \,.\, f \,.\, w^2 \, I \left(\frac{a}{2} + \frac{b}{3}\right) \frac{\mathfrak{U}}{h} \,.\, 10^{-8}\ \text{V}. \quad (1).$$

b ist das arithmetische Mittel von b_1 und b_2 in Zentimeter. $\mathfrak{U}$ ist das arithmetische Mittel von $\mathfrak{U}_1$ un $\mathfrak{U}_2$ in Zentimeter. h = die Wicklungshöhe in Zentimeter. w die Anzahl der ersten Windungen für eine Säule.

$$E_s = 4 \,.\, f \,.\, w^2 \,.\, I \,.\left(a + \frac{b_1}{3} + \frac{b_2}{3}\right) \,.\, \frac{\mathfrak{U}}{h} \,.\, 10^{-8}\ \text{V}. \quad (2).$$

$$E_s = 2{\cdot}6 \,.\, f \,.\left(\frac{w}{n}\right)^2 \,.\, I\,[(3\,n + 6) \,.\, s + (n + 6)\,h] \,.\, \frac{\mathfrak{U}}{b}\, 10^{-8}\ \text{V}. \quad (3).$$

In der letzten Gleichung ist w = Windungszahl auf der ersten Seite für eine Säule, n = Gesamtzahl der Spulen der ersten und zweiten Seite für eine Säule.

$$h = \frac{h_1 + h_2}{2}.$$

Wir wollen zur Formel (1) ein Beispiel rechnen und wählen dazu einen 100-K.-V.-A.-Drehstrom-Öltransformator, $f = 50$, $E_1 = 20\,000$ Volt, $E_2 = 400$ Volt. Die erste Seite (Hochspannungsseite) ist im Stern geschaltet. Die Phasenspannung beträgt somit $\frac{20\,000}{\sqrt{3}} = 11\,550$ V.

Es ist

$$b_1 = 1{\cdot}05\ \text{cm} \qquad b_2 = 2{\cdot}1\ \text{cm}$$

$$b = \frac{b_1 + b_2}{2} = 1{\cdot}57$$

$$\mathfrak{L}_1 = 50\ \text{cm} \qquad \mathfrak{L}_2 = 66{\cdot}8\ \text{cm}$$

$$\mathfrak{U} = \frac{\mathfrak{L}_1 + \mathfrak{L}_2}{2} = 58{\cdot}4\ \text{cm}$$

$$h = 55\ \text{cm} \qquad a = 1{\cdot}1\ \text{cm}$$

$$I_1 = 2{\cdot}89\ \text{A}. \qquad w = 3550.$$

Dann ist

$$E_s = 16 \,.\, 50 \,.\, 3{\cdot}55^2 \,.\, 10^6 \,.\, 2{\cdot}89 \left(\frac{1{\cdot}1}{2} + \frac{1{\cdot}57}{3}\right) \,.\, \frac{58{\cdot}4}{55} \,.\, 10^{-8}\ \text{V}.$$

$$E_s = 800 \,.\, 12{\cdot}7 \,.\, 10^6 \,.\, 2{\cdot}89 \,.\, 1{\cdot}07 \,.\, 1{\cdot}06 = 335\ \text{V}.$$

In Hundertteilen ausgedrückt:

$$E_s\ \text{v. H.} = \frac{345}{115{\cdot}5} = 2{\cdot}85\ \text{v. H.}$$

Das ist die prozentuelle Streuspannung. Die prozentuelle Kurzschlußspannung muß größer sein, da letztere die Hypotenuse im rechtwinkligen Dreieck Fig. 16 darstellt. Diese Hypotenuse ist etwa 25 v. H. größer als die gerechnete Kathete, wie wir aus den früheren Beispielen schätzen können. Es wird somit die gesuchte Kurzschlußspannung

$$2{\cdot}85 \times 1{\cdot}25 = 3{\cdot}6 \text{ v. H.}$$

Der praktische Berechner verwendet gerne die Formel von Vidmar, die unmittelbar die Streuspannung in Hundertteilen angibt.

Sie lautet

$$E_s = I_1 \frac{8 \, . \, f \, . \, w \, . \, 10^{-6}}{e_w} \, . \, \frac{l_m \, . \, \Delta}{s} \text{ v. H.}$$

Es bedeutet:

I der Vollaststrom der ersten oder zweiten Seite in A.

f_1 die Frequenz,

w die Windungszahl der ersten oder zweiten Seite für eine Säule,

e_w die sogenannte Windungsspannung in Volt,

l_m der Mittelwert aus der mittleren ersten und zweiten Windungslänge $\mathfrak{L}_1$ und $\mathfrak{L}_2$,

Δ der sogenannte reduzierte Luftspalt $\frac{b_1 + b_2}{3} + a$,

s die Streulinienlänge, das ist die Spulenlänge ähnlich der Fensterhöhe.

Wir wollen nach dieser Formel das Ergebnis des oberen Beispieles überprüfen.

$I_2 = 144{\cdot}5$ A. $\qquad w_2 = 82 \qquad e_w = 3{\cdot}25$ V.

$l_m = \frac{\mathfrak{L}_1 + \mathfrak{L}_2}{2} = 58{\cdot}4$ cm. $\qquad \Delta = \frac{1{\cdot}05 + 2{\cdot}1}{3} + 1{\cdot}1 = 2{\cdot}15$

$s = 55$ cm.

Dann ist

$$E_s = 144{\cdot}5 \, \frac{8 \, . \, 50 \, . \, 82 \, . \, 10^{-6}}{3{\cdot}25} \, . \, \frac{58{\cdot}4 \, . \, 2{\cdot}15}{55} = E_s = 3{\cdot}32\%.$$

Die Kurzschlußspannung $3{\cdot}32 \, . \, 1{\cdot}25 = 4{\cdot}2$ v. H., also um $^6/_{10}$ mehr als im erstem Falle.

Die Nennoberspannungen der Einheitstransformatoren [Din V. D. E. 2600 und 2601] sind 5000, 6000, 10 000, 15 000 und 20 000 Volt. Solche Transformatoren dienen zum Anschluß an die Hochspannungsverteilungsleitungen, um eine Ortschaft oder einen Großabnehmer mit elektrischer Energie zu versorgen.

Mit der schnellen Entwicklung der Großkraftwerke wuchsen die Leistungen der Maschineneinheiten, die heute 60 000 bis 70 000 K. V. A. erreicht haben. Zur Übertragung solch großer Leistungen gehören auch wesentlich höhere Übertragungsspannungen. Waren vor etwa 30 Jahren Übertragungsspannungen von 16 000 bis 35 000 Volt zur Versorgung einzelner Gebiete hinreichend, so stiegen mit der Größe der Kraftwerke und der Versorgungsgebiete diese Spannungen rasch auf 110 K. V., während man jetzt auch auf unserem Kontinent Anlagen mit 220 K. V. ausführt und sogar bis 1000 K. V. gehen will. Indes hängt die Möglichkeit der Ausführung einer solchen Anlage vom Klima ab. Für Mitteleuropa dürften wohl 220 K. V. bei dem jetzigen Stand der Isolatorentechnik einen Höchstwert darstellen. Es ist klar, daß durch die fortwährenden Spannungserhöhungen dem Transformatorenbau immer neue Aufgaben gestellt werden. Im Groß-

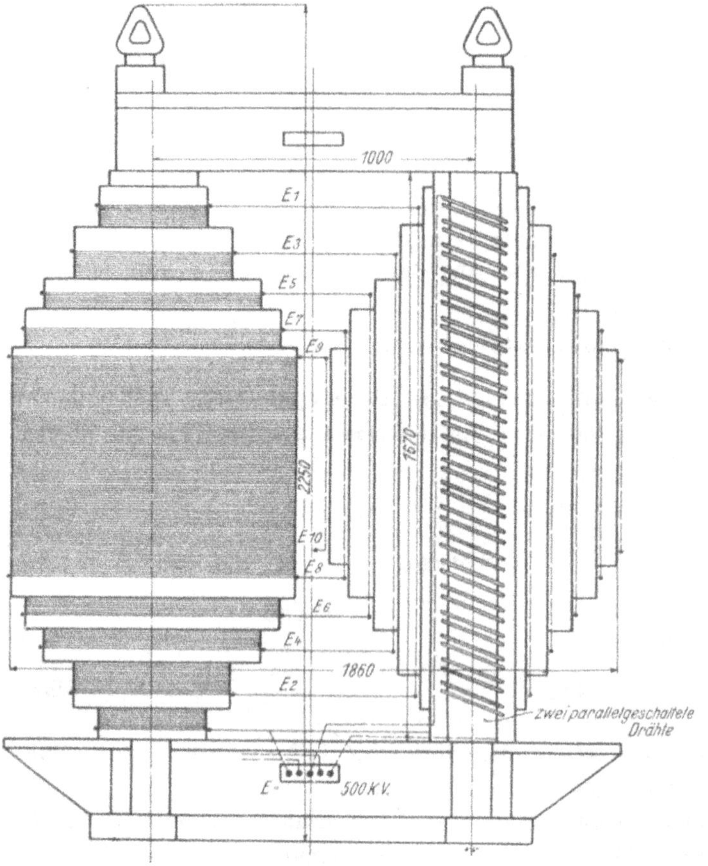

Fig. 53.

transformatorenbau ist man heute zu Leistungen von 22 000 K. V. A. für eine Säule gekommen.

Zu den Vorversuchen und zur Prüfung der Isolationsmaterialien brauchen die elektrotechnischen Fabriken Prüftransformatoren außerordentlich hoher Spannungen, die einen ganz besonderen Aufbau erhalten. Fig. 53 zeigt einen solchen, der von K. Fischer für das elektrotechnische Institut der Technischen Hochschule in Aachen gebaut wurde. Die Oberspannung beträgt 500 K. V. Die Säulen haben einen Durchmesser von 20·5 cm und eine Länge von 167 cm. Die Joche sind auf die Säulen gestoßen. Die Unterspannung besteht aus 42 Windungen, die aus Flachdrähten von 2×8 mm² hergestellt sind. Über diese Wicklung sind zwei Hartpapierzylinder von 3 mm Wandstärke gezogen. Die Hochspannungswicklung besteht aus Emaildraht von 0·15 mm Durchmesser. Die Wicklung ist auf konzentrisch ineinandergeschachtelten Hartpapierzylindern nur in einer einzigen Lage aufgebracht. 39 Windungen kommen auf einem Zentimeter Länge, die Windungsspannung beträgt 5·5 Volt. Der erste Zylinder ist 162 cm lang, die Gesamtspannung des Zylinders ist 34·5 K.V. Dieser Zylinder ist mit einem zweiten kürzeren hintereinander geschaltet, welcher auf dem anderen Schenkel sitzt. Der dritte Zylinder sitzt wieder auf dem ersten Schenkel. Er ist noch kürzer als der zweite und nur in einer solchen Länge bewickelt, daß die Wicklungsenden Jochabstände erhalten, welche den dort herrschenden Potentialen entsprechen. Das ist ja der Zweck, eine günstige Potentialverteilung in der Jochecke und im Fenster zu erzwingen. Die Stromstärke in der Oberspannungswicklung ist nur 80 M. A. Die Streuung ist nur 4·28 v. H. Der Transformator hat Trockenisolation. Nach dieser Bauart kann auch eine bedeutend höhere Spannung erzielt werden. Für Öltransformatoren ließe sich diese Bauart auch für Leistungstransformatoren verwenden. Siehe auch E. T. Z. 1925, Heft 6.

VI. Über die Berechnung der Transformatoren.

Einleitung. Ableitung einer Formel auf Grund der Amperewindungszahl für einen Zentimeter Fensterhöhe. Ableitung der Formel auf den Mindestbetrag an Kosten des wirksamen Materials nach H. Bohle (E. T. Z. 1925). Vorgang bei der Berechnung von Einheitstransformatoren. Kurze Entwurfsberechnungen und Vergleiche.

Neben der Aufgabe, den billigsten Transformator zu finden, suchen andere Elektrotechniker den wirtschaftlichsten Transformator zu berechnen.*) Diese rechnerischen Untersuchungen haben dem Praktiker wohl beachtenswerte Winke gegeben, doch erheischen die besonderen Aufgaben stets andere Berechnungsarten. Bei Einheitstransformatoren ist schon durch die normierten Verluste der Rechnungsgang bestimmt. Bevor man sich zu einer bestimmten Ausführung entschließt, wird man bereits mehrere Entwürfe gemacht haben, besonders bei Großtransformatoren, wo jede Neukonstruktion, jede besondere Bestellung sich zu einem eigenen Problem herauswächst, das nur durch die Tradition der Firma gelöst werden kann. Spielt doch neben der Berechnung der Aufbau, die Werkstättenarbeit für ein erstklassiges Fabrikat die größte Rolle.

Als man früher nur Lufttransformatoren baute, war für die Leistung besonders die Abkühlungsmöglichkeiten maßgebend. Das Produkt aus Strom-

*) Siehe E. T. Z. 1924, Seite 845. Berechnung von Kerntransformatoren von Dr. Ardrones, ferner E. T. Z. 1924, Seiten 186 und 205, und 1925, Seite 293.

stärke und Windungszahl für 1 cm Fenster- oder Säulenlänge durfte ein bestimmtes Maß nicht überschreiten. Man fand bald, daß man bei natürlicher Luftkühlung in den Grenzen von 100—120 bleiben muß, während man bei künstlicher Luftkühlung Werte von 120—230 annehmen durfte. Diese Zahl hing selbstverständlich vom Aufbau des Kernes und der Wicklungen ab und ergaben sich als in der Fabrik erworbene Erfahrungswerte. Beim allmählichen Übergang vom Luft- zum Öltransformator wuchsen diese Werte für einfache ölgekühlte Transformatoren auf 300 und für Öltransformatoren bis 450. Zwischen den Durchmesser des die Säule umschreibenden Kreises und der Fensterhöhe ergab sich bald ein bestimmtes Verhältnis. Das gegebene Übersetzungsverhältnis $\frac{w_1}{w_2}$ kann nämlich verschieden hergestellt werden. Man hat nur darauf Bedacht zu nehmen, daß die Windungsspannung nicht zu groß wird. Dadurch war mittelbar das erwähnte Verhältnis $\lambda = \frac{h}{D} = \frac{\text{Fensterhöhe}}{\text{Durchmesser}}$ festgelegt worden.

Man geht von der Formel aus:

$$E = 4{\cdot}44\ \Phi\ .\ f\ .\ w_1\ .\ 10^{-8}\ \text{V}.$$

Es ist nun der Kraftfluß $\Phi = F_s\ .\ B$ wenn F den reinen Eisenquerschnitt der Säule darstellt. Dieser reine Eisenquerschnitt steht nun mit dem Flächeninhalt des umschriebenen Kreises $\frac{D^2\pi}{4}$ in einem bestimmten Verhältnis f_s, dem sogenannten Eisenfüllfaktor.

$$f_s = \frac{F_s}{\frac{D^2\pi}{4}}. \qquad F_s = f_s\ .\ \frac{D^2\pi}{4}.$$

Dieser Eisenfüllfaktor ist bei Anordnung von Luftschlitzen 0·65 und steigt bei guter Ausnützung des Kreisquerschnittes auf 0·75. Durch Einführung des Eisenfüllfaktors wird nun

$$\bar{\Phi} = f_s\ .\ \frac{D^2\pi}{4}\ .\ \bar{\text{B}}.$$

Jede Säule trägt die Hälfte der ersten und der zweiten Wicklung. Die auf einer Säule befindlichen Amperewindungen sind also $\frac{I_1\ .\ w_1}{2} + \frac{I_2\ .\ w_2}{2}$, und da ungefähr $I_1\ .\ w_1 = I_2\ w_2$, so sind diese Amperewindungen $I_1\ w_1$.

Ist die Fensterhöhe h, so werden die Anzahl der Amperewindungen für 1 cm der Fensterhöhe

$$K = \frac{I_1\ .\ w_1}{h}.$$

Daraus ist

$$w_1 = \frac{K.h}{I_1}.$$

Setzen wir nun in die erste Gleichung für Φ und w_1 die Werte ein, so erhält man

$$E_1 = 4{\cdot}44 \,.\, \frac{D^2 \pi}{4} \,.\, f_s \,.\, \bar{B} \,.\, f \frac{K.h}{I_1}\, 10^{-8}\ \mathrm{V}.$$

Setzen wir ferner, wie vorhin erwähnt, $h = D \,.\, \lambda$, so wird

$$E_1 I_1 = 1{\cdot}11\, D^3 \pi \,.\, f_s \,.\, \bar{B} \,.\, f \,.\, K \,.\, \lambda \,.\, 10^{-8}.$$

$E_1 I_1$ sind nun die zugeführten Voltampere $= N \,.\, 1000$, wenn N die Anzahl der Kilovoltampere ist. Aus der Gleichung ergibt sich der Durchmesser des umschriebenen Kreises.

$$D = \sqrt[3]{\frac{N \,.\, 10^{11}}{1{\cdot}11 \,.\, \pi \,.\, f_s \,.\, \bar{B} \,.\, f \,.\, K \,.\, \lambda}}$$

Dem Praktiker stehen nun die Werte von B, K und λ zur Verfügung. Auch der Studierende kann sich nach dem Inhalte des vorigen Kapitels die Werte wählen. Das Verhältnis λ wird Werte zwischen 2·25 und 3·7 besitzen. Der letzte Wert gibt hohe Eisenkerne, kleinen Kraftfluß und viele Windungszahlen einer Seite. Diese Formel ergibt für den ersten Entwurf sehr brauchbare Werte.

Auch für Dreiphasentransformatoren ist die Abteilung fast dieselbe:

$$E_1 = 4{\cdot}44\, \bar{\Phi} \,.\, f \,.\, w_1 \,.\, 10^{-8}\ \mathrm{V}.$$

$$\Phi = B \,.\, \frac{D^2 \pi}{4} \,.\, f_s$$

$$K = \frac{2 \,.\, I_1 \,.\, w_1}{h}; \qquad w_1 = \frac{K \,.\, h}{2 \,.\, I_1}$$

$$h = D \,.\, \lambda$$

$$E_1 = 4{\cdot}44 \,.\, B \frac{D^3 \pi}{4} \,.\, f_s \,.\, f \,.\, \frac{K \,.\, \lambda}{2 \,.\, I_1} \,.\, 10^{-8}\ \mathrm{V}.$$

$$E_1 I_1 = 0{\cdot}55 \,.\, \pi \,.\, B \,.\, D^3 \,.\, f_s \,.\, f \,.\, K \,.\, \lambda \,.\, 10^{-8}$$

$$D = \sqrt[3]{\frac{E_1 \,.\, I_1 \,.\, 10^8}{0{\cdot}55\, \pi \,.\, B \,.\, f_s \,.\, f \,.\, K \,.\, \lambda}}.$$

$E_1 I_1$ ist hier die innere Leistung einer Säule, E_1 die Phasenspannung, I_1 der Strom in einer Seite.

Die Berechnung nach Bohle ist, wie sie in der E. T. Z. 1925, Seite 293, angegeben, sehr brauchbar, weswegen sie hier erwähnt werden soll. Die dort angegebenen Schaulinien können vorteilhaft auch für jede andere Rechnungsart verwendet werden.

Dies Verhältnis

$$K_m = \frac{\text{Kosten des Kupfers}}{\text{Kosten des Eisens}}$$

eines Transformators hängt von einer Zahl m ab, die durch folgenden Bruch bestimmt ist:

$$m = \frac{8\cdot9}{7\cdot8} \cdot \frac{s_k}{s_e} \cdot \frac{f_k}{f_e}.$$

s_k und s_e sind die Preise für ein Kilogramm Wicklungskupfer und ein Kilogramm Transformatorenblech. f_k und f_e sind der Kupferfüllfaktor und der Eisenfüllfaktor. Unter Kupferfüllfaktor wird das Verhältnis des

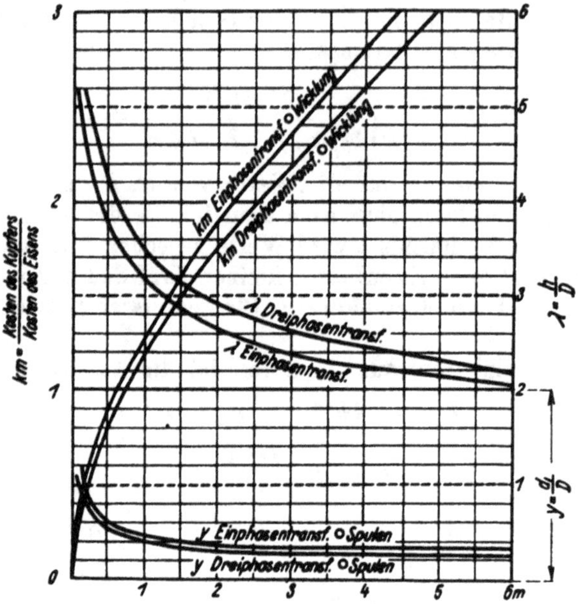

Fig. 54.

reinen Kupferquerschnitts einer Säule durch, den gesamten Raum den die Wicklungen einer Säule einnehmen, verstanden. Er hängt vorzugsweise von der Spannung ab, ist beispielsweise für Hochspannungen ungefähr 0·2 — 0·35, bei niedrigen Spannungen etwa 0·35 — 0·42.

Von dieser Zahl m hängt aber auch das Verhältnis $\lambda = \frac{h}{D}$ und das Verhältnis $y = \frac{d_1}{D}$ ab. d_1 ist der Abstand zweier dem Eisenquerschnitt der Säulen umschriebenen Kreise. Die in Fig. 54 gezeichneten Schaulinien sind auszugsweise der vorerwähnten Arbeit entnommen.

Gegeben ist bei dieser Berechnung die Leistung des Transformators in K. V. A., der Preis P des wirksamen Materials, die Marktpreise des

Kupfers und des Eisens s_k und s_e, die beiden Spannungen E_1 und E_2 und die Frequenz. Angenommen werden vorerst die Füllfaktoren f_e und f_k und die Type des Transformators. Man erhält so aus dem Schaubild den Wert für k_m, und da der Preis P des gesamten wirksamen Materials gegeben ist, auch den Preis P_e des Eisens und den Preis P_k des Kupfers. Da die Marktpreise ebenfalls gegeben sind, ergeben sich dann die Gewichte G_e und G_k des Eisens und des Kupfers. In weiterer Rechnung erhält man $s \,.\, \overline{B} = \frac{1}{h\,(2\,d_1)\,d^2} = \frac{5\,.\,7\,.\,10^8\,.\,K.V.A.}{f \cdot f_e \cdot f_k}$.

Aus dem Eisengewicht wird dann mittels der Werte λ und y, die man den Schaulinien entnehmen kann, der Eisenkern bestimmt:

$$d = \sqrt[3]{\frac{G_e}{0{\cdot}012\, f_e\, (\lambda + 2y + 2)}}.$$

Kupfer und Eisenverluste werden durch entsprechenden Gewichte ausgedrückt:

$$V_k = k_1\,.\,s^2\,.\,G_k \text{ Watt} \qquad V_e = k_2\,.\,\mathfrak{B}^2\,.\,G_e \text{ Watt}$$

k_1 den Kupferverlustfaktor setzt man $2{\cdot}5 - 2{\cdot}7$,

k_2 den Verlustfaktor für Eisen setzt man bei legierten Blechen mit $1{\cdot}75\,.\,10^{-8}$ ein.

Drückt man die oben angeführten Verluste durch die Totalverluste V_t aus, so schreibt man

$$V_k = p_k\,.\,V_t \qquad V_e = p_e\,.\,V_t.$$

Soll der Wirkungsgrad bei Vollast am größten sein, so wird man $p_k = p_e$ setzen, also die Verluste auf das Eisen und das Kupfer gleichmäßig verteilen. Soll der höchste Wirkungsgrad beispielsweise bei kleinerer Belastung eintreten, so muß man p_k erhöhen und p_e erniedrigen. Es ist immer $p_k + p_e = 1$.

Die Stromdichte

$$s = \sqrt{\frac{V_k}{k_1\,.\,G_k}}.$$

Die weitere Rechnung bietet nichts Neues.

Beispiel. Es soll ein 100-K.-V.-A.-Einphasen-Öltransformator, $E_1/E_2 = 20\,000/400$ V., $f = 50$, nach den beiden oben angeführten Methoden überschlägig berechnet werden.

Wir wählen

$\lambda = 3{\cdot}6$

$\mathfrak{B}$ in den Säulen $= 14\,000$ Gauß

$\mathfrak{B}$ im Joch $= 12\,000$ Gauß

AW/cm $= K = 340$

Eisenfüllfaktor $f_e = 0{\cdot}73$.

Dann ist

$$D = \sqrt[3]{\frac{100\,000 \,.\, 10^8}{1{\cdot}11 \,.\, \pi \,.\, 14\,000 \,.\, 0{\cdot}73 \,.\, 50 \,.\, 340 \,.\, 3{\cdot}6}}$$

$D = 16{\cdot}5$ cm abgerundet.

Dann ist die Fensterhöhe $h = 16{\cdot}5 \times 3{\cdot}6 = 60$ cm.

Der Eisenquerschnitt

$$F_s = \frac{D^2 \pi}{4} : f_s = \frac{16{\cdot}5^2 \,.\, 3{\cdot}14}{4} \,.\, 0{\cdot}73 = 156 \text{ cm}^2.$$

Der Kraftlinienfluß $\Phi = 156 \,.\, 14\,000 = 2{\cdot}19 \,.\, 10^6$ Maxwell.

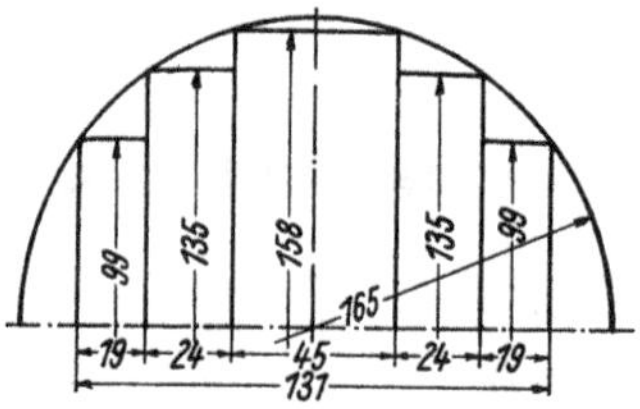

Fig. 55.

Nun wird der Säulenquerschnitt so aufgezeichnet (siehe Fig. 55), daß die gemachte Rechnung stimmt.

Die erste Windungszahl ergibt sich aus der Formel

$$w_1 = \frac{E'_1 \,.\, 10^8}{4{\cdot}44 \,\Phi \,.\, f}.$$

E' ist kleiner als die aufgedrückte Spannung. Schätzen wir den Spannungsabfall mit 5 v. H., so wird

$$w_1 = \frac{20\,000 \,.\, 0{\cdot}95 \,.\, 10^8}{4{\cdot}44 \,.\, 2{\cdot}19 \,.\, 10^6 \,.\, 50}$$

$w_1 = 3940$ $\qquad w_2 = 3940 : 50 = 78 \sim 80.$

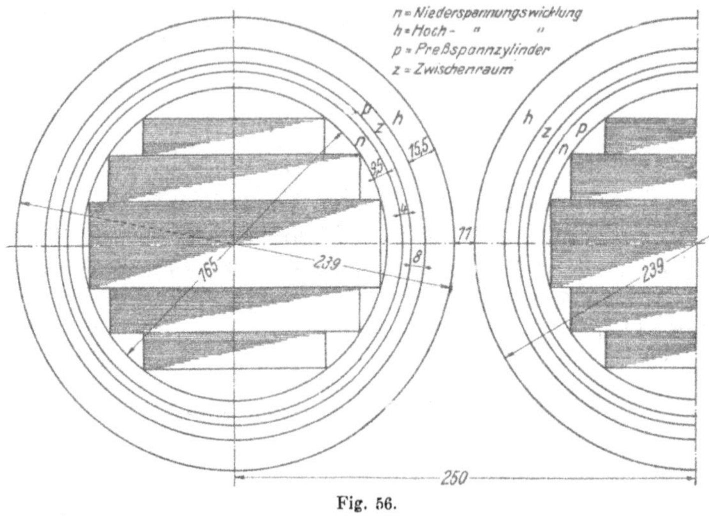

Fig. 56.

Es ist die Stromstärke der ersten Seite

$$I_1 = \frac{100.000}{20\,000} = 5 \text{ A}$$

und die Stromstärke der zweiten Seite

$$I_2 = \frac{100\,000}{400} = 250 \text{ A.}$$

Wir legen für die Berechnung der Querschnitte Stromdichten von 3·2 und 2·75 A/mm² zugrunde. Es wird dann

$$q_1 = \frac{5}{3{\cdot}2} = 1{\cdot}69 \text{ mm}^2 \qquad q_2 = \frac{250}{2{\cdot}75} = 90 \text{ mm}^2.$$

Nach Aufzeichnungen der beiden Wicklungen (Fig. 56) ergibt sich ein Abstand der Säulenmitten mit 25 cm. Als Abstand der äußeren Wandungen der Hochspannungswicklung wurden 11 mm angenommen.

Der Jochquerschnitt

$$F_j = \frac{\Phi}{\mathfrak{B}_j} = \frac{2{\cdot}19 \,.\, 10^6}{12\,000} = 182{\cdot}5 \text{ cm}^2,$$

dann ist die Jochhöhe (siehe Fig. 57)

$$H_j = \frac{182{\cdot}5}{13{\cdot}1 \,.\, 0{\cdot}9} = 15{\cdot}5 \text{ cm.}$$

Die Länge des magnetischen Pfades in den Jochen $l_j = 81$ cm, in den Säulen 120 cm. Die Amperewindungen für 1 cm Pfadlänge in den Säulen betragen 13 und im Joch 6·5.

Daher sind die Amperewindungen

für die Säulen	120 . 13 =	1560
für die Kerne	81 . 6·5 =	526
Im Ganzen		2086

Dann ist der Magnetisierungsstrom

$$I_\mu = \frac{X}{\sqrt{2} \,.\, w_1} = \frac{2086}{1{\cdot}41 \,.\, 3940} = 0{\cdot}37 \text{ A.}$$

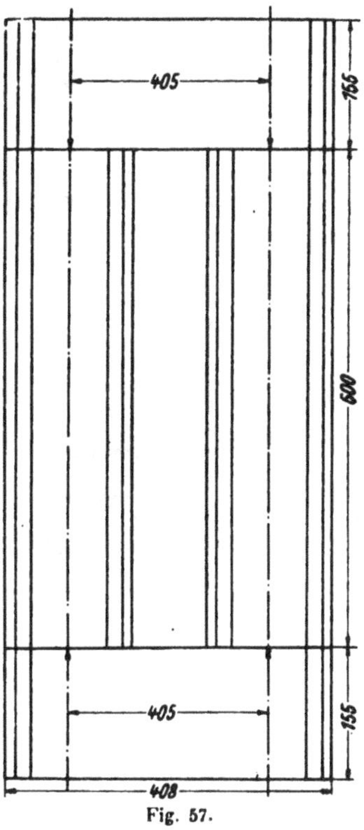

Fig. 57.

Die Wirkwiderstände ergeben sich wie folgt: Die mittlere Länge einer Hochspannungswindung ist nach Zeichnung 0·7 m. Dann ist die gesamte Länge $l_1 = 0{\cdot}7 \times 3940 = 2758$ m, der Wirkwiderstand

$$R_1 = \frac{l_1}{k \,.\, q_1} = \frac{2758}{50 \,.\, 1{\cdot}69} = 33\ \Omega$$

mit Berücksichtigung des Hauteffektes und der Verbindungen $R_1 = 40\ \Omega$.

Die mittlere Länge einer Niederspannungswindung ist 0·55 m. Dann ist die Länge $l_2 = 0·55 \times 80 = 44$ m.

$$R_2 = \frac{l_2}{k \cdot q_2} = \frac{44}{50 \cdot 90} = 0·0098\ \Omega$$

und wie vorhin erhöht auf $R_2 = 0·012\ \Omega$.

Die Kupfergewichte ergeben sich für die Hochspannungswicklung mit 43 kg, für die Niederspannungswicklung mit 37·5 kg, also im ganzen mit Berücksichtigung der Verbindungen mit 81 kg.

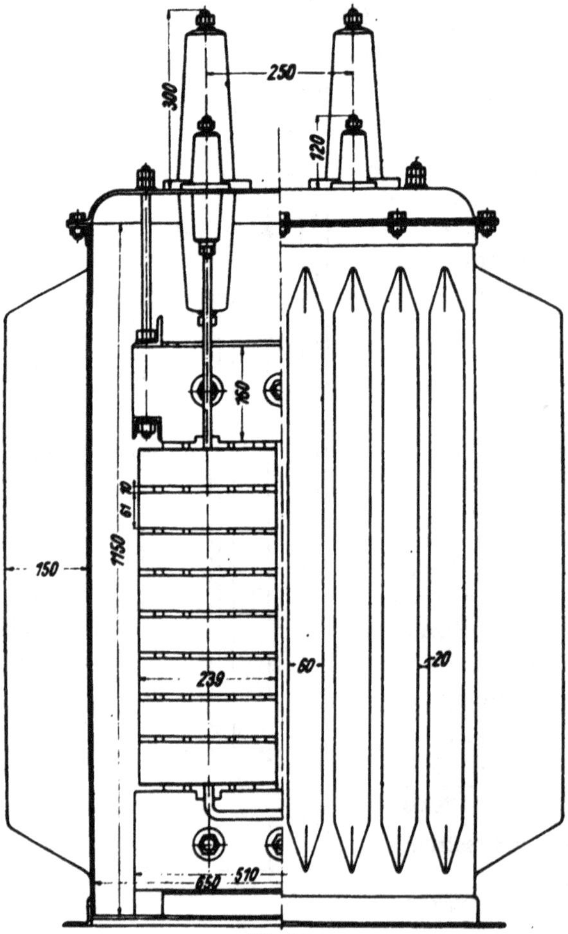

Fig. 58.

Das Eisengewicht berechnet sich zu 142·5 kg + + 113·5 kg = 256 kg.

Da die Verlustziffer bei $\mathfrak{B} = 14\,000$ mit 2·5 Watt/kg angenommen werden kann, sind die Eisenverluste in den Säulen 142·5 × 2·5 = 356 Watt, in den Jochen 113·5 × × 2·3 = 261 Watt.

Die gesamten Eisenverluste sind somit 617 Watt. Schlägt man für die zusätzlichen Verluste in den Armaturen 10 v. H. hinzu, so erhält man insgesamt ~ 680 Watt.

Die Kupferverluste betragen in der Hochspannungswicklung $I_1^2 \cdot R_1 = 5^2 \cdot 40 = 1000$ Watt und in der Niederspannungswicklung $I_2^2 \cdot R_2 = 250^2 \cdot 0·012 = 750$ Watt.

Die gesamten Kupferverluste betragen bei Vollast 1000 + 750 = = 1750 Watt.

Der Wirkungsgrad bei Vollast wird

$$\eta = \frac{100\,000}{100\,000 + 1750 + 680} = 0·975.$$

Die Leerlaufverluste betragen 680 Watt.

Dann ist der Wirkstrom bei Leerlauf

$$\frac{680}{20\,000} = 0{\cdot}034 \text{ A.}$$

Der Leerlaufstrom

$$I_0 = \sqrt{I_k^2 + I_\mu^2} = \sqrt{0{\cdot}034^2 + 0{\cdot}37^2}.$$

$I_0 = 0{\cdot}38$ A. Das sind 7·6 v. H. des Vollaststromes.

Die Kurzschlußspannung berechnet sich zu 4 v. H. Fig. 58 zeigt den Aufbau.

Berechnung desselben Transformators nach der zweiten Art:

Wir gehen von einem Gesamtpreis des wirksamen Materials aus und veranschlagen 730 R. M.

Der Marktpreis des isolierten Kupferdrahtes ist durchschnittlich $s_k = 3$ M/kg.

Der Marktpreis des hochlegierten Eisenblechs ist mit Rücksicht des Abfalles $s_e = 1{\cdot}5$ M/kg.

Den Eisenfüllfaktor wählen wir wie vorhin $f_e = 0{\cdot}73$.

Den Kupferfüllfaktor wählen wir rücksichtlich der hohen ersten Spannung mit $f_k = 0{\cdot}2$.

Der Kupferverlustfaktor sei nach Bohle $k_1 = 2{\cdot}6$.

Der Eisenverlustfaktor $k_2 = 1{\cdot}75 \,.\, 10^{-8}$.

Es ist somit

$$m = \frac{8.9}{7.8} \cdot \frac{s_k}{s_e} \cdot \frac{f_k}{f_e}$$

$$m = \frac{8.9}{7{\cdot}8} \cdot \frac{3}{1{\cdot}5} \cdot \frac{0{\cdot}2}{0{\cdot}73} = 0{\cdot}63.$$

Im Schaubild finden wir für $m = 0{\cdot}63$ das Verhältnis

$K_m = \dfrac{\text{Kosten des Kupfers}}{\text{Kosten des Eisens}}$ mit 0·9 angegeben. Sie betragen also etwas weniger als die Kosten des Eisens. Es wird der Preis des aktiven Eisens

$$P_e = \frac{P}{1 + K_m} = \frac{730}{1{\cdot}9} = 384 \text{ M.}$$

Dann ist das Eisengewicht

$$\mathfrak{G}_e = \frac{P_e}{S_e} = \frac{384}{1{\cdot}5} = 256 \text{ kg.}$$

Es bleibt für den Kupferpreis 730 — 384 = 346 M. übrig.

Das Kupfergewicht ist somit

$$\mathfrak{G}_k = \frac{346}{3} = 115{\cdot}3 \text{ kg.}$$

Aus der Gleichung

$$s \,.\, \overline{B} \,.\, h \,.\, (2\,d_1) \,.\, d^2 = \frac{5{\cdot}7 \,.\, 10^8 \,.\, K.V.A.}{f \cdot f_e \cdot f_k} = K_0$$

ergibt sich

$$K_0 = \frac{5{\cdot}7 \,.\, 10^8 \,.\, 100}{50 \,.\, 0{\cdot}73 \,.\, 0{\cdot}2} = 78 \,.\, 10^8.$$

Den Wert λ entnehmen wir dem Schaubild Fig. 54 mit 3·6 und y mit 0·5. Dann wird

$$D = \sqrt[3]{\frac{\mathfrak{G}_e}{0{\cdot}012 \,.\, f_e \,.\, (x + 2\,y + 2)}}$$

$$D = \sqrt[3]{\frac{256}{0{\cdot}012 \,.\, 0{\cdot}73 \,.\, 6{\cdot}6}} = 16{\cdot}4 \text{ cm} = \sim 16{\cdot}5 \text{ cm}.$$

Die Fensterhöhe $h = 16{\cdot}5 \,.\, 3{\cdot}6 = 60$ cm und der Abstand der beiden umschriebenen Kreise $2\,d_1 = 2 \,.\, 0{\cdot}5 \,.\, D = 16{\cdot}5$ cm.

Es ist die Stromdichte

$$s \,.\, \overline{B} = \frac{k_0}{h \,.\, 2\,d_1 \,.\, D^2} = \frac{78 \,.\, 10^8}{60 \,.\, 16{\cdot}5 \,.\, 16{\cdot}5^2}$$

$$s\,\overline{B} = 29\,000.$$

Die Gesamtverluste werden somit

$$N_v = \sqrt{\mathfrak{G}_k \,.\, \mathfrak{G}_e \,.\, k_1 \,.\, k_2 \,\frac{s^2\,\overline{\mathfrak{B}}^2}{p_k \,.\, p_e}}$$

$$N_v = \sqrt{115 \,.\, 256 \,.\, 2{\cdot}6 \,.\, 1{\cdot}75 \,\frac{29\,000^2}{10^8 \,.\, 0{\cdot}64 \,.\, 0{\cdot}36}}.$$

$$N_v = \sqrt{4{\cdot}14 \,.\, 10^6} = 2040 \text{ Watt}.$$

Wir haben p_k mit 0·64 und p_e mit 0·36 angenommen. Daher wird bei Vollast nicht der höchste Wirkungsgrad eintreten. Es sind die Kupferverluste

$$N_k = 2040 \times 0{\cdot}64 = 1300 \text{ Watt}$$

$$\text{und } N_e = 2040 - 1300 = 740 \text{ Watt}.$$

Die Stromdichte

$$s = \sqrt{\frac{N_k}{K_1 \,.\, \mathfrak{G}_k}} = \sqrt{\frac{1300}{2{\cdot}6 \,.\, 115}} = 2{\cdot}08 \text{ A/mm}^2.$$

Da $s\,\overline{B} = 29\,000$, wird die Höchstinduktion in den Säulen und im Joch

$$\overline{B} = \frac{29\,000}{2{\cdot}08} = 13\,900.$$

Somit ist der magnetische Fluß in den Säulen

$$\bar{\Phi} = f_e \cdot \frac{D^2 \pi}{4} \cdot \bar{B} \text{ Maxwell,}$$

$$\Phi = 0{\cdot}73 \cdot 215 \cdot 13\,900 \text{ Maxwell,}$$

$$\Phi = 2{\cdot}18 \cdot 10^6 \text{ Maxwell.}$$

Aus der Formel

$$E_1 = 4{\cdot}44\, \Phi \cdot f \cdot w_1 \cdot 10^{-8} \text{ V.}$$

ergibt sich

$$w_1 = \frac{E_1 \cdot 10^8}{4{\cdot}44\, \Phi \cdot f} = \frac{20\,000 \times 0{\cdot}95 \cdot 10^8}{4{\cdot}44 \cdot 2{\cdot}19 \cdot 10^6 \cdot 50} = 3940.$$

Dann ist

$$w_2 = \frac{400}{20\,000}\, 3940 = 80.$$

Es ist wie früher $I_1 = 5$ A, $I_2 = 250$ A; daher bei gleichen Stromdichten

$$q_1 = \frac{5}{2{\cdot}08} = 2{\cdot}4 \text{ mm}^2 \qquad\qquad q_2 = \frac{250}{2{\cdot}08} = 120 \text{ mm}^2.$$

Es ist nun von Interesse, die Ergebnisse der beiden Entwürfe gegenüberzustellen:

I		II	
D	$= 16{\cdot}5$ cm	D	$= 16{\cdot}5$ cm
h	$= 60$ cm	h	$= 60$ cm
$2\,d_1$	$= 8{\cdot}6$ cm	$2\,d_1$	$= 16{\cdot}5$ cm
F_s	$= 156$ cm^2	F_s	$= 156$ cm^2
$\bar{B}$	$= 14\,000$ G.	$\bar{B}$	$= 13\,900$ G.
Φ	$= 2{\cdot}19 . 10^6$ M.	Φ	$= 2{\cdot}18 . 10^6$ G.
w_1	$= 3940$	w_1	$= 3940$
w_2	$= 80$	w_2	$= 80$
I_1	$= 5$ A	I_1	$= 5$ A
I_2	$= 250$ A	I_2	$= 250$ A
q_1	$= 1{\cdot}69$ mm^2	q_1	$= 2{\cdot}4$ mm^2
q_2	$= 90$ mm^2	q_2	$= 120$ mm^2
N_k	$= 1750$ W.	N_k	$= 1300$ W.
N_e	$= 680$ W.	N_e	$= 740$ W.
N_v	$= 2430$ W.	N_v	$= 2040$ W.
G_k	$= 81$ kg	G_k	$= 115{\cdot}3$ kg
G_e	$= 256$ kg	G_e	$= 256$ kg
s_1	$= 3{\cdot}2$ A/mm^2	s_1	$= 2{\cdot}08$ A/mm^2
s_2	$= 2{\cdot}75$ A/mm^2	s_2	$= 2{\cdot}08$ A/mm^2

Beide Entwürfe entsprechen den Normen der Einheitstransformatoren. Die erste Art der Berechnung, die eben nur für den ersten Entwurf gedacht ist, wird vom ersten Verfasser seit mehr als 25 Jahren geübt.

Schließlich soll nach der ersten Art ein Dreiphasen-Öltransformator von 100 K. V. A. überschlägig berechnet werden. Der Eisenkern erhält zwei Hilfssäulen. $E_1 = 20\,000$ V., $E_2 = 230$ Volt, $f = 50$. Schaltung, Stern und Sternzickzack.

Wir wählen $\overline{B} = 14\,000$, Eisenfüllfaktor $f_e = 0{\cdot}72$, Amperewindungen für einen Zentimeter Fensterhöhe $K = 350$, das Verhältnis $\lambda = 4{\cdot}5$.

Dann berechnet sich der Durchmesser des umschriebenen Kreises nach der Formel

$$D = \sqrt[3]{\frac{N \,.\, 10^8}{5{\cdot}25\, B \,.\, f_e \,.\, f \,.\, K \,.\, \lambda}}$$

$$D = \sqrt[3]{\frac{100\,000 \,.\, 10^8}{5{\cdot}25 \,.\, 14\,000 \,.\, 0{\cdot}72 \,.\, 50 \,.\, 350 \,.\, 45}}$$

$$D = 13 \text{ cm.}$$

Dann ist die Fensterhöhe $h = D \,.\, \lambda = 13 \,.\, 4{\cdot}5 = 60$ cm.

Die innere Spannung der ersten Seite beträgt zufolge der Sternschaltung

$$E_1 = \frac{20\,000}{\sqrt{3}} = 11\,550 \text{ V.}$$

Dann ist die Stromstärke in einer Phase der ersten Seite

$$I_1 = \frac{100\,000}{3 \,.\, 11\,550} = 2{\cdot}88 \text{ A.}$$

Der reine Eisenquerschnitt einer Säule

$$F_e = \frac{D^2 \pi}{4} \,.\, f_e = \frac{13^2 \,.\, \pi \,.\, 0{\cdot}72}{4} = F_e = 95{\cdot}6 \text{ cm}^2.$$

Der Kraftlinienfluß

$$\overline{\Phi} = F_e \,.\, \overline{\mathfrak{B}} = 95{\cdot}6 \,.\, 14\,000 \qquad \overline{\Phi} = 1{\cdot}34 \,.\, 10^6 \text{ M.}$$

Die Querschnittsform ergibt sich aus Fig. 59. Der Kern erhält keinen Luftspalt. Aus der Formel für die E. M. K. erhält man unter Berücksichtigung eines geschätzten Spannungsabfalles von 10 v. H. die Windungszahl einer Phase der ersten Seite:

$$w_1 = \frac{E_1 \,.\, 10^8 \,.\, 0{\cdot}9}{4{\cdot}44\, \overline{\Phi} \,.\, f} = \frac{11\,550 \,.\, 10^8 \,.\, 0{\cdot}9}{4{\cdot}44 \,.\, 1{\cdot}34 \,.\, 10^6 \,.\, 50}.$$

$$w_1 = 3528.$$

Zur Berechnung der Windungszahl einer Phase der zweiten Seite nimmt man vorerst ebenfalls Sternschaltung an und multipliziert die so gewonnene Zahl mit 1·155. Die innere Spannung einer Phase der zweiten Seite ist $\frac{230}{\sqrt{3}} = 132{\cdot}8$ V. Die entsprechende Windungszahl $\frac{3528 \,.\, 132{\cdot}8}{20\,000} = 40{\cdot}6$; daher ist $w_2 = 40{\cdot}6 \,.\, 1{\cdot}155 = 47$. Die Stromstärke in einer Phase der zweiten Seite $I_2 = \frac{100\,000}{3 \,.\, 132{\cdot}8} = 251$ A.

Für die Hochspannungsseite wählen wir eine Stromdichte $s_1 = 2{\cdot}8$ A/mm², daher wird der Querschnitt $q_1 = \frac{2{\cdot}88}{2{\cdot}8} = 1{\cdot}03$ mm². Für die Hochspannung wählen wir eine Stromdichte $s_2 = 2{\cdot}5$ A/mm², daher wird der Querschnitt $q_2 = \frac{251}{2{\cdot}5} = 100$ mm². Für diesen Querschnitt wird sich am besten Flachkupfer eignen, das hochkantig gewickelt wird.

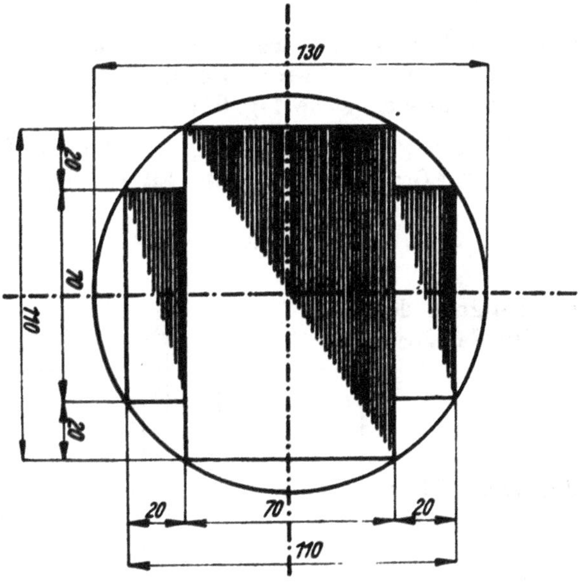

Fig. 59.

Die Wicklungen werden konzentrisch übereinander angeordnet. Die Niederspannungswicklung erhält für eine Phase 47 Windungen. Sieben Spulen zu 6 und eine Spule zu 5 Windungen. Der Querschnitt wird 8 × 12·5 mm blank und 9 × 14 mm isoliert. Nach Fig. 54 erhalten diese Spulen einen inneren Durchmesser von 132 mm und einen äußeren Durchmesser von 162 mm. Zwischen den Spulen kommen Zwischenräume von je 15 mm. Alle Spulen nehmen von der Fensterhöhe 536 mm in Anspruch. Die restlichen 64 mm werden für zwei Holzringe zu je 32 mm Stärke verwendet.

Die Hochspannungswicklung mit 3528 Windungen für eine Phase werden in 21 Spulen zu 168 Windungen untergebracht. In jeder Spule kommen 12 Windungen nebeneinander und 14 Lagen übereinander. Der Spulenquerschnitt wird $21{\cdot}6 \times 25{\cdot}2$ mm. Die umbandelte und getränkte Spule erhält schließlich einen Querschnitt von $22{\cdot}5 \times 26$ mm. Der innere Durchmesser wird nach Fig. 60 177 mm, der äußere Durchmesser der Spule 230 mm. Zwischen je zwei Spulen wird ein Zwischenraum von 3·5 mm angeordnet. Die gesamte Wicklung erhält eine Höhe von 542 mm. Die restlichen 58 mm gehören zur Anordnung zweier Preßringe.

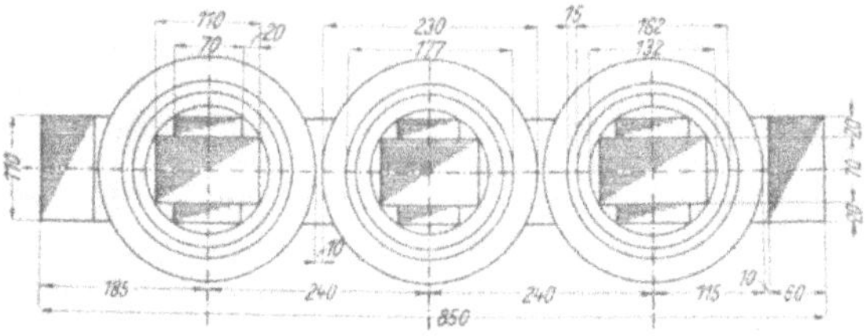

Fig. 60.

Aus dem äußeren Durchmesser der Hochspannungsspulen und einem Zwischenraum zwischen der benachbarten Hochspannungsspule ergibt sich eine Kerndistanz von 240 mm (siehe Fig. 61).

Das Joch wird in sich geschlossen wie Fig. 61 zeigt. Die Jochinduktion $\overline{B}_j$ wählen wir mit 11 200 Gauß. Daher wird der Eisenquerschnitt des Joches

$$F_j = \frac{1{\cdot}34 \, . \, 10^6}{11200 \times 2} = 59{\cdot}8 \text{ cm}^2.$$

Mit Berücksichtigung der Papierisolation wird der Jochquerschnitt

$$F'_j = \frac{59{\cdot}8}{0{\cdot}9} = 66{\cdot}5 \text{ cm}^2.$$

Da die Jochbreite 11 cm beträgt, wird die Jochstärke

$$h = \frac{66{\cdot}5}{11} = 6 \text{ cm}.$$

Das Gewicht der Säulen beträgt 131 kg, das Joch 132 kg, so daß das gesamte Eisengewicht

$$\mathfrak{G}_e = 263 \text{ kg}.$$

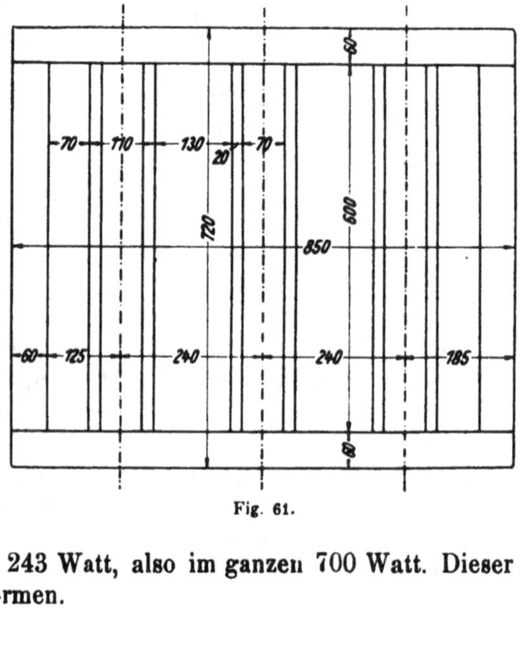

Fig. 61.

Die Eisenverluste für hochlegiertes Blech sind für die Säulen 396 Watt, für das Joch 243 Watt, also im ganzen 700 Watt. Dieser Verlust entspricht den D.-I.-Normen.

Aus Fig. 61 ergeben sich die Längen des mittleren Kraftlinienpfades. Die zur Magnetisierung des Kerns erforderlichen Amperewindungen berechnen sich zu 1230. Daher ist

$$I_\mu = \frac{X}{w_1 \cdot \sqrt{2}} = \frac{1230}{3528 \cdot 1{\cdot}41} = 0{\cdot}248 \text{ A.}$$

Der Wattstrom I_h zur Deckung der Eisenverluste ist 0·06 A, so daß der Leerlaufstrom

$$I_0 = \sqrt{0{\cdot}06^2 + 0{\cdot}248^2} = 0{\cdot}25 \text{ A.}$$

Die gesamten Kupferverluste ergeben sich zu 1944 Watt bei Vollast, das gesamte Kupfergewicht zu 120 kg. Die Nennkurzschlußspannung be-

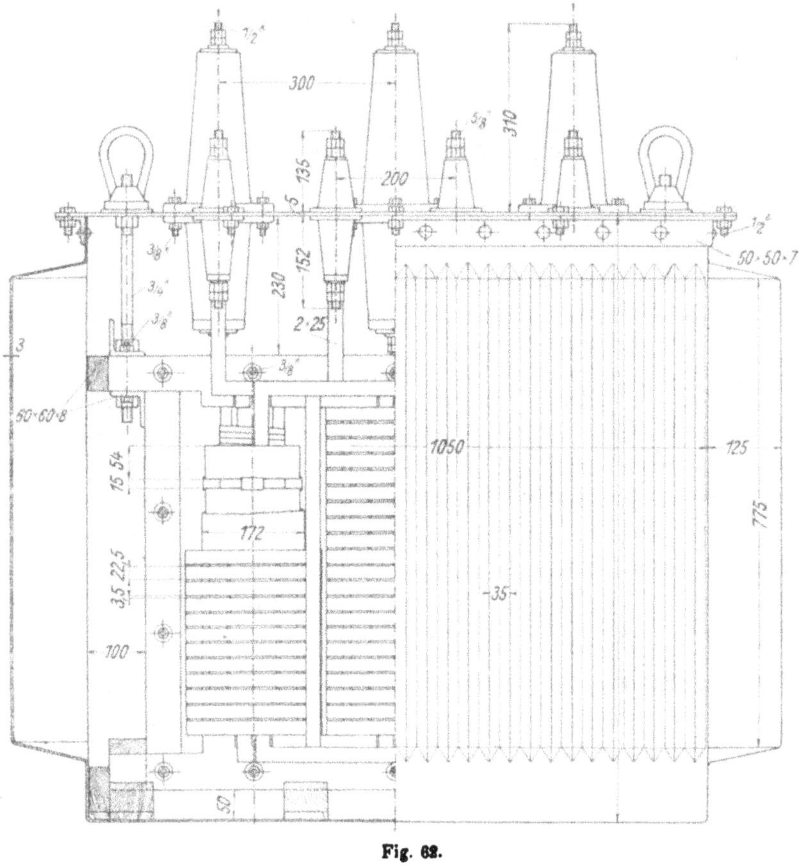

Fig. 62.

rechnet sich mit 4% der ersten Spannung. Die nachstehende Übersicht ergibt im Vergleich mit dem oben berechneten Einphasentransformator gleicher Leistung und Hochspannung die Brauchbarkeit der Rechnungsart. Fig. 62 zeigt den Aufbau.

$F_e = 95{\cdot}6\ \mathrm{cm}^2$	$N_k = 1944$ Watt
$\overline{B} = 14\,000$	$N_e = 700$ Watt
$\overline{\Phi} = 1{\cdot}34 \,.\, 10^6$ M	$N_r = 2644$ Watt
$w_1 = 3528$	$G_k = 120$ kg
$w_2 = 47$	$G_e = 263$ kg
$I_1 = 2{\cdot}88$	$s_1 = 2{\cdot}8\ \mathrm{A/mm}^2$
$I_2 = 251$	$s_2 = 2{\cdot}5\ \mathrm{A/mm}^2$
$q_1 = 1$	$E_k = 800\ \mathrm{V} = 4$ v. H.
$q_2 = 100$	$\eta = 0{\cdot}976$

Als letztes Beispiel wählen wir einen Dreiphasen-Öl-Großtransformator mit einer Nennleistung von 20 000 K. V. A. Die Nennoberspannung ist 110 000 Volt = 110 K. V. und die Nennunterspannung ist 6600 Volt. Die Frequenz $f = 50$. Der Transformator ist zur Aufstellung in einem Großkraftwerke bestimmt. Die Unterspannungsseite ist daher die Aufnahmeseite.

Bevor wir in die Berechnung eingehen, wollen wir die in den vorhergehenden Kapiteln niedergelegten Grundsätze kurz zusammenfassen und die zu wählenden Größen besprechen.

Manche Berechner gehen mit der Höchstinduktion $\overline{B}$ bis zu 16 000 Gauß. Es werden dann, wie bekannt, die dritten, fünften und siebenten Harmonischen im Erregerstrom I_μ auftreten, die sich dann auch auf die zweite Seite übertragen können. Bei der genannten Induktion erhält man für die Windungszahlen w_1 und w_2 kleinere Werte, so daß die Windungsspannungen sehr groß werden. Tatsächlich findet man solche bis zu 60 Volt und darüber. Solche Windungsspannungen erfordern eine sehr starke Papierisolation. Der Auftrag dieser Isolation einschließlich der Umklöppelung kann dann bei Normalspulen leicht 2 mm stark werden. Besonders des erstgenannten Umstandes wegen bleiben die meisten Firmen mit der Höchstinduktion unter 15 000 Gauß.

Die Amperewindungszahl für einen Zentimeter wächst rasch an und erreicht bei großen Leistungen Werte zwischen 500 bis 1600. Der vorsichtige Berechner wird kaum über 1200 hinausgehen.

Das Verhältnis $\lambda = \frac{h}{d}$ wird bei Großtransformatoren ungefähr drei sein. Begrenzt wird diese Zahl durch die Gesamthöhe des Transformators, die wegen des Eisenbahntransportes einen bestimmten Grenzwert nicht überschreiten darf.

Die prozentuelle Kurzschlußspannung ist bedeutend größer wie bei den Einheitstransformatoren. Um kleine Kurzschlußströme zu erhalten, macht man die Kurzschlußspannung 10 bis 15 v. H. der Nennspannung. Das ist beim Aufbau besonders zu berücksichtigen. Man erreicht solche Werte leicht, wenn man auf beiden Seiten für einen Kern wenige Scheibenspulen anordnet.

Wir wissen, daß der Dreiphasentransformator mit drei Kernen magnetisch unsymmetrisch ist. Deswegen zieht man oft drei Einphasentransformatoren vor, die dann im Stern oder Dreieck geschaltet werden können. Man umgeht so die Unsymmetrie und hat noch den Vorteil, daß man nur einen Einphasentransformator als Reserve benötigt.

Bemerkenswert ist es, daß man Großtransformatoren tatsächlich mit zwei Hilfsjochen baut, wie wir es im Kapitel VI (Seite 57) gezeigt haben.

Der Eisenfüllfaktor wird von vielen Berechnern mit 0·8 angenommen. Diesen Wert wird man in vielen Fällen nicht erreichen können. Bei großen Querschnitten nämlich wird am äußeren Eisenumfang nach der Formel $E = 4{\cdot}44\ \bar{\Phi} \,.\, f \,.\, 10^{-8}$ V. eine Spannung erregt, die etwa 50 bis 80 Volt erreichen kann; sie ist der Windungsspannung ähnlich. Dabei zeigen sich an den Stoßfugen und an den Bolzen Eisenbrandschäden, die sich so vermeiden lassen, daß man erstens die Joche mit den Säulen verzapft, das Eisen durch Hartpapier in einzelne vollkommen voneinander isolierte Pakete unterteilt und jedes dieser Pakete unmittelbar oder über einen Widerstand erdet. Werden aber die Joche auf die Säulen gestoßen, so werden sie durch starke Hartpapierlagen von den Säulen isoliert.

Was den weiteren mechanischen Aufbau betrifft, so ist zu bemerken, daß hier die Endspulen verstärkte Isolation erhalten. Es wird sich auch empfehlen, den Kupferquerschnitt der Endspulen zu verstärken. Selbstverständlich wird man in erster Linie darauf bedacht sein, radiale und achsiale Kurzschlußkräfte unschädlich zu machen. Das erstere erreicht man, wie schon öfters erwähnt, durch Verwendung runder Spulen, das letztere durch genaue Symmetrie der beiden Windungssysteme. Es müssen also die Schwerpunkte der Amperewindungen der konzentrischen Wicklungen genau in gleicher Höhe einander gegenüberstehen. Die Wicklung der Unterspannungsseite besteht meist aus mehreren parallel geschalteten Leitern, um die zusätzlichen Kupferverluste zu verringern und die Kühlung zu erleichtern. Die Leiterhöhe, die unterteilt werden muß, steht senkrecht zu den Streulinien. Bei Röhrenspulen wird diese Leiterhöhe daher senkrecht zur Säulenachse, bei Scheibenspulen parallel zu dieser sein müssen.

Zwischenstücke und längslaufende Isolierleisten müssen einen allseitigen Zutritt des Öls ermöglichen. Die Zylinder- und Röhrenspulen werden achsial, oft federnd, zusammengepreßt.

Wo die Wasserkühlung Schwierigkeiten macht, zieht man den natürlich gekühlten Öltransformator vor. Bei so großen Leistungen wird man die Kühlrippen sehr reichlich bemessen und sie, wenn nötig, von außen her durch einen starken Luftstrahl kühlen.

Wir nehmen nun an, daß in unserem Falle entschieden wurde, den Transformator mit drei Säulen ohne Hilfsäulen zu entwerfen. Die Aufnahmeseite, die den Transformator erregt, soll im Dreieck, die Abgabeseite im Stern geschaltet werden.

Dann ist die innere Spannung einer Phase an der Unterspannungsseite 6600 Volt und an der Oberspannungsseite $\frac{110\,000}{\sqrt{3}} = 63\,300$ V. Die Stromstärke der ersten Seite $I_1 = \frac{20\,000 \times 1000}{3 \times 6600} = 1012$ A und die Stromstärke der zweiten Seite ist $I_2 = \frac{20\,000 \times 1000}{3 \times 63\,300} = 105{\cdot}5$ A.

Wir wählen nun nach den vorgemachten Überlegungen $B = 14\,100$ Gauß, den Eisenfüllfaktor mit $f_s = 0{\cdot}7$ und die Amperewindungen für 1 cm Fensterhöhe $K = 1100$, ferner das Verhältnis $\lambda = \frac{h}{d} = 2{\cdot}8$.

Dann ist nach der Formel

$$d = \sqrt[3]{\frac{N \,.\, 10^8}{5{\cdot}25 \,.\, \overline{B} \,.\, f_s \,.\, K \,.\, \lambda}}$$

$$d = \sqrt[3]{\frac{20\,000 \,.\, 1000 \,.\, 10^8}{5{\cdot}25 \,.\, 14\,000 \,.\, 0{\cdot}7 \,.\, 50 \,.\, 1100 \,.\, 2{\cdot}8}}$$

$$d = 10\sqrt[3]{250} = 63{\cdot}3 \approx 64 \text{ cm.}$$

Die Fensterhöhe wird somit $h = 64 \times 2{\cdot}8 = 180$ cm.

Der Flächeninhalt des der Säule umschriebenen Kreises

$$F = \frac{d^2\pi}{4} = \frac{64^2 \,.\, \pi}{4} = 3230 \text{ cm}^2,$$

und der reine Eisenquerschnitt $F_s = 3230 \,.\, 0{\cdot}7 = 2261$ cm² ≈ 2260 cm².

Dann wird der Höchstschluß $\overline{\Phi} = 2260 \times 14\,000 = 31{\cdot}8 \,.\, 10^6$ Maxwell.

Die Windungszahlen berechnen sich aus der Formel

$$w = \frac{E \,.\, 10^8}{4{\cdot}44\, \Phi \,.\, f}.$$

Es ist also

$$w_1 = \frac{6600 \,.\, 10^8}{4{\cdot}44 \,.\, 31{\cdot}6 \,.\, 10^6 \,.\, 50} = 94 \quad \text{und} \quad w_2 = \frac{63\,300 \,.\, 10^8}{4{\cdot}44 \,.\, 31{\cdot}6 \,.\, 10^6 \,.\, 50} = 916.$$

Wegen des inneren Spannungsabfalles bestimmen wir $w_2 = 940$.

Die Windungsspannung ist $\frac{63\,300}{940} = 67{\cdot}5$ V.

Die Stromdichten*) wählen wir $s_1 = 4$ A/mm², $s_2 = 4$ A/mm². Es ergeben sich dann die Querschnitte

$$q_1 = \frac{I_1}{s_1} = \frac{1012}{4} = 253 \text{ mm}^2 \qquad q_2 = \frac{I_2}{s_2} = \frac{105{\cdot}5}{4} = 26{\cdot}3 \text{ mm}^2.$$

*) Manche Berechner gehen bei s_1 bis 5·8 A. — Die Überlastungsfähigkeit ist dann sehr gering.

Für q_1 nehmen wir zwei parallel geschaltete Leiter zu je $4{\cdot}8 \times 26$ mm², für q_2 einen Leiter mit $2{\cdot}6 \times 10$ mm².

Der reine Kupferquerschnitt einer Säule ist

$$250 \times 94 + 26 \times 940 = 23\,500 + 24\,400 = 47\,900 \text{ mm}^2 \text{ oder } 479 \text{ cm}^2.$$

Den Kupferfüllfaktor*) nehmen wir in Anbetracht der vorgehenden Betrachtungen und Erfahrungen mit 0·1 cm. So wird der erforderliche Raum der Wicklungen einer Säulenseite $\frac{479}{0{\cdot}1} = 4790$ cm². Da die Fensterhöhe 180 cm ist, wird die Tiefe $t = \frac{4790}{180} = 26{\cdot}6$ cm und die Fensterbreite $26{\cdot}9 \times 2 = 53{\cdot}2 \text{ cm} \sim 53$ cm.

Nun können wir die Jochlänge bestimmen. Sie ist

$$3 \times 64 + 2 \times 53 = 192 + 106 = 298 \text{ cm}.$$

Dem Joch geben wir keine Verstärkung.

Das Eisenvolumen wird

$$2 \times 298 \times 2260 + 3 \times 180 \times 2260 = 1\,350\,000 + 1\,220\,000 = \\ = 2{\cdot}57 \times 10^6 \text{ cm}^3$$

oder 2570 dm³.

Das Eisengewicht wird $2570 \times 7{\cdot}8 = 20\,000$ kg.

Das Eisengewicht für 1 K. V. A. ist $\frac{20\,000}{20\,000} = 1$ kg/K. V. A.

Berechnung der Eisenverluste: Wir verwenden hochlegiertes Eisenblech von 0·5 mm Stärke mit der Verlustziffer $v_{10} = 1{\cdot}7$ und $v_{15} = 4$ Watt. Es werden dann die Eisenverluste $20\,000 \times 3{\cdot}7 = 74\,000$ Watt. Rechnen wir 15 v. H. für die zuschlägigen Verluste, so werden die gesamten Eisenverluste $N_e = 85\,000$ W. = 85 KW.

Die Kupferverluste: die mittlere Länge einer Niederspannungswindung $\mathfrak{L}_1 = 225$ cm und einer Hochspannungswindung $\mathfrak{L}_2 = 312$ cm. Es wird dann die Länge der Niederspannungswicklung $l_1 = 2{\cdot}25 \times 94 = 212$ m und die Länge einer Hochspannungswicklung $l_2 = 3{\cdot}12 \times 940 = 2950$ m.

Es ist dann das wirksame Kupfergewicht

$$2120 \times 0{\cdot}0253 \times 8{\cdot}9 = 480 \text{ kg} + 29\,500 \times 0{\cdot}00263 \times 8{\cdot}9 = 740 \text{ kg}.$$

Für eine Phase 1220 kg und für drei Phasen $1220 \times 3 = 3660$ kg.

Das wirksame Kupfergewicht für 1 K. V. A. ist somit

$$\frac{3660}{20\,000} = 0{\cdot}183 \text{ kg/K. V. A.}$$

Die Kupferverluste: Wenn wir die Leitfähigkeit des Kupfers für Gleichstrom im warmen Zustande mit $\varkappa = 46$ annehmen, so wird

---

*) Kupferfüllfaktor $f_k = \frac{\text{Kupferquerschnitt einer Säulenseite}}{\text{halbe Fensterfläche}}$.

$$R_1 = \frac{l_1}{\varkappa \cdot q_1} = \frac{212}{46 \cdot 253} = 0\cdot0183\ \Omega$$

$$R_2 = \frac{l_2}{\varkappa \cdot q_2} = \frac{2950}{46 \cdot 26\cdot3} = 2\cdot46\ \Omega.$$

Dann ist auf der ersten Seite $I_1^2 R_1 = 1012^2 \cdot 0\cdot0183 = 18\,800$ W. und auf der zweiten Seite $I_2^2\, R_2 = 105\cdot5^2 \times 2\cdot46 = 27\,500$ W.

Das gibt für eine Phase $18\cdot8 + 27\cdot5 = 46\cdot3$ KW., und für drei Phasen $46\cdot3 \times 3 = 138\cdot9$ KW.

Nehmen wir für die Stromverdrängung bei Wechselstrom einen Zuschlag von 30 v. H., so werden die Kupferverluste bei Vollast

$$138\cdot9 \times 1\cdot3 = 170 \text{ KW.}$$

Eisen und Kupferverluste geben zusammen $85 + 170 = 255$ KW., so daß der Wirkungsgrad $\eta = \frac{20\,000}{20\,255} = 0\cdot98$.

Der Erregerstrom I_μ ist nach überschlägiger Berechnung 45 Ampere, das ist ungefähr 4 v. H. des Vollaststromes.

Die Kurzschlußspannung dürfte nach den gemachten Schätzungen 8 v. H. betragen, was ein annehmbarer Wert ist.

VIII. Berechnungsbeispiele.

Genaue Durchrechnung eines 100-K.-V.-Drehstrom-Öltransformators mit natürlicher Luftkühlung und 50 Perioden der Hauptreihe. Berechnung eines 50-K.-V.-A.-Drehstrom-Öltransformators der Sonderreihe. Berechnung eines einphasigen Kerntransformators von 100 K. V. A. der Hauptreihe. Berechnung eines luftgekühlten Transformators für 50 K. V. A. und 50 Perioden. Berechnung eines Drehstrom-Öltransformators mit natürlicher Ölkühlung für eine Leistung von 1000 K. V. A. und eines Drehstrom-Öltransformators 20 000 K. V. A. 50 Perioden. 6600 Volt, 110 000 Volt mit Ölumlaufkühlung.

Wurde in dem vorigen Kapitel gezeigt, wie man zu den Hauptdimensionen eines Transformators gelangt, soll in diesem Kapitel gezeigt werden, wie sich die Rechnung gestaltet, wenn im vorhinein Eisenverluste und Kupferverluste genau eingehalten werden müssen, wie dies bei Berechnung von Einheitstransformatoren der Haupt- und Sonderreihe der Fall ist.

Auch bei dieser Berechnung wird man von einem bestimmten Verhältnis $\lambda = \frac{s}{D}$, von einer bestimmten Säulen- und Jochinduktion ausgehen. So ergibt sich dann der Eisenkern. Bei Berechnung der Wicklungen ist darauf zu achten, ob diese in dem festgesetzten Fensterraum untergebracht werden können. Daher setzt besonders die Wahl des Verhältnisses λ große Erfahrung voraus.

Die Erfahrung lehrt, daß man λ um so größer wählen wird, je höher die Hochspannung ist. Denn diese verlangt besonders reichen Wicklungsraum, da der Kupferfüllfaktor mit steigender Spannung rasch abnimmt. Eine erste Durchrechnung nach einer der ersten Arten wird sich immer empfehlen.

Berechnung eines 100-K.-V.-A.-Drehstrom-Öltransformators mit natürlicher Luftkühlung.

50 Perioden.

Niederspannung 400/231 Volt, Schaltung C_3, Oberspannung 20000 Volt, mit Anzapfungen unter dem Deckel $\pm$ 4%.

Der Transformator muß den V.-D.-E.-Normalien, bzw. -Vorschriften entsprechen und es sind dementsprechend zu garantieren:

Im warmen Zustande: Eisenverluste 700 Watt, Wicklungsverluste 2300 Watt, Kurzschlußspannung 4%, Toleranzen + 10%.

Wir wählen folgende Verhältnisse:

Länge der drei Säulen l_s = dreimal Fensterhöhe h = 1·45mal Jochlänge l_j, Jochverstärkung 25%.

Fensterhöhe h = 4·5mal Durchmesser d des dem Säuleneisen umschriebenen Kreises. (1·45 × 3 = 4·5.) Kreuzförmiger Querschnitt, zweimal abgestuft, wobei der effektive Säuleneisenquerschnitt durch Querschnitt des umschriebenen Kreises $f_s = 0{\cdot}72$ ist. Verwendet wird hochlegiertes Blech mit der Verlustziffer $V_{10} = 1{\cdot}45$ Watt/kg. Nach der oben gemachten Annahme ist

$$l_s = 3\,h = 1{\cdot}45\,l_j,$$

$$l_j = \frac{l_s}{1{\cdot}45} = \frac{3\,h}{1{\cdot}45}$$

Eisenlänge $l_{ei} = l_s + l_j = 3\,h + \frac{3\,h}{1{\cdot}45} = 5{\cdot}07\,h$ und daraus Fensterhöhe $h = \frac{l_{ei}}{5{\cdot}07}$.

Säuleneisenquerschnitt F_s, Jocheisenquerschnitt F_j

$$F_s = \frac{F_j}{1{\cdot}25}.$$

Induktion in den Säulen 14000 Kraftlinien/cm².

Induktion in den Jochen 11200 Kraftlinien/cm².

Diesen Sättigungen entsprechen die Verlustziffern 3·02 Watt/kg, bzw. 1·84 Watt/kg.

Nun müssen wir noch die zusätzlichen Verluste berücksichtigen, die wir mit 10% annehmen wollen.

Somit sind 3·02 . 1·1 = 3·32 Watt/kg und 1·84 . 1·1 = 2·02 Watt/kg die entgültigen Verlustziffern.

Die Verluste im Säuleneisen und im Jocheisen können nun bereits ermittelt werden.

Da einerseits der Säuleneisenquerschnitt um 25% kleiner ist als der Jocheisenquerschnitt, andererseits das Säuleneisen 1·45mal länger ist als das Jocheisen, sind offenbar die Verluste in den Säulen 1·25 . 1·45 = = 1·81 mal größer als jene in den Jochen.

Nun müssen wir aber noch berücksichtigen, daß die Verluste nicht im quadratischen Verhältnisse mit der Induktion steigen, sondern in einem größeren Verhältnisse.

$$\left(\frac{14\,000}{11\,200}\right)^2 . 1{\cdot}84 . 1{\cdot}05 = 3{\cdot}02.$$

Es muß also 1·81 noch mit 1·05 multipliziert werden und wir finden, daß die Verluste in den Säulen 1·81 . 1·05 = 1·9mal größer sind als die Jocheisenverluste.

Verluste in den Säulen V_s + Verluste in den Jochen $V_j = 700$ Watt oder $1{\cdot}9\ V_j + V_j = 2{\cdot}9\ V_j = 700$ Watt.

Daraus $V_j = \frac{700}{2{\cdot}9} = 242$ Watt und $V_s = 1{\cdot}9\ V_j = 1{\cdot}9 . 242 = 458$ Watt, zusammen 700 Watt.

Nun können auch schon die Gewichte der Säulen und Joche bestimmt werden.

$$G_s = \frac{458}{3{\cdot}32} = 138 \text{ kg} \qquad G_j = \frac{242}{2{\cdot}02} = 120 \text{ kg},$$

insgesamt das Kerngewicht 258 kg = G_{ei}. $Gei_{kg} = 7{\cdot}55\ (F_s\, l_s + F_j . l_j)$ und da

$$F_j\, l_j = 1{\cdot}25\ F_s \frac{l_s}{1{\cdot}45} \qquad Gei_{kg} = 7{\cdot}55 \left(F_s\, l_s + 1{\cdot}25\ F_s \frac{l_s}{1{\cdot}45}\right) = 14{\cdot}1\ F_s\, l_s.$$

Daraus $l_s = \frac{Gei_{kg}}{14{\cdot}1\ F_s}$, F_s in dm², l_s in dm eingesetzt. Für Säuleneisenquerschnitt F_s können wir schreiben $F_s = f_s \frac{d^2 \pi}{4}$, für $l_s = 3\,h = 3 . 4{\cdot}5\ d$ und erhalten, wenn wir die Länge in Zentimeter einsetzen:

$$Gei = f_s \frac{d^2 \pi}{4} . \left(3\,h + 1{\cdot}25 \frac{3\,h}{1{\cdot}45}\right) \frac{7{\cdot}55}{1000} =$$

$$= 0{\cdot}72 \frac{\pi}{4} d^2 (3\,h + 3\,h . 0{\cdot}865) \frac{7{\cdot}55}{1000} . .$$

$$258\,000 = 0{\cdot}565\ d^2\ (13{\cdot}5\ d + 11{\cdot}7\ d)\ 7{\cdot}55 \qquad 258\,000 = 107{\cdot}5\ d^3,$$

$$d^3 = \frac{258\,000}{107{\cdot}5} = 2400 \qquad d = \sqrt[3]{2400} = 13{\cdot}4 \text{ cm}.$$

Wir setzen $d = 13{\cdot}5$ cm und erhalten nun den Säuleneisenquerschnitt

$$F_s = d^2 \frac{\pi}{4} . f_s = 13{\cdot}5^2 \frac{\pi}{4} . 0{\cdot}72 = 103 \text{ cm}^2.$$

Länge aller 3 Säulen

$$l_s = \frac{258 \cdot 10^3}{14 \cdot 1 \,.\, 103} = 178 \text{ cm und } h = \frac{l_s}{3} = \frac{178}{3} = 59 \cdot 33 \sim 60 \text{ cm.}$$

Länge der 2 Joche

$$l_j = \frac{l_s}{1 \cdot 45} = \frac{180}{1 \cdot 45} = 124 \text{ cm} \qquad \frac{l_j}{2} = 62 \text{ cm.}$$

Bevor wir die Fensterbreite, bzw. Achsdistanz bestimmen können, müssen wir die geometrische Gestalt des Säuleneisenquerschnittes festlegen.

Für zweimal abgestuften Querschnitt finden wir in erster Annäherung

$$e = 0 \cdot 39\, d = 53 \text{ mm}$$
$$f = 0 \cdot 65\, d = 88 \text{ „}$$
$$g = 0 \cdot 85\, d = 115 \text{ „}$$

doch müssen wir die endgültigen Blechbreiten mit Rücksicht auf eine gute Ausnützung der normalen Blechtafeln 750 × 1500 mm festsetzen.

68 × 11 = 748 mm
106 × 7 = 742 „
124 × 6 = 744 „

wobei ein nur ganz schmaler Streifen als Abfall zählt.

Verwendet wird 0·3 mm dickes Blech, mit 0·05 mm Papier beklebt, so daß sich ein Füllfaktor $\frac{0 \cdot 3}{0 \cdot 35} = 0 \cdot 855$ herausstellt.

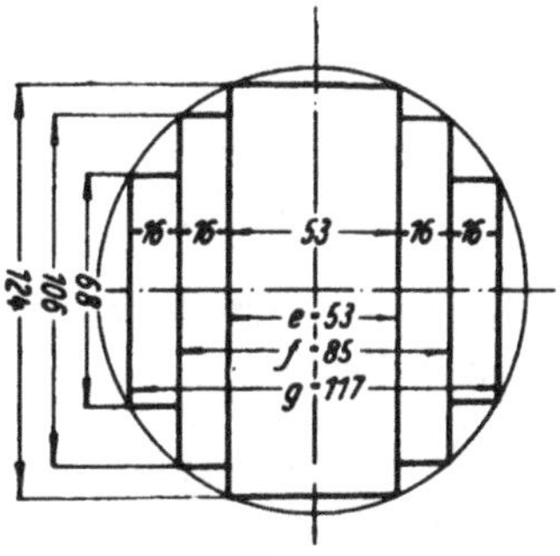

Fig. 63.

Die Nachrechnung des Eisenquerschnittes der Säule ergibt nun

$$12 \cdot 4 \,.\, 5 \cdot 3 = 65 \cdot 7 \text{ cm}^2$$
$$10 \cdot 6 \,.\, 3 \cdot 2 = 33 \cdot 9 \text{ „}$$
$$6 \cdot 8 \,.\, 3 \cdot 2 = 21 \cdot 7 \text{ „}$$
$$\overline{\qquad 121 \cdot 3 \text{ cm}^2}$$

0·855 × 121·3 = 103 cm² entsprechend der vorhergehenden Annahme.

$$\text{Achsdistanz } \frac{61 \cdot 8 - 12.4}{2} = 24 \cdot 7 \text{ cm.}$$

$$\text{Fensterbreite } \frac{61 \cdot 8 - 3 \times 12 \cdot 4}{2} = 12 \cdot 3 \text{ cm.}$$

Einer 25%igen Jochverstärkung entspricht ein Jochquerschnitt von 103 . 1·25 = 128 cm², und eine Jochhöhe 128 mm, bei einem $g = 11 \cdot 7$ cm.

Im Interesse einer guten Tafelausnützung wählen wir die Jochhöhe 124 mm, es ist also hiebei der Jochquerschnitt 0·855 . 11·7 . 12·4 = 124 cm², das ist eine 20%ige Jochverstärkung.

Die Nachrechnung ergibt nun 1·03 × 18 × 7·55 = 140 kg Säulengewicht, 124 × 12·36 × 7·55 = 115·5 kg Jochgewicht, zusammen ein Kerngewicht von 255·5 kg gegenüber 258 kg im ersten Entwurfe.

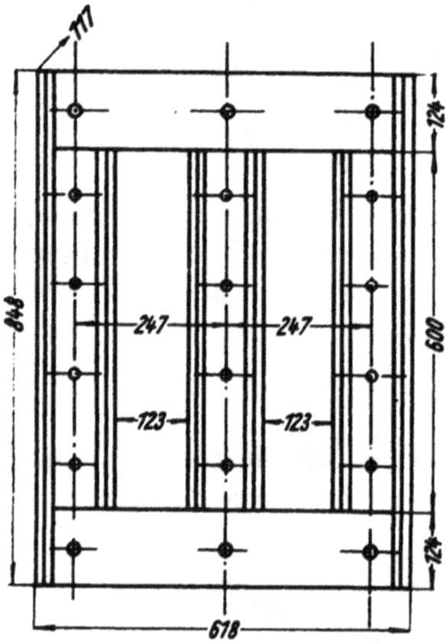

Fig. 64.

Wir wenden uns nun dem Aufbau des Kernes zu und stellen von vornherein gleich fest, daß die Säulen- und Jochbleche gegeneinander „verschachtelt" werden. Eine derartige Anordnung ist bei kleinen Transformatoren durchwegs anzutreffen, weil sie einerseits ein festes Gefüge ermöglicht, andererseits den Luftmagnetisierungsstrom auf ein kleines Maß herabdrückt. Letzerer fällt um so mehr ins Gewicht, je kleiner die Transformatorenleistung ist. Es soll hier erwähnt werden, daß man in Amerika Transformatorenkerne bis zu sehr großen Leistungen verschachtelt, wo hingegen bei uns in Europa bei größeren Leistungen nur stumpfer Stoß der Säulen- und Jochbleche zur Ausführung kommt.

In welcher Weise das Ineinanderreihen der einzelnen Bleche erfolgt, zeigt Fig. 65.

Zu jeder Lage werden immer zwei Bleche genommen, um den Aufbau etwas schneller zu bewerkstelligen.

In unserem Falle erhalten wir bei zweimal abgestuftem Säuleneisenquerschnitte natürlich drei verschieden breite Säulenbleche.

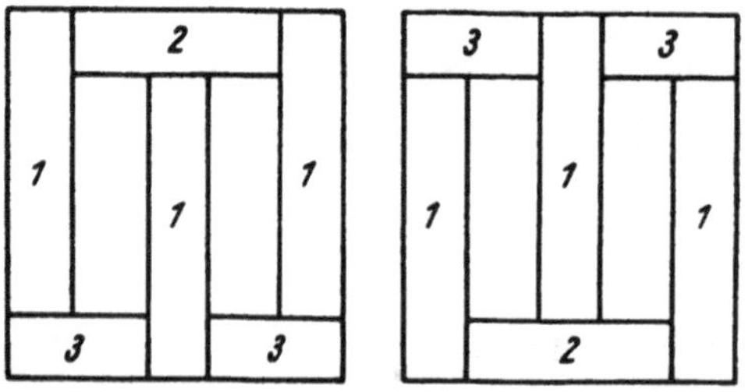

Fig. 65.

1. Lage. 2. Lage.

Es tritt nun an den Konstrukteur die Aufgabe heran, mit dem teueren hochlegierten Bleche sparsam umzugehen und es darf keinesfalls der Werkstätte überlassen bleiben, die einzelnen Bleche aus den Normaltafeln ohne wohldurchdachten Schneideplan herauszuschneiden.

Der Übersicht halber wird es von Vorteil sein, sich die folgende Figur 66 vor Augen zu halten.

Die Abstände der einzelnen Säulenbleche sind:

247 mm	247 mm	247 mm
— 124 „	— 106 „	— 68 „
123 mm	141 mm	179 mm.

Demgemäß die Längen der Jochbleche 2_1, 2_2 und 2_3:

123 mm	141 mm	179 mm
123 „	141 „	179 „
124 „	106 „	68 „
370 mm	388 mm	426 mm.

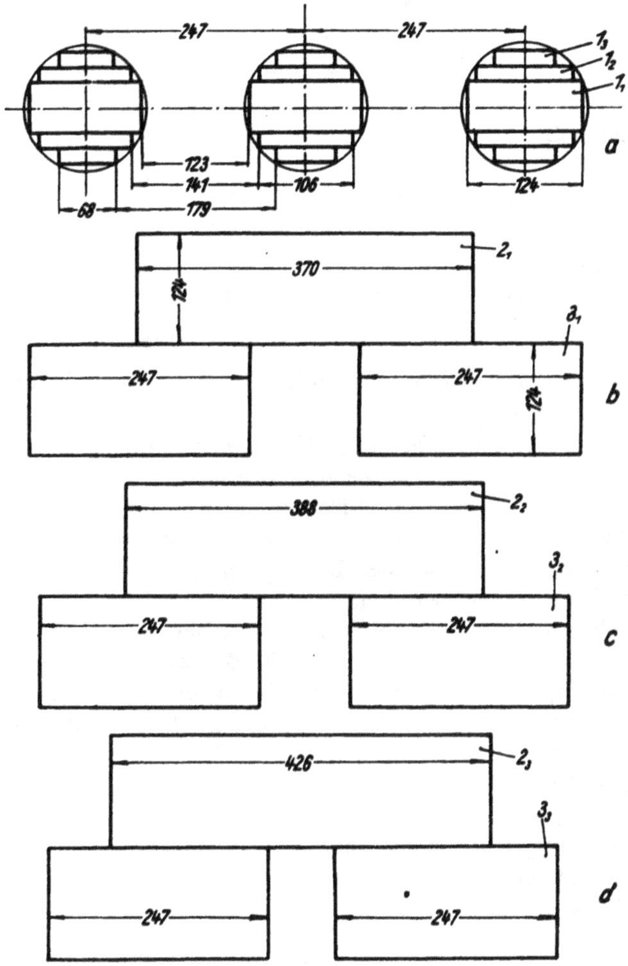

Fig. 66.

Die Längen der Jochbleche 3_1, 3_2, 3_3 sind gleich, nämlich

123 mm	141 mm	179 mm
+ 124 „	+ 106 „	+ 68 „
247 mm	247 mm	247 mm.

Die Höhe sämtlicher Jochbleche beträgt 124 mm, die der Säulenbleche 600 + 124 = 724 mm.

Insgesamt benötigen wir drei verschiedene Säulen- und vier verschiedene Jochbleche.

Nun müssen wir die einzelnen Blechzahlen bestimmen, indem wir die verschiedenen Blechpaketdicken durch 0·35 dividieren.

Säulenbleche 1_1, 1_2, 1_3:

53 : 0·35 ≅	152 × 3 =	456	Stück
16 : 0·35 =	46 × 6 =	276	„
16 : 0·35 =	46 × 6 =	276	„
		1008	Stück

Jochbleche 2_1, 2_2, 2_3:

53 : 0·35 =		152	Stück
16 : 0·35 ≅	46 × 2 =	92	„
16 : 0·35 =	46 × 2 =	92	„

Jochbleche 3_1, 3_2, 3_3:

117 : 0·35 =	336 × 2 =	672	„
		1008	Stück.

Wir beginnen mit dem Ausschneiden der größten Jochbleche, in unserem Falle 2_3 . 124 × 426 mm.

Aus einer normalen Tafel 750 × 1500 mm erhalten wir nach Fig. 66 18 Bleche, und da wir 92 Bleche benötigen, müssen wir 6 Tafeln nehmen.

Von 5 Tafeln bleibt je ein Streifen 222 × 750 mm, aus der 6. ein solcher von 626 × 1500 mm und ein Stück 124 × 648 mm.

Jochbleche 2_2, 124 × 388 mm. Benötigt werden 92 Bleche, es müssen wieder 6 Tafeln verwendet werden.

Von 5 Tafeln bleibt je ein Streifen von 336 × 750 mm, aus der 6. ein solcher von 626 × 1500 mm und ein Stück 124 × 774 mm.

Jochbleche 2_1, 124 × 370 mm. Wir brauchen von diesen 152 Stück, und da aus einer Normaltafel 24 Stück ausgeschnitten werden können, müssen wir 7 Tafeln verwenden. Aus der 7. Tafel bleibt ein Streifen von 502 × 1500 mm frei.

Jochbleche 3_1, 3_2, 3_3, 124 × 247 mm. Es werden von dieser Dimension 672 Stück gebraucht, aus einer Tafel 36 Stück, daher sind 19 Tafel nötig, wovon aus der letzten ein Stück 512 × 750 mm übrig bleibt.

Säulenbleche 1_1, 124 × 724 mm. 456 Stück nötig, und da aus einer Tafel 12 Stück geschnitten werden können, sind 38 Tafeln notwendig.

Säulenbleche 1_2, 106 × 724 mm. 276 Stück auszuschneiden, 14 Stück aus einer Tafel, daher 20 Tafeln notwendig, wobei aus der letzten ein Stück 220 × 1500 mm frei bleibt.

Säulenbleche 1_3, 68 × 724 mm. Wir wollen zunächst aus den freibleibenden Stücken die kleinsten Säulenbleche schneiden und dann die noch fehlenden aus Normaltafeln ergänzen.

Von den Jochblechen 2_3 bleiben 5 Streifen 222 × 750 mm, das sind 15 Bleche 1_3, und ein Streifen 626 × 1500 mm, das sind 18 Bleche 1_3.

Von den Jochblechen 2_2 bleiben 5 Streifen 336 × 750 mm, das sind 20 Bleche 1_3, und ein Streifen 626 × 1500 mm, das sind 18 Bleche 1_3, ferner bekommen wir noch aus dem Streifen 124 × 774 mm ein Blech 1_3.

Von den Jochblechen 2_1 bleibt ein Stück 502 × 1500 mm, aus dem 14 Bleche 1_3 geschnitten werden können.

Von den Jochblechen 3_1, 3_2, 3_3 können wir aus dem übrigbleibenden Stück 512 × 750 mm 7 Bleche 1_3 schneiden und schließlich erhalten wir aus dem Stück 220 × 1500 mm von den Säulenblechen 1_2, 6 Bleche 1_1.

Insgesamt erhalten wir aus diesen Reststücken 99 Bleche 1_1, und da davon 276 gebraucht werden, müssen noch 177 Bleche aus vollen Tafeln geschnitten werden, das sind 8 Tafeln zu 22 Blechen.

Es sind also Tafeln notwendig:

Jochbleche	2_3	6 Tafeln
„	2_2	6 „
„	2_1	7 „
„	$3_{1,2,3}$	19 „
Säulenbleche	1_1	38 „
„	1_2	20 „
„	1_3	8 „
		104 Tafeln

für den ganzen Transformator, oder, da eine Tafel Format 750 × 1500 bei einem spezifischen Gewichte von 7·55 2·55 kg wiegt, insgesamt 265 kg Blech.

Da sich der Jochquerschnitt 124 cm² nicht auf die ganze Jochlänge 618 mm erstreckt, sondern an den beiden Enden abgestuft ist, bekommen wir anstatt des gesamten Jochgewichtes von 115·5 kg nur 107 kg.

Die drei Säulen wiegen: $1·03 \times 3 \times 6 \times 7·55 = 140$ kg. Der Kern also zusammen 247 kg.

Da der Blechaufwand 265 kg beträgt, so zählt der Blechabfall etwa 7% des Kerngewichtes, also einen Prozentsatz, der wohl nur in wenigen Fällen so niedrig gehalten werden kann.

Wir könnten uns zufrieden geben, wenn er auch 15% betragen würde. In unserem Falle sind eben die Blechbreiten von 124 mm von besonderem Vorteil.

Der nächste Schritt führt uns zur Nachrechnung der Eisenverluste.

Wir haben in den Säulen 14 000 Kraftlinien/cm² angesetzt, das sind etwa 3·02 Watt pro Kilogramm und bei 10% zusätzlichen Verlusten 3·32 Watt/kg.

Bei 20%iger Jochverstärkung kommen wir auf eine Jochinduktion von 11 650 Kraftlinien und eine Verlustziffer von 1·99, bzw. 2·19 Watt/kg.

Die gesamten Eisenverluste sind

Säulen	$3·32 \times 140 = 465$	Watt
Joche	$2·19 \times 107 = 235$	„
	zusammen 700	Watt

wie im Entwurfe eben vorausgesetzt wurde.

Es ist unbedingt darauf zu sehen, daß nach dem Schneiden der Säulen- und Jochbleche diese gewogen werden, da das Einhalten der vorgeschriebenen Gewichte eine Gewähr für die entsprechenden Querschnitte ist und man auf diese Weise vor unangenehmen Überraschungen bei der Feststellung der Eisenverluste und des Leerlaufstromes verschont bleibt.

Beim Schneiden der Bleche ist ein ganz besonderes Augenmerk darauf zu legen, daß die Schneidewerkzeuge, also entweder die Backen der Schere oder die Schnitte, scharf genug sind und an den Blechen kein Grat bleibt.

Sollte ein solcher bemerkt werden, so ist derselbe durch Abschleifen zu entfernen, was allerdings wieder ziemlich kostspielig ist. Weit billiger als diese zusätzliche Arbeit ist die richtige Instandhaltung scharfer Werkzeuge.

Befindet sich an den Blechen ein größerer Grat, so stellt dieser beim zusammengepreßten Kerne eine Verbindung der Bleche her und die Wirbelströme machen sich unangenehm bemerkbar. Wir brauchen uns nur vorstellen, daß zwei sich berührende Bleche Wirbelströme erzeugen wie ein Blech von doppelter Stärke.

Ganz zu vermeiden wird eine Berührung wohl nicht sein und die Vergrößerung der Verluste durch Wirbelströme wird man eben bei der Berechnung der Leerlaufverluste durch einen entsprechenden Sicherheitsfaktor berücksichtigen müssen.

Die einzelnen Schichten der Säule werden überdies noch mit einer stärkeren Papierschichte isoliert, um einen etwaigen Eisenschluß lokalisieren zu können.

Berechnung der Wicklungen.

Zur Speisung von Verteilungsnetzen mit viertem (neutralem) Leiter verwenden wir mit Vorteil Stern-Zickzackschaltung, und zwar C_3.

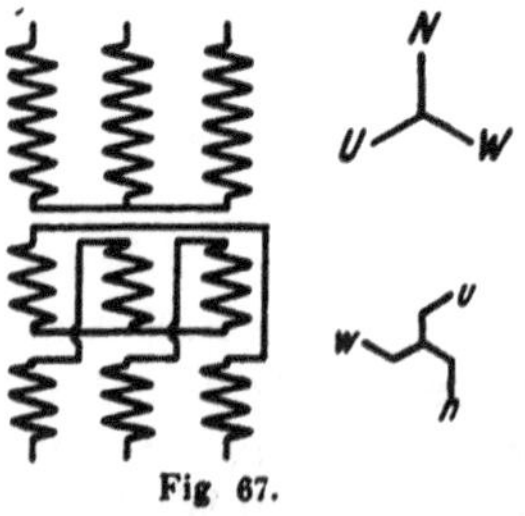

Fig 67.

Soll aus einer Sternschaltung eine Zickzackschaltung gemacht werden, so teilt man die Windungen jeder Phase in zwei gleiche Teile und verbindet je eine Hälfte der einen Phase mit einer Hälfte der nächsten Phase. Gleiche magnetische Induktion der Eisenkerne vorausgesetzt, zeigt jede der Wicklungshälften auch die Hälfte der Spannung. Da aber die Kraftflüsse der drei Eisenkerne um 120° gegeneinander verschoben sind, so ist dies auch der Fall bei den zu den betreffenden Wicklungshälften gehörigen Spannungen, die sich geometrisch addieren, man erhält als verkettete Spannung nur die 1·5fache Spannung gegen die 1·73fache bei Sternschaltung.

Bei Umschaltung einer in Stern geschalteten Wicklung auf Zickzack, unter gleichen sonstigen Verhältnissen, fällt die Spannung um zirka 15·5%.

Soll bei Zickzackschaltung wieder dieselbe Spannung erzielt werden, wie bei Sternschaltung, so muß man eben die Windungszahl um 15·5% erhöhen.

Bei einer Induktion von 14 000 Kraftlinien/cm² erhalten wir also niederspannungsseitig

$$w_1 = \frac{400 \,.\, 10^8}{\sqrt{3} \,.\, 4{\cdot}44 \,.\, 50 \,.\, 103 \,.\, 14\,000} \,.\, 1{\cdot}155 = 82 \text{ Windungen oder } 2 \times 41 \text{ pro Phase}$$

Wir wollen eine Wickelhöhe von 540 mm pro Säule zulassen, finden also $\frac{540}{42} = 12{\cdot}8$ mm, die zulässige Leiterhöhe mit Isolation, wobei sich 12 mm als Leiterhöhe ergeben.

Bei einer Stromdichte von 2·67 Amp./mm² verwenden wir ein Normalprofil von 4·6 × 12 mm mit 54·3 mm² Querschnitt.

Als Umspinnung setzen wir zweimal Baumwolle mit einem Gesamtauftrag von 0·6 mm voraus, also einem Gesamtquerschnitt von 5·2 × 12·6 mm.

Ein Isolationszylinder zwischen Niederspannungswicklung und Eisen ist nicht vorgesehen, zumal erstere zweimal getränkt und dann gut getrocknet wird und außerdem ein Abstand von 6·5 mm vom Eisenkerne vorgesehen ist.

Als Durchmesser der Wickelschablone finden wir also

$$135 + 2 \times 6{\cdot}5 = 148 \text{ mm}.$$

Da sich zwei Lagen der Niederspannungswicklung nebeneinander befinden, müssen wir mit 2 × 5·2 = 10·4 mm radialer Breite einseitig rechnen. Wir können vorsichtshalber zwischen die beiden Lagen noch ein 0·2 mm dickes Papier einlegen und erhalten dann mit einem kleinen Zuwachs rund 11 mm und als Außendurchmesser der Spirale 148 + 2 × 11 = 170 mm.

Die mittlere Windungslänge ist 3·14 (148 + 11) = 500 mm, das Kupfergewicht der Niederspannungswicklung

$$3 \times 82 \times 50 \,.\, 54{\cdot}3 \,.\, 10^{-4} \,.\, 8{\cdot}9 = 59{\cdot}5 \text{ kg}.$$

Widerstand einer Phase bei 20° C und mit Gleichstrom gemessen: $\frac{82 \,.\, 0{\cdot}5}{56 \,.\, 54{\cdot}3} = 0{\cdot}0135$ Ohm, bei einer Übertemperatur von 70° C und Wechselstrom 0·0135 × 1·2 = 0·0162 Ohm.

Daraus ergeben sich die Kupferverluste im betriebswarmen Zustande zu 3 × 0·0162 . 144·5² = 1000 Watt.

Nun müssen noch die Verluste durch Wirbelströme und jene in den Zuleitungen zu den Klemmen berücksichtigt werden.

Wir wollen die Methode von Field benützen.

$\alpha = \sqrt{\frac{f}{50} \,.\, \frac{b}{a} \,\frac{k}{50}}$, worin f Periodenzahl und k die Leitfähigkeit, a Leitermittenabstand, b Leiterhöhe parallel zum Streufeld, h Leiterhöhe senkrecht zum Streufeld bedeuten.

$$\alpha = \sqrt{\frac{50}{50} \cdot \frac{12}{13 \cdot 2} \cdot \frac{48}{50}} = 0 \cdot 935$$

$$\xi = \alpha \, . \, h = 0 \cdot 935 \, . \, 0 \cdot 46 = 0 \cdot 43.$$

Aus der Tabelle finden wir $\varphi\,(\xi) = 1 \cdot 0038$, $\psi\,(\xi) = 0 \cdot 0122$ und

$$k_n = \varphi\,(\xi) + \frac{n^2 - 1}{3}\,\psi\,(\xi) = 1 \cdot 0038 + \frac{2^2 - 1}{3}\,0 \cdot 0122 = 1 \cdot 016,$$

das heißt 1·6 % zusätzliche Verluste. n bedeutet die Lagenzahl senkrecht zum Streufeld.

Wir wollen zu den gefundenen 1000 Watt noch 70 Watt für Wirbelstromverluste und Verluste in den Zuleitungen addieren und kommen so auf 1070 Watt Gesamtverluste in der Niederspannungswicklung.

Hochspannungswicklung.

Windungszahl pro Phase für 20 000 Volt Oberspannung

$$w_2 = \frac{\sqrt{3}}{2} \, . \, 50 \, . \, 82 = 3550.$$

Es sind 2 Anzapfungen für $\pm 4\,\%$ auszuführen, jeder entsprechen daher 140 Windungen und die gesamte Windungszahl pro Phase ist 3690. Hievon 280 Windungen abgerechnet, das sind die Windungen für beide Anzapfungen, bleiben noch pro Phase 3410 Windungen, die wir auf vier verstärkte Eingangsspulen und zwölf normale Spulen aufteilen wollen.

Die Abzapfspulen erhalten 14 Lagen zu 5 Windungen,
2 Eingangspulen 13 Lagen zu 10 Windungen und 1 Lage zu 8 Windungen,
2 „ 13 „ „ 10 „ „ 1 „ „ 9 „
Die Normalspulen haben sämtliche 14 Lagen zu 17 Windungen.

Die beiden Anzapfspulen, bzw. 4 Halbspulen sollen in der Mitte der Wicklung angebracht werden.

Die Anordnung der Oberspannungsspulen ist dann folgende:

2 Eingangspulen	13 × 10
	1 × 8
6 Normalspulen	14 × 17
4 Abzapfspulen	14 × 5
6 Normalspulen	14 × 17
2 Eingangspulen	13 × 10
	1 × 9

Die Stromstärke beträgt oberspannungsseitig 2·89 Amp., wir wählen 2·8 Amp/mm² und erhalten einen Runddraht von einem Durchmesser 1·15, entsprechend 1·038 mm².

Im modernen Transformatorenbau wird wohl durchwegs über 15.000 Volt Papierisolation verwendet, die zum Schutze gegen Beschädigungen einmal mit Baumwolle umsponnen ist.

Erfahrungsgemäß genügen für eine Betriebsspannung von 2000 Volt für Normalspulen zwei Papierlagen, für verstärkte Spulen drei Papierlagen, erstere mit einem Gesamtauftrage von 0·4 mm, letztere mit einem solchen von 0·5 mm, einschließlich Umspinnung. Der Durchmesser des isolierten Drahtes ist also 1·55, bzw. 1·65 mm.

Zwischen Nieder- und Oberspannungswicklung soll ein Zylinder aus hochwertigem Isoliermaterial, sagen wir Gummoid, eine sichere Trennung bewerkstelligen. Es wird genügen, die Stärke dieses Zylinders mit 4 mm vorzuschreiben.

Zwischen den einzelnen Wicklungen und dem Zylinder soll je ein Ölkanal von 3 mm sein. Der innere Durchmesser des Isolationszylinders beträgt 176 mm, der äußere 184 mm.

Der Durchmesser der Wickelschablone für die Oberspannungspulen ist demnach $184 + 6 = 190$ mm.

Die radiale Höhe der Normalspulen beträgt $1·55 \times 14 = 21·7$, rund 22 mm, die der verstärkten Spulen $1·65 \times 14 = 23$ mm. Die mittlere Windungslänge ist $3·14\,(190 + 22·5) = 668$ mm.

Kupfergewicht:

$$3 \times 3690 \times 6·68 \times 1·038 \,.\, 10^{-4} \times 8·9 = 68 \text{ kg}$$

Widerstand bei 20° C und Gleichstrom:

$$\frac{3550 \,.\, 0·668}{56 \,.\, 1·038} = 40·8 \text{ Ohm.}$$

pro Phase.

Bei 70° Übertemperatur und Wechselstrom etwa 49 Ohm.

Kupferverluste:

$$3 \times 49 \,.\, 2·89^2 = 1230 \text{ Watt.}$$

Addieren wir zu diesen noch jene der Unterspannungswicklung von 1070 Watt, so erhalten wir insgesamt 2300 Watt, entsprechend den Vorschriften.

Nun soll untersucht werden, ob die Wicklung der Höhe nach genügend Platz findet.

Verstärkte Spulen:

	$1·65 \times 10 = 16·5$ mm
Zuwachs	1·5 „
	18·0 mm

Anzapfspulen:

	$1·55 \times 5 \cong 8·0$ mm
Zuwachs	1·5 „
	9·5 mm

Normalspulen:

	$1·55 \times 17 = 26·4$ mm
Zuwachs	1·6 „
	28·0 mm

Die einzelnen Gruppen bestehen aus zwei Halbspulen, zwischen denen sich eine Preßspahnscheibe von 1 mm Dicke befindet.

Die Höhen der Doppelspulen sind also:

Verstärkte Spulen	37 mm
Anzapfspulen	20 „
Normalspulen	57 „

Zwischen denn einzelnen Doppelspulen sind Ölkanäle von 5 mm vorgesehen, ausgenommen die Anzapfspulen, so daß 8 Ölkanäle vorhanden sind.

2 Verstärkte Spulen	$\times 37 =$	74 mm
2 Anzapfspulen	$\times 20 =$	40 „
6 Normalspulen	$\times 57 =$	342 „
8 Ölkanäle	$8 \times 5 =$	40 „
Kriechweg und Abstützung	$2 \times 50 =$	100 „
Zwischenanlage zwischen Anzapfspulen		2 „
Übrig		2 „
	Säulenhöhe	600 mm

Es soll die Kurzschlußspannung berechnet werden.
Phasenspannung 11 550 Volt.
Windungsspannung e_w 3·25 Volt.
Mittlere Windungslänge $l_m \dfrac{50{\cdot}0 + 66{\cdot}8}{2} = 58{\cdot}4$ cm.
Reduzierter Luftspalt $\Delta = 1{\cdot}05 : 3 + 2{\cdot}1 : 3 + 1{\cdot}1 = 2{\cdot}15$ cm.
Streulinienlänge $s = 55{\cdot}0$ cm.
Stromstärke, niederspannungsseitige $I_n = 144{\cdot}5$ A.
Windungszahl $W_1 = 82$.
Periodenzahl $f = 50$.
Streuspannung

$$E_s = I_n \frac{8 \,.\, f \,.\, W_1 \,.\, 10^{-6}}{e_w} \,.\, \frac{l_m \,.\, \Delta}{s} =$$

$$= 144{\cdot}5 \,\frac{8 \,.\, 50 \,.\, 82 \,.\, 10^{-6}}{3{\cdot}25} \times \frac{58{\cdot}4 \,.\, 2{\cdot}15}{55} = 3{\cdot}32\,\%.$$

Die Spannungsänderung bei induktionsfreier Vollbelastung ist 2·3%, daher die Kurzschlußspannung

$$\sqrt{2{\cdot}3^2 + 3{\cdot}32^2} = 4{\cdot}05\,\%,$$

also ebenfalls in sehr guter Übereinstimmung mit den Normalien (4%).

Ehe wir die Wicklung hinsichtlich ihrer Erwärmung untersuchen, wollen wir den Leerlaufstrom des Transformators auf einfache Weise annähernd bestimmen.

Aus der Kurve der AW/cm finden wir:

$\mathfrak{B} = 11\,650$ Kraftlinien/cm²	4·5 AW/cm
$\mathfrak{B} = 14\,000$ Kraftlinien/cm²	17 AW/cm.

Nehmen wir als Kraftlinienweg in den Säulen die Säulenhöhe mit 60 cm und als jenen in den Jochen ein Drittel der gesamten Jochlänge, also etwa 41 cm an, so erhalten wir

$$
\begin{array}{lr}
41 \times 4{\cdot}5 = & 184 \text{ AW} \\
60 \times 17 \;\; = & 1020 \;\; „ \\
\hline
 & 1204 \text{ AW.}
\end{array}
$$

Daher der Magnetisierungsstrom

$$I_\mu = \frac{1204}{\sqrt{2} \,.\, W_2} = \frac{1204}{\sqrt{2} \,.\, 3350} = 0{\cdot}24 \text{ A.}$$

Der Wattstrom zur Deckung der Eisenverluste:

$$I_h = \frac{700}{20\,000} = 0{\cdot}035 \text{ A.}$$

Der Leerlaufstrom $I_o = \sqrt{I_h^2 + I_\mu^2} = \sqrt{0{\cdot}035^2 + 0{\cdot}24^2} = 0{\cdot}242$ Amp. oder, in Prozenten des Vollaststromes ausgedrückt, 8·4 %.

In den Vorschriften des V. D. E. (R. E. T. 23) finden wir den Leerlaufstrom nicht begrenzt, wo hingegen die Vorschriften des Elektrotechnischen Vereines der Tschechoslowakei für diesen Transformator 7 % Leerlaufstrom vorschreiben.

Vidmar behauptet in seiner zweiten, vermehrten und verbesserten Auflage, daß die Vorschriften des E. S. Č. in der Tschechoslowakischen Republik zum Teil eine glatte Unmöglichkeit darstellen.

Die Messung des Leerlaufstromes am Prüfstand wird indessen ein günstigeres Resultat, als oben mit 8·4 % berechnet wurde, ergeben.

Es sollen nun die Magnetisierungsströme der inneren und der äußeren Säule getrennt berechnet werden. Für die innere Säule rechnen wir als Kraftlinienweg nur die Säulenhöhe 60 cm.

Induktion $\mathfrak{B} = 14\,000$ Kraftlinien/cm², hiebei AW = 17 pro 1 cm

$$17 \,.\, 60 = 1020.$$

$$\text{Magnetisierungsstrom } I_{\mu i} = \frac{1020}{\sqrt{2} \,.\, 3550} = 0{\cdot}203 \text{ A.}$$

Für jede äußere Säule rechnen wir als Kraftlinienweg, die Säulenhöhe und zweimal halbe Jochlänge, das ist 60 cm + 2 × 30·9 cm.

Gesamte Amperewindungen

$$
\begin{array}{lr}
17 \;\; . \, 60 & = 1020 \\
4{\cdot}5 \,.\, 61{\cdot}8 & = \;\; 278 \\
\hline
 & 1298
\end{array}
$$

$$\text{Magnetisierungsstrom } I_{\mu a} = \frac{1298}{\sqrt{2} \,.\, 3550} = 0{\cdot}259.$$

Der Magnetisierungsstrom der äußeren Säule ist in unserem Falle um 28 % größer als der der inneren Säule.

Es können Fälle vorkommen, bei welchen der äußere Magnetisierungsstrom sogar bis 50 % größer ist als jener der inneren Säule, und zwar bei Transformatoren, bei denen der Säulenquerschnitt gleich ist dem Jochquerschnitte und ferner das Verhältnis Säuleneisenlänge durch Jocheisenlänge ein kleineres ist als in unserem Falle (1·45).

Praktisch kommt dieser Trennung natürlich nur wenig Bedeutung zu. Der mittlere Magnetisierungsstrom berechnet sich demnach zu

$$\frac{0{\cdot}259 + 0{\cdot}203 + 0{\cdot}259}{3} = 0{\cdot}24 \text{ A.},$$

dasselbe Resultat, das wir schon vorhin gefunden haben.

Wenn schon die Berechnung der Eisenverluste an und für sich ungenau ist, so ist es die Berechnung des Leerlaufstromes in noch höherem Maße.

Erwärmung der Wicklungen.

1. Niederspannungswicklung.

Der innere Durchmesser beträgt 148 mm, die äußere 170 mm, die Höhe 540 mm.

Als Kühlfläche rechnen wir die beiden Mantelflächen nicht als voll wirksam, da sie durch die Leisten zur Abstützung vom Eisenkern einerseits und vom Isolationszylinder andererseits zum Teile bedeckt sind.

Wir rechnen genügend sicher, wenn wir 75% als wärmeabführend annehmen, erhalten also

$$\begin{aligned} 0{\cdot}75 \,.\, 3 \,.\, 3{\cdot}14 \,.\, 14{\cdot}8 \,.\, 54 &= 5650 \text{ cm}^2 \\ 0{\cdot}75 \,.\, 3 \,.\, 3{\cdot}14 \,.\, 17 \quad .\, 54 &= 6500 \quad " \\ \hline \text{Zusammen } & 12150 \text{ cm}^2 \end{aligned}$$

wirksame Fläche und es ergibt sich das Verhältnis Watt/dm² mit

$$\frac{1000}{121{\cdot}5} = 8{\cdot}25 = c_1.$$

Die Dicke der Umspinnung δ ist einseitig 0·3 mm, die Wärmeleitfähigkeit der getränkten Isolation λ = sei 0·02 Watt/°C . dm, die Wärmemitnahmeziffer für Öl $k\ddot{o}$ = 0·75 Watt/dm² × °C bei einer Temperaturdifferenz von etwa 15°C zwischen Spule und Ölschichte.

Somit ist der Temperaturanstieg durch Widerstandsmessung vom Öl zum Kupfer $\frac{\text{Watt}}{\text{dm}^2}\left(\frac{\delta}{\lambda} + \frac{1}{k\ddot{o}}\right) = 8{\cdot}25\left(\frac{0{\cdot}3}{2} + \frac{1}{0{\cdot}75}\right) \cong 12^\circ \text{C} = t_{1m}.$

Die Stirnflächen der Wicklung vernachlässigen wir, da sie durch eine kurzschlußsichere Abstützung vollkommen verdeckt sind.

Wir haben es in unserem Falle mit einer Wicklung von 2 Lagen zu tun, die Wärmeabfuhr erfolgt von der wärmsten Schichte, der 0·2 mm starken Papierzwischenlage, nach beiden Seiten hin gleichmäßig.

Die höchste Kupfertemperatur ist hier gleich jener durch die Widerstandszunahme bestimmten.

2. Oberspannungswicklung.

Innerer Durchmesser der Wicklung 190 mm, äußerer 235 mm, Höhe der Wicklung $4 \times 18 + 12 \times 28 + 2 \times 9$, das sind 426 mm.

Die innere Mantelfläche der Spulen rechnen wir wieder nur zu 75% wärmeabführend, da die Papiereinlagen zur Abstützung ein Viertel der Fläche bedecken.

Wir haben 8 Ölkanäle zu 5 mm angeordnet, somit gibt es 16 Stirnflächen, die wir aber ebenfalls nur mit 75% bei der Berechnung der Wärmeabfuhr einsetzen dürfen. Die übrigen 25% bedecken die Papierzwischenlagen zwischen den einzelnen Spulengruppen.

Innere Mantelfläche

$$3 \times 0{\cdot}75 \,.\, 3{\cdot}14 \,.\, 19 \,.\, 42{\cdot}6 = 5700 \text{ cm}^2.$$

Äußere Mantelfläche

$$3 \times 3{\cdot}14 \,.\, 23{\cdot}5 \,.\, 42{\cdot}6 = 9440 \text{ cm}^2.$$

Stirnflächen

$$3 \times 0{\cdot}75 \times 16 \,.\, 66{\cdot}7 \,.\, 2{\cdot}25 = 5400 \text{ cm}^2.$$

Insgesamt 20 540 cm².

$$\frac{\text{Watt}}{\text{dm}^2} = \frac{1230}{205{\cdot}4} = 6{\cdot}0 = c_2.$$

Sämtliche Spulen haben 14 Lagen. Wären die beiden Mantelflächen gleich groß, so könnten wir uns die wärmste Zone der Spule in der Mitte denken.

Da aber die innere Mantelfläche bedeutend kleiner als die äußere ist, rückt naturgemäß die wärmste Zone nach der inneren Mantelfläche, d. h. der Temperaturanstieg vom kühlenden Öl zur Oberfläche muß größer werden.

Wir rechnen daher nicht mit sieben Lagen, sondern mit $\frac{9440}{5700} \times 7 =$ $= 11{\cdot}6 \sim 12$ Lagen. Der Isolationszuwachs des Runddrahtes für normale Spulen beträgt 0·4 mm, jener für die Eingangsspulen 0·5 mm. Der Sicherheit halber rechnen wir mit 0·5 mm $= \delta_2$.

Als Wärmleitfähigkeit λ der getränkten Papierisolation mit einmaliger Baumwollumspinnung setzen wir wieder 0·02 Watt/°C × dm. Wärmemitnahmeziffer $k\ddot{o} = 0{\cdot}75$ Watt/dm² °C, Lagenzahl $n_2 = 12$.

Mittlerer Temperaturanstieg

$$t_{m_2} = c_2 \left\{ \frac{1}{\lambda} \left(\frac{n_2}{3} \,.\, \delta_2 + \frac{\delta_2}{2} \right) + \frac{1}{k\ddot{o}} \right\} = 6 \left\{ \frac{1}{2} \left(\frac{12}{3} \,.\, 0{\cdot}5 + 0{\cdot}25 \right) + 1{\cdot}33 \right\} =$$
$$= 14{\cdot}7 \sim 15^\circ \text{ C}.$$

Es soll nun der mittlere Temperaturanstieg nach einer anderen Methode berechnet werden, und zwar wollen wir die Eingangsspulen und die normalen Spulen sowie auch die Abzapfspulen getrennt untersuchen. Wir betrachten die Spulen im Schnitt.

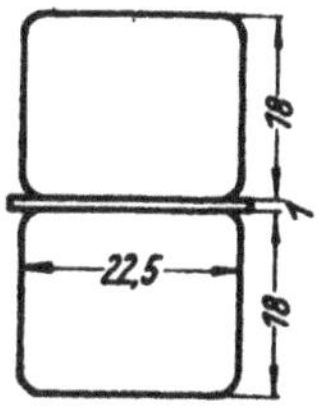

Fig. 68

Die Eingangsspulen haben folgenden Querschnitt:

Jede Halbspule 13 Lagen à 10 Windungen, 1 Lage à 8 Windungen, somit werden 276 Drähte geschnitten.

Die Fläche dieser Drähte ist $276 \times 1{\cdot}038 = 286 \text{ mm}^2 = Q$.

Nach dem vorhin Gesagten rechnen wir als wärmeabführenden Umfang:

$$\begin{aligned} 0{\cdot}75\ (2 \times 22{\cdot}5) &= 34 \text{ mm} \\ 2 \times 18 &= 36\ \text{„} \\ 0{\cdot}75\ (2 \times 18) &= 27\ \text{„} \\ \hline &\ 97 \text{ mm} \end{aligned}$$

$$\tau = \frac{\text{Spulenumfang } U}{\text{Leiterquerschnitt } Q} = \frac{97}{286} = 0{\cdot}34.$$

$$\frac{\text{Watt}}{\text{dm}^2} = c_2 = \frac{10 \,.\, \sigma \,.\, s_2^2}{\tau},$$

worin σ spezifischer Widerstand in warmen Zustande $= 0{\cdot}021$, und s_2 Stromdichte in (Amp./mm²) bedeuten.

$$c_2 = \frac{10 \,.\, 0{\cdot}021 \,.\, 2{\cdot}8^2}{0{\cdot}34} = 4{\cdot}8\ \frac{\text{Watt}}{\text{dm}^2}.$$

Es ist dann der mittlere Temperaturanstieg der Eingangsspulen

$$t_m = c_2 \left\{ \frac{1}{\lambda} \left(\frac{n_2}{3}\, \delta_2 + \frac{\delta_2}{2} \right) + \frac{1}{k\ddot{o}} \right\} = 4{\cdot}8 \left\{ \frac{1}{2} \left(\frac{12}{3} \,.\, 0{\cdot}5 + 0{\cdot}25 \right) + 1{\cdot}33 \right\} =$$

$$= 10{\cdot}8 \sim 11^0\,\text{C}.$$

Der Querschnitt der Normalspulen ist folgender: Jede Halbspule hat 14 Lagen zu 17 Windungen; es werden also im Schnitte 476 Drähte mit einer Fläche von $476 \times 1{\cdot}038 = 493$ mm² erscheinen.

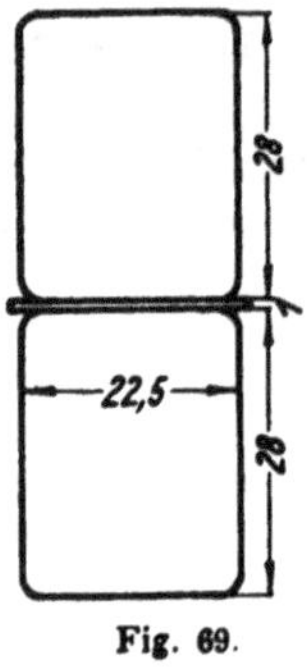

Fig. 69.

Der wärmeabführende Umfang

$$\begin{aligned} 0{\cdot}75 \times (2 \times 22{\cdot}5) &= 34 \text{ mm} \\ 2 \times 28 &= 56\ \text{„} \\ 0{\cdot}75 \times (2 \times 28) &= 42\ \text{„} \\ \hline \text{Zusammen}\ &\ 132 \text{ mm} \end{aligned}$$

$$\tau = \frac{132}{493} = 0{\cdot}268.$$

$$\frac{\text{Watt}}{\text{dm}^2} = c_2 = \frac{10 \,.\, \sigma \,.\, s_2^2}{\tau} = \frac{10 \,.\, 0{\cdot}021 \,.\, 2{\cdot}8^2}{0{\cdot}268} \cong 6{\cdot}2$$

und der mittlere Temperaturanstieg

$$t_m = 6{\cdot}2 \left\{ \frac{1}{2} \left(\frac{12}{3} \,.\, 0{\cdot}4 + 0{\cdot}2 \right) + 1{\cdot}33 \right\} = 13{\cdot}8 \sim 14^0\ \text{C}.$$

Der besondere Vorteil dieser Berechnungsart liegt eben darin, daß jedes Glied der Wicklung für sich betrachtet werden kann, und es stellt sich in unserem Falle heraus, daß der mittlere Temperaturanstieg der Eingangsspulen um 3° C niedriger ist als jener der normalen Spulen, gewiß kein Nachteil für die stärker beanspruchten Eingangsspulen.

Wir werden später nach Berechnung des Ölgefäßes sehen, daß die oberen Eingangsspulen außerdem in einer etwas wärmeren Ölschichte sich befinden als die mittleren Normalspulen, es ist also der niedrigere Temperaturanstieg der verstärkt isolierten Spulen noch einmal gerechtfertigt.

Der höchste Temperaturanstieg bei diesen Oberspannungsspulen mit mehreren Lagen wird erfahrungsgemäß um etwa 50 % höher sein als der mittlere, wir werden also bei den normalen Spulen mit einem höchsten Temperaturanstiege Öl zu Kupfer von 21° C zu rechnen haben.

Nach den Regeln für die Bewertung und Prüfung von Transformatoren (R. E. T. 1923) des V. D. E. ist für Wicklungen, isoliert durch Papier oder Baumwolle in Öl, eine Grenztemperatur von 105° C zulässig.

Wir werden im Interesse einer langen Lebensdauer des Transformators diese Grenztemperatur auf den höchsten Temperaturanstieg beziehen und nicht auf den mittleren, durch Widerstandsmessung bestimmten.

Bei einer Temperatur der Luft von 35° C darf in unserem Falle die mittlere Ölübertemperatur höchstens 49° C betragen.

Es soll auch an dieser Stelle betont werden, daß die Ölgrenztemperatur von 95° C nicht als Maßstab für etwa zulässige Überlastung angesehen werden darf.

Bei einer niedrigeren Kühlmitteltemperatur als maximal zugelassen, kann und darf die Belastung nicht soweit gesteigert werden, bis die Ölgrenztemperatur erreicht ist.

Die Wicklungen weisen gegenüber dem Öl Temperaturdifferenzen auf, die im quadratischen Verhältnisse mit der Überlastung steigen.

Im folgenden sei der Verlauf der Übertemperatur in den normalen Spulen gezeigt.

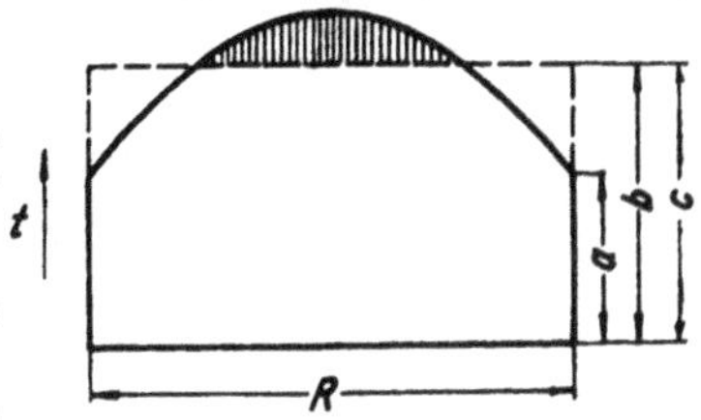

Fig. 70.

R bedeutet die radiale Spulenhöhe, t die örtliche Übertemperatur entlang der radialen Spulenhöhe.

t_a ist die Übertemperatur der äußersten Drahtschichte über dem Kühlmittel,

t_b die mittlere Übertemperatur aller Leiter über die des Kühlmittels.

t_c die höchste Übertemperatur im Spuleninnern über dem Kühlmittel.

Die höchste Übertemperatur t_c liegt nicht viel höher als die mittlere Übertemperatur t_b und die Spule ist dadurch gut ausgenützt und von langer Lebensdauer.

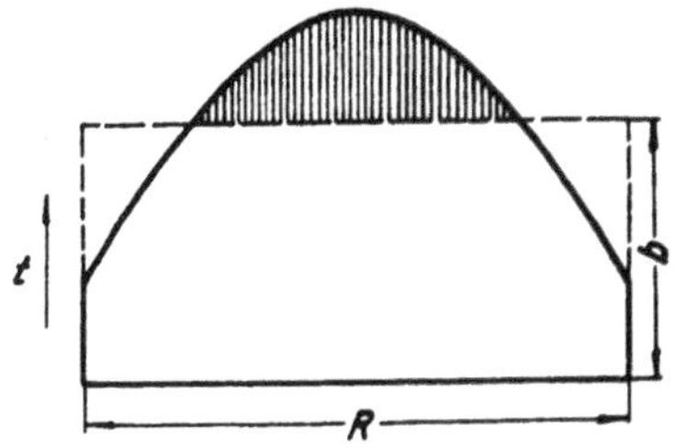

Fig. 71.

Dies wird erreicht, indem wir die radiale Spulenhöhe im Vergleich zur axialen klein gemacht haben und der Wärmestrom nur wenige Isolationsschichten zu durchqueren hat.

Eine schlecht dimensionierte Spule von vielen Leiterlagen in radialer Höhe würde ungefähr das folgende Bild geben:

Wenn auch die mittlere Übertemperatur gleich jener einer richtig dimensionierten Spule ist, so ist die Wicklung dennoch nicht so dauerhaft, weil die höchste Übertemperatur weit höher ist als im vorhergehenden Falle.

Berechnung des Ölkessels.

Der Ölkessel muß so bemessen werden, daß er die gesamte Wärme von 700 Watt Eisenverlusten plus 2300 Watt Kupferverlusten, zusammen 3000 Watt, abführen kann, ohne daß die Wicklung die vorgeschriebene Grenzerwärmung überschreitet.

Eigentlich muß der Ölkessel für 3300 Watt berechnet werden, da sowohl Eisen- wie Wicklungsverluste um 10% überschritten werden dürfen.

Es kann immerhin vorkommen, daß das vorgeschriebene Blechgewicht in der Werkstätte nicht eingehalten wird oder der verwendete Runddraht ist statt 1·15 mm etwa nur 1·12 mm, so daß sowohl Eisen- als auch Kupferverluste von ihren Mittelwerten der oberen Grenze zustreben.

Wir haben es bei einer Leistung von 100 K. V. A. bereits mit einem Wellblechkessel zu tun, und zwar mit Wellen an allen vier Seiten.

Der äußere Durchmesser der Oberspannungswicklung ist 235 mm und rücken wir mit Rücksicht auf die Prüfspannung von 50 000 Volt (Oberspannungswicklung gegen Niederspannungswicklung und Eisen) 57·5 mm auf jeder Seite mit dem Wellblech hinaus, so erhalten wir eine innere Kesselweite von 350 mm. Die innere Kessellänge ergibt sich auf dieselbe Weise mit 850 mm. Als Wellenprofil verwenden wir 30 × 50 mm, d. h. 30 mm Wellenmittenabstand und 50 mm Wellenhöhe.

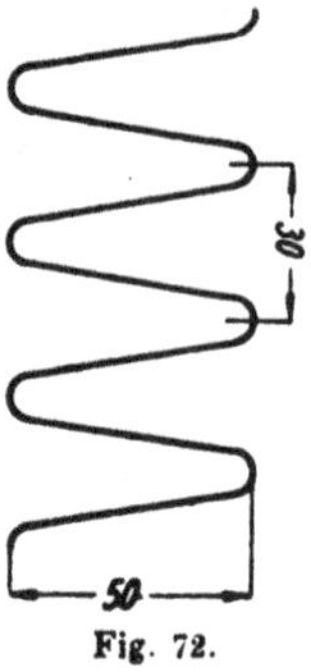

Fig. 72.

Der Krümmungskreis der Welle sei 4 mm.

Das Verhältnis Umfang der Welle durch Mittenabstand ist in unserem Falle 3·67. An den Längsseiten nehmen wir je 24 Wellen, an den Schmalseiten je 10 Wellen an.

Die Höhe des Wellbleches sei 1550 mm, wovon wir aber nur 1400 mm bei der Berechnung der Kastenwandübertemperatur einsetzen werden, eine Annahme, die noch am Schlusse dieses Kapitels begründet werden soll.

Wir subtrahieren von 1500 mm eine Jochhöhe und runden noch nach unten ab.

Für die Wärmeausstrahlung kommt eine Fläche von $(2 \times 85 + 2 \times 35 + 8 \times 5) \times 140 = 38\,200$ cm² in Betracht.

Wir müssen nämlich außer der innern Kesselbreite und Kessellänge auch noch die acht freien Endflächen der Wellen von 5 cm Breite berücksichtigen.

Für die Wärmemitnahme können wir die gesamte gewellte Oberfläche zu $(68 \times 3 \times 3{\cdot}67) \times 140 = 105\,000$ cm² einsetzen.

$$F_g = 3{\cdot}82 \text{ m}^2 \text{ und } F_w = 10{\cdot}5 \text{ m}^2.$$

Temperaturanstieg an der Kastenwand im Mittel

$$t_k = \frac{\text{Verluste in Watt}}{F_g \times c + F_w \, . \, k} \, {}^{0}\mathrm{C}$$

Für einen mittleren Temperaturanstieg von 30°C ist nach Küchler, E. T. Z. 1923, Heft 3, die Strahlungsziffer $c = 5{\cdot}7$, die Konvektionsziffer $k = 6{\cdot}0$.

In unserem Falle erhalten wir also:

$$t_k = \frac{3000}{3{\cdot}82 \times 5{\cdot}7 + 10{\cdot}5 \times 6} = 35{\cdot}5^{0}\mathrm{C}$$

Temperaturanstieg an der äußeren Kastenwand.

Wir müssen nun noch den mittleren Temperatursprung zwischen Öl und Kastenwand berechnen, und wenn wir diesen zur Wandübertemperatur addieren, so erhalten wir die mittlere Ölübertemperatur.

Analog der Berechnung des Temperaturanstieges von Öl zur Wicklungsoberfläche müssen wir auch hier von dem Verhältnisse Watt/dm² ausgehen.

Dies ergibt sich zu $\frac{3000 \text{ Watt}}{1050 \text{ dm}^2} = 2{\cdot}86$, bezeichnet mit c_w.

Die Stärke des Wellbleches sei $1{\cdot}5 \text{ mm} = \delta_w$.

Die Wärmeleitfähigkeit des Eisenbleches $\lambda_w = 6$ Watt/°C × dm, Wärmemitnahmeziffer $k\ddot{o} = 0{\cdot}57$ Watt/dm² °C, angenommen eine Temperaturdifferenz Öl an der inneren Kastenwand und äußeren Wand zu 5°C.

Wir können dann wieder schreiben:

$$t_w = c_w \left\{ \frac{\delta_w}{\lambda_w} + \frac{1}{k\ddot{o}} \right\} = 2{\cdot}86 \left(\frac{0{\cdot}015}{6} + \frac{1}{0{\cdot}57} \right).$$

Das Glied $\frac{\delta_w}{\lambda_w}$ können wir ohne weiteres vernachlässigen und erhalten

$$t_w = \frac{2{\cdot}86}{0{\cdot}57} = 5^{0}\mathrm{C}.$$

Die mittlere Öltemperatur ist demnach

$$t_{m\ddot{o}} = t_k + t_w = 35{\cdot}5 + 5 = 40{\cdot}5^{0}\mathrm{C}.$$

Die maximale Ölübertemperatur $t_{m\ddot{o}\,max.}$ kann durch die Erfahrungsregel $t_{m\ddot{o}\,max.} = t_{m\ddot{o}} \left(1 + \frac{0{\cdot}4}{x}\right)$ bestimmt werden, worin x das Verhältnis wirksame Kastenhöhe durch Schenkellänge ist.

In unserem Falle ist

$$x = \frac{1{\cdot}4}{0{\cdot}6} \cong 2{\cdot}33 \qquad t_{m\ddot{o}\,max.} = 40{\cdot}5 \left(1 + \frac{0{\cdot}4}{2{\cdot}33}\right) \cong 48^{0}\mathrm{C}.$$

Gemäß den Vorschriften darf die Grenzerwärmung des Öles in der obersten Schichte 60°C betragen, wir sehen also, daß unser Transformator mehr als genügend Kühlfläche besitzt, ein Umstand, der ihm bei etwaigen Überlastungen zugute kommen wird.

Addieren wir zur mittleren Ölübertemperatur den mittleren Temperaturanstieg der Oberspannungsspulen, so erhalten wir die Übertemperatur durch Widerstandsmessung: $40{\cdot}5 + 15 = 51{\cdot}5^{0}$ C.

Zu diesen noch $50\,^{0}/_{0}$ von 15^{0} C, also $7{\cdot}5^{0}$ hinzugerechnet, gibt die höchste Kupferübertemperatur, also 59^{0} C.

Die maximale Temperatur der umgebenden Luft ist 35^{0} C nach den Vorschriften des V. D. E., somit erhalten wir als Höchsttemperatur der Wicklung 94^{0} C, während in den Vorschriften für Isolation aus Baumwolle oder Papier 105^{0} C zulässig sind.

Der Transformator wird also sogar kurzzeitige Überlastungen anschließend an Vollastbetrieb ohne Schädigung der Isolation aushalten.

Die mittlere Kupferübertemperatur der Niederspannungswicklung ist $40{\cdot}5 + 12 = 52{\cdot}5^{0}$ C, und da diese Wicklung nur aus zwei Lagen besteht, welche ausreichend gekühlt sind, so ist in diesem Falle die mittlere Kupferübertemperatur gleichzeitig auch die höchste.

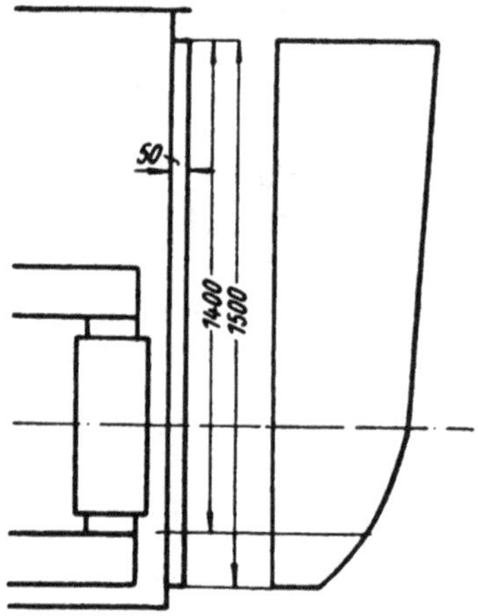

Fig. 73.

Wir wollen uns nun noch den Verlauf der Kastenwand-Übertemperaturen ansehen und begründen, warum wir anstatt der Wellblechhöhe 1550 mm nur 1400 in die Wärmerechnung eingesetzt haben.

Als mittlere Übertemperaturen bezeichnen wir jene, die in der Säulenmitte, bzw. Mitte der Wicklung gemessen werden.

Im Vergleich zur Wärmeerzeugung der Wicklungen und der Säulen ist die Wärmelieferung des unteren Joches gering, die Wärmezirkulation unter diesem ist außerdem klein, so daß die Übertemperatur der Wand von der Höhe der Unterkante der Wicklung nach unten rasch abnimmt und am Boden fast verschwindet.

Aus diesem Grunde rechneten wir nicht mit der Wellblechhöhe 1550 mm, sondern nur mit 1400 mm.

Rechnen wir nicht mit 3000 Watt Gesamtverlusten, sondern $+ 10\,^{0}/_{0}$ mit 3300 Watt, so erhöhen sich sämtliche Übertemperaturen um $10\,^{0}/_{0}$.

Da bei Transformatoren mit Ölkonservator der Deckel auch Wärme abführt, wir aber diese Wärmeabfuhr nicht berücksichtigt haben, so können wir wohl ohne Sorge mit 3000 Watt Gesamtverlusten rechnen.

Berechnung des Transformatorengewichtes.

Es wird für den Konstrukteur des Transformators gewiß von Interesse sein, seine Konstruktion mit der führender Konkurrenzfirmen auch in bezug auf Gewicht zu vergleichen. Natürlich ist rechnerisch die Bestimmung des Gesamtgewichtes nur annähernd möglich und man kann sich mit einem Fehler $\pm$ 5 bis 8% zufrieden geben.

Wir verwenden 247 kg Blech, das wir mit Isolation auf 250 kg aufrunden wollen.

Das Gewicht des Kupfers für die Niederspannungswicklung ist 59·5 kg, für Umspinnung, bzw. Isolation 10%, für die Ausführungen und Verbindungen zirka 4 kg hinzugerechnet gibt 70 kg.

Das Kupfer der Hochspannungswicklung wiegt 68 kg, für Isolation 10% gerechnet, zusammen 75 kg. An Schrauben und Eisenteilen rechnen wir reichlich mit 40 kg, Holz — Rotbuche in Öl gekocht — 20 kg, Isolationszylinder, Papierzwischenlagen und Papierrohre sowie Lack 10 kg.

Der Ölkessel einschließlich Deckel und Konservator sei 145 kg schwer, das Gewicht des Umschalters sei mit 5 kg angenommen, das der drei Hochspannungsisolatoren und der 4 Niederspannungsisolatoren mit 25 kg.

Somit ergibt sich das Gesamtgewicht des Transformators ohne Öl zu 640 kg.

Der Ölinhalt der Wellen ist ungefähr $0{\cdot}3 \times 0{\cdot}5 \times 15{\cdot}5 \times 34 = 80$ dm³, der Ölkessel von 1650 mm Höhe faßt $3{\cdot}5 \times 8{\cdot}5 \times 16{\cdot}5 = 490$ dm³ Öl. Für das Blech samt Isolation wollen wir 45 dm³, für Kupfer, Isolierrohre, Papiere, Lack usw. 35 dm³, für Holz 20 dm³, für Isolatoren und Umschalter etwa 5 dm³ rechnen, das sind zusammen 105 dm³. Diese müssen wir von $80 + 490 = 570$ dm³ subtrahieren und bekommen so 465 dm³ oder Liter Öl. Das spezifische Gewicht des Öles mit 0·9 angenommen, benötigen wir zur Füllung des Transformators 420 kg Öl.

Für den Ölkonservator nehmen wir nicht ganz 10% des Ölbedarfes für den Ölkessel, also etwa 35 kg an. Es ergibt sich somit insgesamt ein Ölgewicht von 455 kg.

Der gefüllte Transformator wiegt also 1095 kg.

Nach den vorhin angeführten Teilgewichten kann natürlich der Preis des gesamten Materiales bestimmt werden, wobei allerdings die einzelnen Abfälle berücksichtigt werden müssen. Diese Angelegenheit fällt jedoch größtenteils in das Arbeitsgebiet des Vorkalkulators.

Zeitkonstante und Überlastbarkeit.

Unter Zeitkonstante Z_t des Transformators verstehen wir die Zeit, nach deren Verlauf der Transformator die maximale Temperatur des Dauerbetriebes erreichen würde, wenn er von jeder Wärmeabfuhr abgeschnitten wäre.

Die Zeitkonstante Z_t ist gleich

$$\frac{\Sigma (Z . G . T) . 10^3}{0\cdot24 . 3600 . W_a} \text{ Stunden,}$$

worin bedeuten Z spezifische Wärmekoeffizienten, G Gewichte der verschiedenen Materialien in kg, T mittlere, zugelassene Übertemperaturen der verschiedenen Materialien °C, W_a Verluste in Watt.

Für Kupfer sind $Z_{cu} = 0\cdot094$ und $T_{cu} = 70°$ C.

Für das Kernblech $Z_{ei} = 0\cdot115$ und $T_{ei} = 70°$ C, schließlich für Öl $Z_ö = 0\cdot4$ und $T_ö = 60°$ C.

Die Gewichte der einzelnen Materialien sind:

$G_{cu} = 145$ kg (samt Isolation)
$G_{ei} = 250$ „ („ „)
$G_ö = 420$ „ (ohne Konservator).

Die Zeitkonstante des Transformators

$$Z_t = \frac{(Z_{cu} G_{cu} . T_{cu} + Z_{ei} G_{ei} T_{ei} + Z_ö G_ö . T_ö \quad) 10^3}{0\cdot24 . 3600 . W_a}.$$

W_a in unserem Falle $= 3000$ Watt.

$$Z_t = \frac{(0\cdot094 . 145 . 70 + 0\cdot115 . 250 . 70 + 0\cdot4 . 420 . 60) 10^3}{0\cdot24 . 3600 . 3000} = 5\cdot1 \text{ Stunden.}$$

Nun wollen wir die Zeit berechnen, durch welche der Transformator anschließend an Vollastbetrieb um 25 % überlastet werden darf.

Kupferverluste bei Vollast 2300 Watt, bei 1·25%iger Überlastung $1\cdot25^2 \times 2300 \doteq 3600$ Watt.

Erwärmung des Öles bei Vollast $t_1 = 40\cdot5$ (mittlere Erwärmung), mittleres Temperaturgefälle von der Wicklung zum Öl bei Normallast 14° C, bei 25% Überlast $14 \frac{3600}{2300} = 22°$ C.

Wir nehmen an, daß die Ölübertemperatur im Verhältnisse der Verluste steigt, sie beträgt daher

$$40\cdot5 \frac{700 + 3600}{700 + 2300} = 58° \text{ C} = T.$$

Erwärmung der Wicklung 70° C, es darf daher die Ölerwärmung nur $70 - 22 = 48°$ C betragen $= t_2$.

Zeit der zulässigen Überlastung

$$= 2\cdot3 . Z_t \log \frac{T - t_1}{T - t_2} = 11\cdot7 \log \frac{T - t_1}{T - t_2} =$$

$$= 11\cdot7 \log \frac{58 - 40\cdot5}{58 - 48} = 11\cdot7 \log \frac{17\cdot5}{10} = 11\cdot7 \times 0\cdot243 = 2\cdot85 \text{ Stunden,}$$

das heißt der Transformator darf mit 25% anschließend an Vollast (Nennleistung 100 K.V.A) durch 2 Stunden und 50 Minuten überlastet werden.

Wirkungsgrad und Jahreswirkungsgrad.

Die Verluste, die in einem Transformator auftreten, sind:

Leerlaufverluste V_{ei} und Kupferverluste V_{en} in KW.

Bezeichnen wir die Leistung mit N_1 so ist der Wirkungsgrad

$$\eta = \frac{N}{N + V_{ei} + V_{en}},$$ oder in Prozenten mit 100 multipliziert.

Für den Transformator der Hauptreihe 100 KVA. mit Zickzackschaltung sind die Leerlaufverluste $V_{ei} = 700$ Watt, die Kupferverluste 2300 Watt, daher der Wirkungsgrad bei Vollbelastung und $\cos\varphi = 1$ (Frequenz 50) in Prozenten

$$\eta\,^0/_0 = 100 \times \frac{100}{100 + 0{\cdot}7 + 2{\cdot}3} = 100 \times \frac{100}{103} = 97{\cdot}1.$$

Für andere Belastungen, andere Leistungen oder andere Leistungsfaktoren kann der Wirkungsgrad mittels folgender Formel bestimmt werden:

$$\eta\,^0/_0 = 100 - \frac{100\ (V_{ei} + V_{en} \text{ in Kilowatt})}{\text{Kilowattleistung} + (V_{ei} + V_{en} \text{ in Kilowatt})}.$$

Beispiel: Es sei der Wirkungsgrad des früher angeführten Transformators bei halber Belastung und $\cos\varphi = 0{\cdot}7$ zu bestimmen.

Kilowattleistung $100 \times 0{\cdot}5 \times 0{\cdot}7 = 35$,
Eisenverluste $= 0{\cdot}7$ Kilowatt,
Wicklungsverluste $= 0{\cdot}5^2 \times 2{\cdot}3 = 0{\cdot}575$ Kilowatt.

Der Wirkungsgrad daher

$$\eta = 100 - \frac{100\ (0{\cdot}7 + 0{\cdot}575)}{35 + 0{\cdot}7 + 0{\cdot}57} = 100 - \frac{100 \times 1{\cdot}275}{35 + 1{\cdot}275} = 100 - \frac{127{\cdot}5}{36{\cdot}275} =$$
$$= 100 - 3{\cdot}51 = 96{\cdot}49\,^0/_0.$$

Der größte Wirkungsgrad tritt nicht bei Vollbelastung auf, sondern bei jener Belastung, bei welcher die Wicklungsverluste gleich den Eisenverlusten sind.

Oft werden vom Besteller eines Transformators die Wirkungsgrade bei Vollbelastung, Dreiviertel- und halber Belastung und $\cos\varphi = 1$, sowie entweder $\cos\varphi = 0{\cdot}8$ oder $\cos\varphi = 0{\cdot}7$ verlangt.

Außer dem Wirkungsgrad des Transformators ist noch der sogenannte Jahreswirkungsgrad von Interesse, und zwar bei solchen Transformatoren, welche nur kurze Zeit voll belastet sind und lange Zeit leer laufen.

Der Jahreswirkungsgrad ist das Verhältnis der jährlich sekundär abgegebenen zu der jährlich primär zugeführten Arbeit.

Läuft der Transformator jährlich h Stunden voll belastet, die übrige Zeit leer, so ist der Jahreswirkungsgrad:

$$\eta_j = \frac{N}{N + V_{em} + V_{ei} + \frac{8760}{h}}.$$

h sei bei dem angeführten Transformator 1000 Stunden, so ist

$$\eta_j = \frac{100}{100 + 2{\cdot}3 + 0{\cdot}7 \cdot \frac{8760}{1000}} = 0{\cdot}922 \text{ oder } 92{\cdot}2\,\%.$$

Spannungsänderung.

Diese beträgt beim 100-K.-V.-A.-Transformator und bei 2300 Watt Wicklungsverlusten sowie induktionsfreier Belastung

$$100 \,.\, \frac{2300}{100\,000} = 2{\cdot}3\,\%,$$

und zwar für die Frequenz 50 und betriebswarmen Zustand.

Für andere Belastungen und bei gleicher Frequenz ist die Spannungsänderung proportional der Belastung.

Es sei:

e_φ induktive Spannungsänderung bei dem Leistungsfaktor $\cos\varphi$.
e_Δ Spannungsänderung bei induktionsfreier Belastung.
e_s = Streuspannung.
e_k = Kurzschlußspannung.

Es soll die induktive Spannungsänderung bei $\cos\varphi = 0{\cdot}8$ berechnet werden.

$e_\varphi = e_\Delta \cos\varphi + e_s \sin\varphi$ in Prozenten, wobei $e_s = \sqrt{e_k^2 - e_\Delta^2}$ in Prozenten.

$$\cos\varphi = 0{\cdot}8, \qquad \sin\varphi = 0{\cdot}6.$$

$$e_\Delta = 2{\cdot}3\,\%, \qquad e_s = 3{\cdot}32\,\%, \qquad e_k = 4{\cdot}05\,\%.$$

$$e_\varphi = 2{\cdot}3 \cos\varphi + 3{\cdot}32 \sin\varphi = 2{\cdot}3 \,.\, 0{\cdot}8 + 3{\cdot}32 \,.\, 0{\cdot}6 = 3{\cdot}83\,\%.$$

Eine weitere Formel für e_φ ist:

$$e_\varphi = \sqrt{e_k^2 - e_\Delta^2} \,.\, \sqrt{1 - \cos^2\varphi} + e_\Delta \cos\varphi.$$

Anormale Frequenz.

Die angegebene Leistung gilt für die normale Frequenz 50.

Bei anormalen Frequenzen sind die Leistungen ungefähr die folgenden:

Anormale Frequenz:	Leistung:
60	110 K. A. V.
45	95 „
42	90 „
40	85 „

Leerlaufsenergie Wicklungsverluste sowie Erwärmung ändern sich bei den obigen anormalen Frequenzen nicht.

m bedeutet den in obiger Tabelle angegebenen Prozentsatz, f_a die anormale Frequenz.

Die Spannungsänderung bei anormaler Frequenz beträgt bei induktionsfreier Belastung ungefähr das $\frac{100}{m}$ fache derjenigen bei Frequenz 50. Rechnen wir mit der anormalen Frequenz 40.

Die Spannungsänderung bei induktionsfreier Vollbelastung ist

$$\sim \frac{100}{85} \cdot 2{\cdot}3 = 2{\cdot}7\,\%.$$

Für die anormale Frequenz 40 ergeben sich dann die Werte:
Leistung 0·85 . 100 = 85 K. V. A.
Höchste Oberspannung 0·85 . 20 000 = 17 000 Volt.
Leerlaufsenergie 0·7 Kilowatt.
Wicklungsverluste 2·3 Kilowatt.

$$\text{Kurzschlußspannung} = e_{ka} = \sqrt{\left(\frac{100}{m}\right)^2 e_\Delta^2 + \left(\frac{2\,f_a}{m}\right)^2 \cdot (e_k^2 - e_\Delta^2)}.$$

Hierin bedeuten: e_Δ die Spannungsänderung bei induktionsfreier Belastung und e_k die Kurzschlußspannung, beide bei normaler Frequenz. $m = 85$, $f_a = 40$, $e_\Delta = 2{\cdot}3$ und $e_k = 4{\cdot}05$.

$$e_{ka} = \sqrt{\left(\frac{100}{85}\right)^2 \times 2{\cdot}3^2 + \left(\frac{80}{85}\right)^2 \left(4{\cdot}05^2 - 2{\cdot}3^2\right)} = 4{\cdot}13\,\%.$$

Der Wirkungsgrad

$$\eta_a = 100 - \frac{100\,(0{\cdot}7 + 2{\cdot}3)}{85 + 0{\cdot}7 + 2{\cdot}3} = 96{\cdot}59\,\%.$$

Einiges über Schaltung und Parallelbetrieb.

Transformatoren bis einschließlich 250 K.V.A. werden fast von allen größeren Firmen entweder in Stern-Sternschaltung oder mit Stern-Zickzackschaltung geliefert.

Größere Transformatoren werden entweder mit Stern-Sternschaltung oder mit Dreieck-Sternschaltung gebaut.

Transformatoren mit Stern-Sternschaltung sind für Betriebe geeignet, in denen entweder der sekundäre Nulleiter nur zu Erdungszwecken benutzt wird oder bei denen keine größere Belastung des Nulleiters als höchstens 10% des normalen Außenleiterstromes bei vollständig gleichmäßig verteilter Belastung in Frage kommt.

Zur Speisung von Verteilungsnetzen mit viertem (neutralem Leiter) eignet sich hingegen Stern-Sternschaltung meistens nicht, es muß dann bei kleineren Transformatoren Stern-Zickzack, bei größeren Dreieck-Sternschaltung angewendet werden. Transformatoren mit Stern-Sternschaltung haben normal Schaltart A_2, in Ausnahmefällen B_2.

Transformatoren mit Stern-Zickzackschaltung werden normal in Schaltart C_3 ausgeführt und endlich Transformatoren mit Dreieck-Sternschaltung normal in Schaltart C_1.

Soll ein Transformator mit Transformatoren anderer Herkunft parallel arbeiten, so müssen bei der Bestellung angegeben werden: Leistung, Kurzschlußspannung im betriebswarmen Zustande, Übersetzungsverhältnis bei Leerlauf und Schaltung der Wicklungen. Letztere ist nach den Normalien des V. D. E. zu bezeichnen.

Sind Transformatoren örtlich vereint, so arbeiten sie nur dann genügend gut parallel, wenn sie gleiches Übersetzungsverhältnis bei Leerlauf haben und wenn deren Kurzschlußspannungen bis auf 10 bis 15% einander gleich sind.

Ist dies nicht der Fall, so müssen vor die Transformatoren mit der geringeren Kurzschlußspannung Drosselspulen vorgeschaltet werden oder es müssen bei den Transformatoren mit den größeren Kurzschlußspannungen die Leistungen verringert werden.

Berechnung eines 50-K.-V.-A.-Drehstrom-Öltransformators der Sonderreihe.

50 Perioden, 20000 Volt Oberspannung, 400/231 Volt Unterspannung, verkettet. Gemäß den Vorschriften des V. D. E. können die Transformatoren der Sonderreihe dauernd um 60% bei verbandsnormaler Erwärmung überlastet werden, um 100% während einiger Wochen im Jahre.

Die 100%ige Überlast beginnt bei einer Öltemperatur, die einem Dauerbetriebe mit der Nennleistung entspricht und wird solange fortgesetzt, bis die Erwärmung nicht mehr steigt, jedoch nicht länger als 12 Stunden.

Die nach den Normalien garantierten Werte sind folgende:

Eisenverluste	430 Watt
Kupferverluste	1000 „
Kurzschlußspannung	3·2%
mit der Toleranz ±	10%.

Zweckmäßig verwenden wir aus fabrikatorischen Gründen den Eisenkern des normalen Transformators 100 K. V. A. der Hauptreihe, ebenso denselben Ölkessel.

Als Blech verwenden wir wieder hochlegiertes mit der Verlustziffer $v_{10} = 1·45$.

Die Induktion in den Säulen sei 11 200 Kraftlinien/cm² und die Induktion in den Jochen ist dann bei einer 20%igen Jochverstärkung 9350 Kraftlinien/cm².

Die entsprechenden Verlustziffern bei dieser Induktion 1·84, bzw. 1·28, und 10% zusätzliche Verluste gerechnet, 2·02, bzw. 1·41 Watt/kg. Die Verluste in den drei Säulen sind dann $2·02 \times 140 = 273$ Watt, in den beiden Jochen $1·41 \times 107 = 151$ Watt, insgesamt 434 Watt.

Windungszahl pro Phase niederspannungsseitig

$$w_1 = \frac{400 \times 10^8}{\sqrt{3} \times 4\cdot44 \times 50 \times 103 \times 14\,000}\, 1\cdot155 = 104 \text{ oder } 2 \times 52.$$

Bei einer Wickelhöhe von 540 mm erhalten wir die Höhe des isolierten Leiters zu $\frac{540}{53} = 10\cdot2$ mm.

(Wir müssen bei einer Spiralwicklung mit $w_1 + 1$ Leiter $= 52 + 1$ rechnen.) Als Leiter wollen wir Profildraht $4\cdot2 \times 9$ mm, zweimal mit Band umwickelt oder zweimal mit Baumwolle umsponnen verwenden, mit einem Gesamtisolationsauftrag von 0·6 mm. Der Querschnitt des angeführten Profiles ist 36·9 mm², und da wir niederspannungsseitig mit 72·2 Amp. bei Nennleistung rechnen, erhalten wir eine spezifische Belastung von 1·96 Amp./mm².

Die Dicke, bzw. radiale Höhe der Niederspannungswicklung ist samt einer 0·2-mm-Papierzwischenlage zwischen den zwei Lagen 10 mm. Als Wickelschablone verwenden wir die des normalen Transformators mit einem Außendurchmeser von 148 mm.

Die mittlere Windungslänge beträgt daher $3\cdot14\,(148 + 10) = 496$ mm, das Kupfergewicht $3 \times 104 \times 4\cdot96 \times 36\cdot9 \times 10^{-4} \times 8\cdot9 = 51$ kg. Der ohmsche Widerstand einer Phase bei 20° C mit Gleichstrom gemessen ist

$$\frac{104 \times 0\cdot496}{56 \times 36\cdot9} = 0\cdot025 \text{ Ohm},$$

bei einer Übertemperatur von zirka 30° C und Wechselstrom 0·028 Ohm. Daraus die Kupferverluste in betriebswarmen Zustande

$$3 \times 0\cdot028 \times 72\cdot2^2 = 440 \text{ Watt},$$

zu welchen wir für zusätzliche Verluste und Verluste in den Ableitungen noch 30 Watt hinzurechnen wollen.

Die gesamten Verluste an den Isolatoren gemessen sind daher 470 Watt.

Wir haben beim normalen Transformator bei einer Leiterdicke von 4·6 mm 1·6 % zusätzliche Verluste durch Wirbelströme berechnet; in unserem Falle ist nun die Leiterbreite 4·2 mm, also der Prozentsatz gewiß nicht höher.

Hochspannungswicklung.

Windungszahl pro Phase für 20 000 Volt Oberspannung

$$w_2 = \frac{\sqrt{3}}{2} \times 50 \times 104 = 4500.$$

Es sollen wieder zwei Anzapfungen für + 4 % und — 4 % vorgesehen werden, es entsprechen daher jeder 180 Windungen, und die gesamte Windungszahl ist mithin 4680.

Für die verstärkten Eingangspulen und die Normalspulen bleiben 4320 Windungen, welche wir wieder wie beim normalen Transformator auf vier verstärkte Spulen und zwölf normale Spulen aufteilen müssen.

Hier sind unter Spulen Halbspulen gemeint und zwei solcher Halbspulen bilden eine Spulengruppe.

Die Abzapfspulen haben 15 Lagen zu sechs Windungen.

Die verstärkten Spulen 15 Lagen zu 12 Windungen und die normalen Spulen 15 Lagen zu 19 Windungen und eine Lage zu 15 Windungen.

Die Anzapfspulen werden wieder in die Mitte der Wicklung verlegt.

Die Anordnung der Oberspannungswicklung:

2 Eingangspulen	15×12
6 Normalspulen	$\begin{cases} 15 \times 19 \\ 1 \times 15 \end{cases}$
4 Abzapfspulen	15×6
6 Normalspulen	$\begin{cases} 15 \times 19 \\ 1 \times 15 \end{cases}$
2 Eingangspulen	$15 \times 12.$

Oberspannungsseitig beträgt die Stromstärke bei Nennleistung 1·445 Amp. Nehmen wir Runddraht 0·95 mm blanken Durchmesser entsprechend 0·709 mm², so erhalten wir eine Belastung von 2·04 Amp./mm².

Als Isolation verwenden wir wieder Papier, einmal mit Baumwolle umsponnen.

Für die Normalspulen genügen zwei Papierlagen mit halber Überdeckung Gesamtauftrag 0·4 mm, für die verstärkten Spulen drei Papierlagen mit einem Gesamtauftrag von 0·5 mm einschließlich Umspinnung.

Der Durchmesser des isolierten Drahtes ist also 1·35, bzw. 1·45 mm.

Die Trennung zwischen Nieder- und Oberspannungswicklung besorgt ein Gummoidzylinder von 4 mm Stärke.

Zwischen Niederspannungswicklung und dem Zylinder ist ein Ölkanal einseitig 4 mm vorgesehen, zwischen Hochvoltwicklung und Zylinder einseitig ein solcher von 3 mm.

Der innere Durchmesser des Gummoidzylinders ist 176 mm, der äußere 184 mm.

Durchmesser der Wickelschablone für die Oberspannungswicklung ist $184 + 6 = 190$ mm.

Radial ist die Höhe der Normalspulen $1{\cdot}35 \times 16 = 21{\cdot}6$, rund 22 mm, die der verstärkten Spulen $1{\cdot}45 \times 15 = 21{\cdot}8$, rund 22 mm.

Mittlere Windungslänge $3{\cdot}14\ (190 + 22) = 666$ mm und das Kupfergewicht $3 \times 4680 \times 6{\cdot}66 \times 0{\cdot}709 \times 10^{-4} \times 8{\cdot}9 = 59$ kg.

Der Widerstand pro Phase bei 20° C und Gleichstrom:

$$\frac{4500 \times 0{\cdot}666}{56 \times 0{\cdot}709} = 76 \text{ Ohm}$$

und bei einer Übertemperatur von 30° C und Wechselstrom zirka 85 Ohm.

Die Kupferverluste $3 \times 85 \times 1{\cdot}445^2 = 530$ Watt. Zu diesen noch die Verluste der Niederspannungswicklung von 470 Watt addiert erhalten wir dann mit 1000 Watt die gesamten Kupferverluste in vollkommener Übereinstimmung mit unserer Annahme.

Nun müssen wir untersuchen, ob die Wicklung den ihr der Höhe nach zugewiesenen Raum nicht überschreitet.

Es sind hoch:

Die verstärkten Spulen:

	$1{\cdot}45 \times 12 =$	17·4 mm
Zuwachs		1·6 „
		19·0 mm

Die Anzapfspulen:

	$1{\cdot}35 \times 6 =$	8·1 mm
Zuwachs		1·4 „
		9·5 mm

Die Normalspulen:

	$1{\cdot}35 \times 19 =$	25·7 mm
Zuwachs		1·8 „
		27·5 mm.

Die Wicklung nimmt also insgesamt eine Höhe ein:

Verstärkte Spulen	$4 \times 19 =$	76 mm
Anzapfspulen	$4 \times 9{\cdot}5 =$	38 „
Normalspulen	$12 \times 27{\cdot}5 =$	330 „
	zusammen	444 mm

Zwischen zwei Halbspulen befindet sich eine Preßspahnscheibe von 1 mm Stärke, zwischen den beiden Anzapfspulengruppen ebenfalls eine solche Scheibe, so daß wir für alle Scheiben 11 mm Höhe rechnen müssen.

Die Ölkanäle zwischen den einzelnen Doppelspulen machen wir wieder 5 mm, es sind acht solcher Kanäle verhanden, wir setzen also für diese 40 mm ein. Für Kriechweg und Abstützung gleich wie beim normalen Transformator $2 \times 50 = 100$ mm.

Somit haben wir

Höhe der Wicklung		444 mm
„ „ Scheiben		11 „
„ „ Kanäle		40 „
„ „ Abstützung		100 „
Spiel		5 „
	Säulenhöhe	600 mm.

Kurzschlußspannung: Phasenspannung 11 550 Volt.

Windungsspannung $e_w = 2{\cdot}57$ Volt.

Mittlere Windungslänge $l_m = \frac{49{\cdot}6 + 66{\cdot}6}{2} = 58{\cdot}1$ cm.

Reduzierter Luftspalt $\Delta = 0{\cdot}9 : 3 + 1{\cdot}95 : 3 + 1{\cdot}2 = 2{\cdot}15$ cm.

Streulinienlänge $s = 55$ cm.

Stromstärke (niederspannungsseitig) $I_n = 72$ Amp.

Windungszahl $w_1 = 104$.

Periodenzahl $f = 50$.

Die Streuspannung

$$E_s = I_n \frac{8 f w_1 . 10^{-6}}{e_w} \frac{l_m \Delta}{s} = 72{\cdot}2 \frac{8 . 50 . 104 . 10^{-6}}{2{\cdot}57} \frac{58{\cdot}1 . 2{\cdot}15}{55} = 2{\cdot}65\,\%.$$

Die Spannungsänderung bei induktionsfreier Vollbelastung ist 2 % und die Kurzschlußspannung daher $\sqrt{2^2 + 2{\cdot}65^2} = 3{\cdot}3\,\%$ gegen 3·2 % in den Normalien.

Es soll nun auch der Leerlaufstrom wieder auf einfache Weise angenähert bestimmt werden.

Aus der Kurve Anhang 1 finden wir für die Induktionen von

11 200 Kraftlinien/cm² 6 AW/cm
9 350 „ „ 3·5 „ „

Als Kraftlinienweg in den Säulen die Säulenhöhe mit 60 cm gerechnet und als jenen in den Jochen ein Drittel der gesamten Jochlänge, etwa 41 cm, so erhalten wir an gesamten Ampere-Windungen:

$$60 \times 6 = 360 \text{ plus } 41 \times 3{\cdot}5 = 144, \text{ d. s. } 504.$$

Daher der Magnetisierungsstrom:

$$I_\mu = \frac{504}{\sqrt{2} . 4500} = 0{\cdot}079 \text{ Amp.}$$

Der Wattstrom zur Deckung der Eisenverluste ist

$$I_h = \frac{430}{20\,000} = 0{\cdot}0215 \text{ Amp.}$$

Der Leerlaufstrom

$$I_0 = \sqrt{I_h^2 + I_\mu^2} = \sqrt{0{\cdot}0215^2 + 0{\cdot}079^2} = 0{\cdot}0815 \text{ Amp. oder } 5.7\,\%$$

des Vollaststromes, bzw. Nennstromes.

Die Messung des Leerlaufstromes im Prüffelde wird indessen wieder einen etwas kleineren Leerlaufstrom ergeben.

(Die Normalien in der tschechoslowakischen Republik schreiben für den berechneten Transformator 5 % Leerlaufstrom vor.)

Erwärmung der Wicklungen.

Niederspannungswicklung.

Der innere Durchmesser der Wicklung ist 148 mm, der äußere 168 mm, die Höhe 540 mm.

Als Kühlfläche rechnen wir die beiden Mantelflächen wegen der zur Abstützung notwendigen Leisten nur zu 75 % und erhalten für dieselbe:

$$0{\cdot}75 \times 3 \times 3{\cdot}14 \times 14{\cdot}8 \times 54 = 5650 \text{ cm}^2$$
$$0{\cdot}75 \times 3 \times 3{\cdot}14 \times 16{\cdot}8 \times 54 = 6400 \text{ „}$$
$$\text{zusammen } 12\,050 \text{ cm}^2.$$

Die Erwärmung bei Nennleistung wollen wir hier erst nicht untersuchen, da sie ja ganz wenige Grade Celsius ergeben würde, sondern gleich jene bei 60 %iger Dauerüberlastung.

Wir haben in diesem Falle $1{\cdot}6^2 \times 470 = 1200$ Watt Verluste in der Wicklung.

Das Verhältnis Watt/dm² ist $\frac{1200}{120{\cdot}5}$ = rund $10 = c_1$.

Die Dicke der Umspinnung ist einseitig $0{\cdot}3\,\mathrm{mm} = \delta$, die Wärmeleitfähigkeit der getränkten Isolation λ sei 0·02 Watt/°C × *dm*, die Konvektionsziffer für Öl $k\ddot{o} = 0{\cdot}75$ Watt/dm² °C, vorausgesetzt eine Temperaturdifferenz von etwa 15° C zwischen Spule und Öl.

Somit ist der Temperaturanstieg (durch Widerstandsmessung bestimmt) vom Öl zur Wicklung

$$c_1\left(\frac{\delta}{\lambda}+\frac{1}{k\ddot{o}}\right) = 10\left(\frac{0{\cdot}3}{2}+\frac{1}{0{\cdot}75}\right) = 14{\cdot}5^\circ\,\mathrm{C}.$$

Bei einer zeitlich beschränkten Überlastung von 100% sind die Kupferverluste $4 \times 470 = 1880$ Watt.

$$c'_1 = \frac{1880}{120{\cdot}5} = 15{\cdot}6\ \frac{\mathrm{Watt}}{\mathrm{dm}^2}$$

und der mittlere Temperaturanstieg daher

$$\frac{15{\cdot}6}{10} \times 14{\cdot}5 \cong 22{\cdot}5^\circ\,\mathrm{C}.$$

Der höchste Temperaturanstieg wird, da wir es mit einer zweilagigen, gut gekühlten Spiralwicklung zu tun haben, wohl gleich dem mittleren angenommen werden können.

Oberspannungswicklung.

Innerer Durchmesser der Wicklung 190 mm, äußerer 234 mm und die Höhe der Wicklung 444 mm.

Die innere Mantelfläche der Spulen sei wieder mit nur 75% als wärmeabführend gerechnet, ebenso die Stirnflächen, die andere restliche Fläche nehmen die Zwischenlagen zur Abstützung ein.

Von der Höhe der Wicklung subtrahieren wir 19 mm (eine Gruppe Anzapfspulen) und erhalten so 425 mm, welche wir bei der Wärmerechnung berücksichtigen werden.

Der innere Umfang der Spulen ist $3{\cdot}14 \times 19 = 59{\cdot}6$ cm, der äußere $3{\cdot}14 \times 23{\cdot}4 = 73{\cdot}8$ cm.

Die inneren drei Mantelflächen demnach: $3 \times 0{\cdot}75 \times 59{\cdot}6 \times 42{\cdot}5 = 5700\ \mathrm{cm}^2$, die äußeren Mantelflächen aller drei Säulen: $3 \times 73{\cdot}8 \times 42{\cdot}5 = 9400\ \mathrm{cm}^2$.

Die Stirnflächen, pro Säule 16, $3 \times 0{\cdot}75 \times 16 \times 66{\cdot}7 \times 2{\cdot}21 = 5400\ \mathrm{cm}^2$.

Für die Wärmeabfuhr kommen somit 20 500 cm² in Betracht.

$$c_2 = \frac{530}{205} = 2{\cdot}48\ \mathrm{Watt/dm}^2.$$

Es soll nun jede Spulengruppe nach der schon beim normalen Transformator angeführten Weise hinsichtlich Erwärmung untersucht werden, wobei wir uns jede Spulengruppe geschnitten denken.

Eingangsspulen:

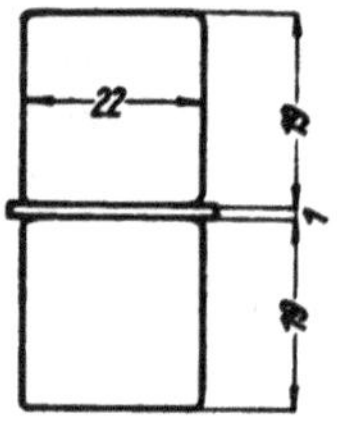

Fig. 74

Zwei Halbspulen zu je 180 Windungen, so daß im Schnitt 360 Drähte erscheinen.

Als wärmeabführender Umfang ergeben sich nach dem vorhin Gesagten:

$0{\cdot}75 \times 44$	$= 34$	mm
2×19	$= 38$	„
$0{\cdot}75\ (2 \times 19)$	$= 28$	„
zusammen	100	mm.

Die Fläche der geschnittenen Drähte ist $0{\cdot}709 \times 360 = 255$ mm².

$$\tau = \frac{\text{Spulenumfang } U}{\text{Gesamtleiterquerschnitt } Q} = \frac{100}{225} = 0{\cdot}445,$$

$c_2 = \dfrac{10 \,.\, \sigma \,.\, s_2^2}{\tau}\ \dfrac{\text{Watt}}{\text{dm}^2}$, worin σ spezifischer Widerstand im warmen Zustande $= 0{\cdot}02$ und s_2 Stromdichte in Amp./mm² bedeuten,

$$c_2 = \frac{10 \,.\, 0{\cdot}02 \,.\, 2{\cdot}04^2}{0{\cdot}445} = 1{\cdot}87\ \frac{\text{Watt}}{\text{dm}^2}.$$

Der Querschnitt einer Normalspule ist folgender:

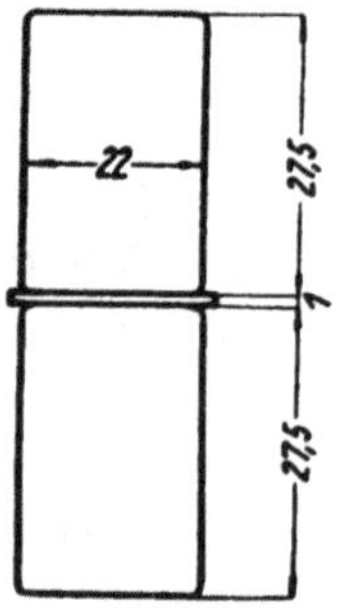

Fig. 75.

Da jede Halbspule 300 Windungen enthält, erscheinen 600 Drähte im Schnitte der Spulengruppe.

$0{\cdot}75 \times 44$	$= 34$	mm
$2 \times 27{\cdot}5$	$= 55$	„
$0{\cdot}75\ (2 \times 27{\cdot}5)$	$= 41$	„
zusammen	130	mm.

Fläche der geschnittenen Drähte $0{\cdot}709 \times 600 = 425$ mm².

$$\tau = \frac{130}{425} = 0{\cdot}305.$$

$$c_2 = \frac{10 \,.\, \delta \,.\, s_2^2}{\tau} = \frac{10 \,.\, 0{\cdot}02 \,.\, 2{\cdot}04^2}{0{\cdot}305} = 2{\cdot}7\ \frac{\text{Watt}}{\text{dm}^2}.$$

Der mittlere Temperaturanstieg der Eingangspulen

$$t_{me} = c_2 \left\{ \frac{1}{\lambda} \left(\frac{n_2}{3} \delta_2 + \frac{\delta_2}{2} \right) + \frac{1}{k\ddot{o}} \right\}.$$

Die Lagenzahl der Eingangspulen ist 15, wir rechnen also ganz besonders sicher, wenn wir in der Formel für $n_2 = 12$ einsetzen, d. h. wir rücken die wärmste Zone von der Mitte gegen die innere Mantelfläche.

$$t_{me} = 1{\cdot}87 \left\{ \frac{1}{2} \left(\frac{12}{3} \times 0{\cdot}5 + 0{\cdot}25 \right) + 1{\cdot}33 \right\} = 4{\cdot}6\,^\circ\text{C, rund } 5\,^\circ\text{C.}$$

Der mittlere Temperaturanstieg der Normalspulen:

$$t_{mn} = 2{\cdot}7 \left\{\frac{1}{2}\left(\frac{12}{3} \times 0{\cdot}4 + 0{\cdot}2\right) + 1{\cdot}33\right\} = 6\,^{\circ}\mathrm{C}.$$

Daraus ist zu ersehen, daß der Temperaturanstieg der Normalspulen größer ist als jener der Eingangspulen, wir werden also bei den verschiedenen Überlastungen den ungünstigeren Fall ins Auge fassen und nur mit den Normalspulen rechnen.

Nun wollen wir bei der 60%igen dauernden Überlast den mittleren Temperaturanstieg berechnen:

Stromdichte $1{\cdot}6 \times 2{\cdot}04 = 3{\cdot}26$ Amp./mm².

$$\frac{\text{Watt}}{\text{dm}^2} = \frac{10 \times 0{\cdot}02 \times 3{\cdot}26^2}{0{\cdot}305} = 6{\cdot}95.$$

Mittlerer Temperaturanstieg $\frac{6{\cdot}95}{2{\cdot}7} \times 6 = 15{\cdot}5\,^{\circ}\mathrm{C}.$

75%ige Überlastung:

Stromdichte $1{\cdot}75 \times 2{\cdot}04 = 3{\cdot}57$ Amp./mm².

$$\frac{\text{Watt}}{\text{dm}^2} = \frac{10 \times 0{\cdot}02 \times 3{\cdot}57^2}{0{\cdot}305} = 8{\cdot}4.$$

Mittlerer Temperaturanstieg $\frac{8{\cdot}4}{2{\cdot}7} \times 6 = 18{\cdot}5\,^{\circ}\mathrm{C}.$

100%ige Überlastung:

Stromdichte $2 \times 2{\cdot}04 = 4{\cdot}08$ Amp./mm².

$$\frac{\text{Watt}}{\text{dm}^2} = \frac{10 \times 0{\cdot}02 \times 4{\cdot}08^2}{0{\cdot}305} = 11.$$

Mittlerer Temperaturanstieg $\frac{11}{2{\cdot}7} \times 6 = 24{\cdot}5\,^{\circ}\mathrm{C}.$

Der mittlere Temperaturanstieg der Normalspulen des 100-K.-V.-A.-Transformators der Hauptreihe betrug 14 °C, wohingegen wir bei 60%iger dauernder Überlastung des Transformators der Sonderreihe 15·5 °C berechneten.

Die Verluste des Normaltransformators in der Oberspannungswicklung sind 1230 Watt, die Verluste des 50-K.-V.-A.-Transformators bei 60%iger Dauerüberlastung $1{\cdot}6^2 \times 530 = 1350$ Watt.

Die Wicklungen der beiden Transformatoren sind in den angeführten Fällen gleich beansprucht, denn

$$\frac{1350}{1230} \times 14^{\circ} \doteq 15{\cdot}5^{\circ}\,\mathrm{C}.$$

Die Vorschrift, daß die 60%ige Belastung als Dauerbelastung bei verbandsnormaler Erwärmung angesehen werden kann, muß auch hinsichtlich der Gesamtverluste begründet sein.

Beim Normaltransformator sind die Gesamtverluste: 700 Watt Eisenverluste + 2300 Watt Kupferverluste = 3000 Watt. Beim überlastbaren Transformator der landwirtschaftlichen Type sind die Eisenverluste 430 Watt. Die Kupferverluste $1{\cdot}6^2 \times 1000 = 2560$ Watt und die Gesamtverluste 2990 Watt.

Eine größere Überlastung als 60% nach Nennlast wird also bereits zeitlich begrenzt sein müssen.

Die Vorschriften des V. D. E. zeigen bei einer 100%igen Überlastung insofern ein Entgegenkommen, indem sie eine um 10° höhere Übertemperatur als normal, also 80° C, zulassen. Dies aber wohl nur aus dem Umstande heraus, daß eine 100%ige Überlastung nur durch einige Stunden des Tages und im Jahre nur 500 Stunden stattfinden darf.

Berechnung des Ölkessels.

Derselbe braucht nicht berechnet werden, da wir für den Transformator der Sonderreihe den Ölkessel des normalen Transformators verwenden.

$$F_g = 3{\cdot}82 \text{ m}^2 \text{ und } F_w = 10{\cdot}5 \text{ m}^2.$$

Für c wollen wir 5·4 und für $k = 5{\cdot}6$ einsetzen ($t_1 - t_2 = 20°$).

Eisenverluste	430 Watt
Kupferverluste	1000 „
Gesamtverluste	1430 Watt.

Temperaturanstieg an der äußeren Kastenwand im Mittel:

$$t_k = \frac{1430}{3{\cdot}82 \times 5{\cdot}4 + 10{\cdot}5 \times 5{\cdot}6} = 18° \text{ C.}$$

$$\frac{\text{Watt}}{\text{dm}^2} = \frac{1430}{1050} = 1{\cdot}36.$$

Anstieg äußere Kastenwand zum Öl

$$t_w = 1{\cdot}36 \times \frac{1}{0{\cdot}54} \doteq 2{\cdot}5° \text{ C.}$$

Mittlere Ölübertemperatur daher $18 + 2{\cdot}5 = 20{\cdot}5°$ C.

Bei einer 60%igen Dauerüberlastung sind die Kupferverluste 2560 Watt und die Gesamtverluste 2990 Watt.

$$t_k = \frac{2990}{3{\cdot}82 \times 5{\cdot}7 + 10{\cdot}5 \times 6} = 35{\cdot}5° \text{ C,}$$

wobei wir natürlich c und k etwas höher als bei Normalbelastung mit Nennleistung einsetzen müssen ($t_1 - t_2 = 30°$).

$$\frac{\text{Watt}}{\text{dm}^2} = \frac{2990}{1050} = 2{\cdot}85.$$

$$t_w = 2{\cdot}85 \frac{1}{0{\cdot}57} = 5^0\,C.$$

$$\underline{t_{m\ddot{o}}} = 35{\cdot}5 + 5 = \underline{40{\cdot}5^0\,C.}$$

Der mittlere Temperaturanstieg der Spule ist 15·5° C, daher die Übertemperatur durch Widerstandsmessung 40·5 + 15·5 = 56° C und die höchste Übertemperatur etwa 64° C.

Nun wollen wir die Verhältnisse bei 100%iger Belastung untersuchen. Die Eisenverluste sind 430 Watt, die Kupferverluste 4000 Watt, somit die Gesamtverluste 4430 Watt.

c sei 6 und $k = 6{\cdot}4$

$$t_k = \frac{4430}{3{\cdot}82 \times 6 + 10{\cdot}5 \times 6{\cdot}4} = 49^0\,C \qquad \frac{\text{Watt}}{\text{dm}^2} = \frac{4430}{1050} = 4{\cdot}2$$

$$t_w = 4{\cdot}2 \times \frac{1}{0{\cdot}57} = 7{\cdot}5^0\,C$$

und die mittlere Ölübertemperatur $t_{\ddot{o}m} = 49 + 7{\cdot}5 = 56{\cdot}5^0$ C. Zu dieser den mittleren Temperaturanstieg der Spule von 24·5° C addiert erhalten wir die mittlere Kupferübertemperatur von 81° C.

Das Gewicht des Transformators wird im großen mit dem des Normaltransformators übereinstimmen. Wir finden nur eine Differenz in den Kupfergewichten.

Das Gewicht des Niederspannungskupfers ist 51 kg (gegen 59·5 kg des Transformators der Hauptreihe), für Umspinnung und Isolation rechnen wir 10% hinzu, für die Ausführungen und Verbindungen 4 kg und kommen so auf 60 kg.

Das Oberspannungswicklungskupfer wiegt 59 kg, und wieder etwa 10% für Isolation gerechnet ergibt, sich ein Gesamtgewicht von 65 kg. (Das Kupfergewicht des Normaltransformators war 68 kg.)

Zeitkonstante.

Wir wollen dieselbe für eine Belastung mit der doppelten Nennleitung berechnen.

Kupfergewicht samt Isolation 125 kg = G_{cu}.
Temperaturzunahme bei Dauerbetrieb 70 + 10 = 80° C.
Spezifischer Wärmekoeffizient für Kupfer $Z_{cu} = 0{\cdot}094$.
Gewicht des aktiven Eisens $G_{ei} = 250$ kg.
Temperaturzunahme 70° C = T_{ei}.
Spezifischer Wärmekoeffizient $Z_{ei} = 0{\cdot}115$.
Ölgewicht $G_{\ddot{o}} = 420$ kg.
Temperaturzunahme $T_{\ddot{o}} = 60^0$ C.
Spezifischer Wärmekoeffizient $Z_{\ddot{o}} = 0{\cdot}4$.

Zeitkonstante $$Z_t = \frac{\Sigma (Z \times G \times T) . 10^3}{0{\cdot}24 \times 3600 \times \text{Watt}} =$$

$$= \frac{(0{\cdot}094 . 125 . 80 + 0{\cdot}115 . 250 . 70 + 0{\cdot}4 . 420 . 60)\, 10^3}{0{\cdot}24 . 3600 . 4430} =$$

$$= 3{\cdot}45 \text{ Stunden.}$$

Die angeführten Werte sowie die Berechnung der Zeitkonstante sind dem Artikel F. Sieber aus der E. T. Z. 1924, Heft 29, entnommen.

Bei der Nennleistung muß die Zeitkonstante Z natürlich größer werden. Für die Temperaturzunahme des Kupfers setzen wir nun $70^0 = T_{cu}$ ein.

$$Z_t = \frac{(0{\cdot}094 . 125 . 70 + 0{\cdot}115 . 250 . 70 + 0{\cdot}4 . 420 . 60)\, 10^3}{0{\cdot}24 . 3600 . 1430} =$$

$$= 10{\cdot}5 \text{ Stunden.}$$

Die Zeitkonstante ist annähernd umgekehrt proportional den Verlusten (Gesamtverluste).

Es soll nun die Zeit berechnet werden, durch welche der Transformator anschließend an die Belastung mit Nennleistung um 100% überlastet werden darf.

Die normale Kupfererwärmung von 70% soll nicht überschritten werden. Kupferverluste bei Nennleistung 1000 Watt, bei 100%iger Überlastung 4000 Watt.

Die Erwärmung des Öles bei doppelter Nennbelastung haben wir zu $T = 56{\cdot}5^0$ C ermittelt und den Temperaturanstieg mit $24{\cdot}5^0$ C.

Die Erwärmung des Öles bei Nennlast $t_1 = 20{\cdot}5^0$ C.

Da die maximal zulässige Übertemperatur für die Wicklung 70^0 C, der Anstieg $24{\cdot}5^0$ C ist, so darf die Übertemperatur des Öles nur $70 - 24{\cdot}6 = = 45{\cdot}5^0 \text{ C} = t_2$ betragen.

Zeit der zulässigen Überlastung:

$$2{\cdot}3\, Z \log \frac{T - t_1}{T - t_2} = 2{\cdot}3 \times 3{\cdot}45 \frac{56{\cdot}5 - 20{\cdot}5}{56{\cdot}6 - 44{\cdot}5} = 8 \log \frac{36}{11} = 8 \log 3{\cdot}27 =$$

$$= 8 \times 0{\cdot}51455 = 4{\cdot}1 \text{ Stunden.}$$

Es soll nun die Zeit der möglichen Überlastung gesucht werden, wenn wir als maximale Übertemperatur der Wicklung 80^0 C — gemäß den Vorschriften des V. D. E. — zulassen. Die Übertemperatur des Öles darf in diesem Falle $t_2 = 80 - 24{\cdot}5 = 55{\cdot}5^0$ C betragen.

Zeitdauer der Überlastung:

$$2{\cdot}3 \times Z \log \frac{T - t_1}{T - t_2} = 2{\cdot}3 \times 3{\cdot}45 \log \frac{56{\cdot}5 - 20{\cdot}5}{56{\cdot}5 - 55{\cdot}6} = 8 \times \log 36 =$$

$$= 8 \times 1{\cdot}5563 = 12{\cdot}5 \text{ Stunden.}$$

Das Resultat stimmt sehr schön mit den Vorschriften überein, welche besagen, daß eine 100%ige Überlastung nach Nennlastung nicht länger als 12 Stunden andauern darf.

In der Praxis werden sich solche Grenzfälle wohl nicht oft ereignen; gewöhnlich wird einer mehrstündigen Überlastung, sagen wir im landwirtschaftlichem Betriebe, eine Betriebspause folgen, in welcher der Transformator vielleicht nur leer läuft.

Dauernd würde eine 100%ige Überlastung nach Nennleistung die Wicklung des Transformators wohl gefährden.

Die mittlere Kupferübertemperatur berechneten wir mit 81° C, so daß bei einer Umgebungstemperatur von 35° C die mittlere Kupfertemperatur 116° C und die höchste etwa 128° C betragen wird.

Solche Temperaturen würden durch längere Zeit selbst die Papierisolation schädigen und die Lebensdauer des Transformators stark verkürzen, zum Schaden des Käufers und auch zum Nachteile der erzeugenden Firma.

Berechnung eines einphasigen Kerntransformators 100 K. V. A.

50 Perioden, 20 000 Volt Oberspannung, 400 Volt Unterspannung.

Eisenverluste seien wieder 700 Watt zu garantieren, Kupferverluste mit 2100 Watt, die Kurzschlußspannung 3·8%.

Toleranz für alle diese Werte $\pm$ 10%. Ströme in den einzelnen Wicklungen 5 Amp., bzw. 250 Amp.

Bei der Berechnung des Eisenkernes soll gezeigt werden, daß es gar keine Schwierigkeiten bereitet, denselben von dem Eisenkerne des berechneten dreiphasigen Transformators abzuleiten.

Wir nehmen die Säulenhöhe wieder wie beim dreiphasigen Transformator 600 mm hoch an, ebenso betrage die Jochverstärkung 20% und die Induktion in den Säulen 14 000 Kraftlinien/cm².

Unter dieser Voraussetzung und bei gleichen Eisenverlusten müssen wir offenbar auch zu demselben Eisengewichte wie beim dreiphasigen Transformator gelangen.

Auf jede Säule des Drehstromtransformators entfällt eine Leistung von $\frac{100}{3} = 33\,^1/_3$ K. V. A., auf die einzelne Säule des Einphasentransformators eine solche von $\frac{100}{2} = 50$ K. V. A.

Vergrößern wir also den Säuleneisenquerschnitt des Drehstromtransformators um das Verhältnis $\frac{50}{33\,^1/_3}$, so bekommen wir $103 \times 1{\cdot}5 = 154{\cdot}5$ cm² als den Säulenquerschnitt des Einphasentransformators.

Andererseits muß die Summe der Flüsse gleich sein.

$$103 \,.\times 14 \,.\, 10^3 \times 3 = 4325 \,.\, 10^3$$
$$154{\cdot}5 \times 14 \,.\, 10^3 \times 2 = 4325 \,.\, 10^3.$$

Der Durchmesser des dem Säulenquerschnitte umschriebenen Kreises ist um $\sqrt{1 \cdot 5} = 1 \cdot 225$ mal größer als jener des Drehstromtransformators, also $135 \times 1 \cdot 225 = 165$ mm. Bei gleicher Säulenhöhe muß also offenbar das Verhältnis Säulenhöhe durch Säulenkreisdurchmesser hier kleiner werden.

Beim Drehstromtransformator war dasselbe $\frac{60}{13 \cdot 5} = 4 \cdot 44$, beim einphasigen Transformator wird es $\frac{4 \cdot 44}{1 \cdot 225} = 3 \cdot 63$ sein.

Die Jochlänge wird ebenso nur zwei Drittel jener des Drehstromtransformators betragen, das heißt 412 mm.

Mithin kann der Eisenkern bereits entworfen werden. Es wird natürlich notwendig sein, nach dem Entwurfe der Wicklung die Jochlänge etwas abzuändern, in den meisten Fällen wird sie länger sein müssen um einige Millimeter. Diese kleine Änderung erhöht aber die Eisenverluste nur ganz unwesentlich.

Windungszahl der Niederspannungswicklung

$$w_1 = \frac{400 \,.\, 10^8}{4 \cdot 44 \times 50 \times 154 \times 14\,000} = 84,$$

es entfallen daher auf eine Säule 42 Windungen.

Wickelhöhe 540 mm, wobei sich die Leiterhöhe samt Isolation zu 12·6 mm ergibt.

Bei einer Stromdichte von 2·9 Amp./mm² erhalten wir 83 mm² Leiterquerschnitt, dem zwei parallele Profile $3 \cdot 5 \times 12$ mm entsprechen, die wir zweimal mit Band und halber Überlappung isolieren.

Säulenkreisdurchmesser ist 165 mm, wir wollen einseitig einen Wicklungsabstand von 7·5 mm annehmen, so daß der innere Durchmesser der Wicklung 180 mm beträgt.

Radial mißt die einlagige Spirale 7·5 mm, die mittlere Windungslänge ist $3 \cdot 14\ (180 + 7 \cdot 5) = 590$ mm und das Kupfergewicht

$$84 \times 5 \cdot 9 \times 83 \,.\, 10^{-4} \,.\, 8 \cdot 9 = 36 \cdot 5 \text{ kg}.$$

Widerstand bei Gleichstrom im kalten Zustande $\frac{84 \times 0 \cdot 59}{56 \,.\, 83} = 0 \cdot 0107$ Ohm und bei einer Übertemperatur von 70° C und Wechselstrom etwa 0·013 Ohm.

Die Kupferverluste sind dann: $0 \cdot 013 \times 250^2 = 825$ Watt, zu welchen wir noch 100 Watt für zusätzliche Verluste und Verluste in den Zuleitungen hinzurechnen. Wir erhalten so 925 Watt Verluste in der Niederspannungswicklung.

Windungszahl der Oberspannungswicklung:

$$w_2 = \frac{20\,000}{400} \times 84 = 4200.$$

An dieser Wicklung sind zwei Anzapfungen $\pm$ 4 % vorgesehen, so daß jeder derselben 168 Windungen entsprechen.

Diese werden auf zwei Halbspulen von je 84 Windungen aufgeteilt. Es ist einleuchtend, daß wir die Wicklung einer Säule in mehr Spulengruppen unterteilen müssen als beim Drehstromtransformator, da sie auch mehr Wärme entwickelt, infolgedessen eine größere Oberfläche geschaffen werden muß.

Die gesamte Windungszahl ist 4200 + 168 = 4368, auf jede Säule entfallen 2184 Windungen. Wir wollen 13 Spulengruppen anordnen, jede zu zwei Halbspulen mit 84 Windungen.

Die Anordnung sei folgende:

1 verstärkte Spule,
5 Normalspulen,
1 Anzapfspule,
5 Normalspulen,
1 verstärkte Spule.

Zwischen jeder Gruppe soll sich ein Ölkanal von 6 mm befinden. Wählen wir eine Stromdichte von 3·25 Amp./mm², so erhalten wir bei 5 Ampere einen Leiterquerschnitt von 1·54 mm², welcher einem Durchmesser von 1·4 mm entspricht. Als Isolation schreiben wir wieder Papier mit einmaliger Umspinnung vor, und zwar für die normalen Spulen 2 Lagen Papier + einmalige Baumwollumspinnung, Zuwachs beidseitig 0·4 mm, für die verstärkten Eingangspulen 3 Papierlagen + einmalige Umspinnung, Zuwachs beidseitig 0·5 mm.

Für die Fabrikation ergibt sich hier der gewaltige Vorteil, daß alle Spulen gleiche Windungszahlen haben; es sind nämlich 26 Halbspulen zu 84 Windungen zu wickeln, d. h. für beide Säulen 52 Halbspulen. Jede Halbspule weist 7 Windungen und 12 Lagen auf.

Die radiale Spulenbreite ist für die normale Spule $1{\cdot}8 \times 12 = 21{\cdot}6$ mm und für die Eingangspule $1{\cdot}9 \times 12 = 22{\cdot}8$ mm.

Der Isolationszylinder aus Gummoid soll 5 mm stark sein, die beiden Kanäle zwischen diesem und der Nieder- und Oberspannungswicklung betragen je 5 mm.

Der äußere Durchmesser der Niederspannungswicklung ist 195 mm, der innere Durchmesser des Isolierzylinders 205 mm, sein äußerer 215 mm und der innere Durchmesser der Oberspannungswicklung (oder der äußere Durchmesser der Wickelschablone) 225 mm. Somit erhalten wir die mittlere Windungslänge $3{\cdot}14\,(225 + 22{\cdot}5) = 780$ mm.

Die Höhe einer verstärkt isolierten Halbspule ist 16 mm, die beiden Spulen sind also 64 mm hoch. Die Anzapfspule ist $2 \times 15{\cdot}5 = 31$ mm hoch, die Höhe der normalen Spulen beträgt $20 \times 15{\cdot}5 = 310$ mm. Als Zwischenlage für die Halbspulen verwenden wir eine 1 mm dicke Preßspahnscheibe; für diese Scheiben müssen wir 13 mm rechnen. Für 12 Ölkanäle zu 6 mm müssen wir 72 mm einsetzen und schließlich nehmen wir für Kriechweg und Abstützung auf jeder Seite 50 mm an.

Es bleibt somit noch ein Spiel von 10 mm in der Säulenhöhe 600 mm.

Das Kupfergewicht der Oberspannungswicklung ist

$$4368 \times 7{\cdot}8 \times 1{\cdot}54 \times 10^{-4} \times 8{\cdot}9 = 46{\cdot}5 \text{ kg}$$

Widerstand in kaltem Zustande bei Gleichstrommessung

$$\frac{4200 \times 0{\cdot}78}{56 \,.\, \times 1{\cdot}54} = 38 \text{ Ohm}$$

und in warmem Zustande (70° C Übertemperatur) und Wechselstrom etwa 46 Ohm. Die Kupferverluste betragen dann $46 \times 5^2 = 1150$ Watt. Die zusätzlichen Verluste können wir ohne weiteres vernachlässigen. Bei 925 Watt Verlusten in der Niederspannungswicklung sind dann die Gesamtverluste der 2 Wicklungen 2075 Watt, während 2100 Watt garantiert wurden.

Zur Berechnung der Kurzschlußspannung führen wir wieder folgende Werte ein:

Windungsspannung $e_w = \frac{400}{84} = 4{\cdot}76$ Volt.

Mittlere Windungslänge $l_m = \frac{59 + 78}{2} = 68{\cdot}5$ cm.

Reduzierter Luftspalt $\Delta = 7{\cdot}5 : 3 + 2{\cdot}25 : 3 + 1{\cdot}6 = 2{\cdot}6$ cm.

Streulinienlänge $s = 54$ cm.

Windungszahl pro Säule $= w_1 = 42$.

Periodenzahl $f = 50$.

Stromstärke $I_n = 250$ Amp.

Streuspannung

$$E_s = I_n \frac{8 \,.\, f \,.\, w_1 \,.\, 10^{-6}}{l_w} \frac{l_m \Delta}{s} = 250 \frac{8 \,.\, 50 \,.\, 42 \,.\, 10^{-6}}{4{\cdot}76} \frac{68{\cdot}5 \,.\, 2{\cdot}6}{54} = 2{\cdot}9\,\%.$$

Spannungsänderung bei induktionsfreier Vollbelastung 2·1 %, die Kurzschlußspannung daher $\sqrt{2{\cdot}1^2 + 2{\cdot}9^2} = 3{\cdot}6\,\%$ gegen 3·8 % garantiert.

Da die Wicklung bereits entworfen ist, wollen wir nun die endgültige Jochlänge bestimmen und dann die Eisenverluste sowie den Leerlaufstrom des Transformators nachrechnen.

Der äußere Durchmesser der Oberspannungswicklung ist $225 + 45 = 270$ mm, rechnen wir zwischen beiden Säulen wieder einen Abstand von 12 mm, so ergibt sich eine Achsdistanz von 282 mm und bei größter Blechbreite von 148 mm eine Jochlänge von $282 + 148 = 430$ mm.

Der Querschnitt des Jocheisens ist gemäß einer 20%igen Verstärkung gegenüber dem Säuleneisenquerschnitt $154 \times 1{\cdot}2 = 185$ cm².

Wären die Joche an den Enden nicht abgestuft, so würden sie $1{\cdot}85 \times 8{\cdot}6 \times 7{\cdot}55 = 120$ kg wiegen, tatsächlich ist ihr Gewicht nur zirka 111 kg.

Die zwei Säulen haben ein Gewicht von $1{\cdot}54 \times 12 \times 7{\cdot}55 = 140$ kg, das Gesamtgewicht des Kernes ist somit 251 kg.

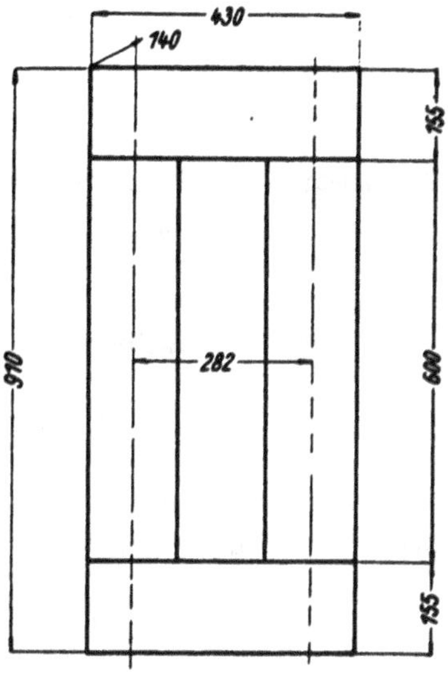

Fig. 76.

Induktion in den Säulen 14 000 Kraftlinien/cm², in den Jochen 11 650 Kraftlinien/cm².

Bei Verwendung von einem Bleche von der Verlustziffer $V_{10} = 1{\cdot}45$ Watt/kg sind bei den angegebenen Induktionen die entsprechenden Verluste pro 1 kg 3·02 Watt, bzw. 1·99 Watt.

Nehmen wir wieder 10% zusätzliche Verluste an, so sind die Verluste in den Säulen $3{\cdot}02 \times 1{\cdot}1 \times 140 = 465$ Watt und jene in den Jochen $1{\cdot}99 \times 1{\cdot}1 \times 111 = 240$ Watt, insgesamt 705 Watt.

Die Amperewindungen pro 1 cm bei $\mathfrak{B} = 14\,000$ sind 17, bei $\mathfrak{B} = 11\,650 = 4{\cdot}5$, die Weglänge der Kraftlinien in den Säulen 120 cm, in den Jochen etwa 60 cm.

Die Gesamtamperewindungen des Kernes

$$\begin{array}{r} 17 \times 120 = 2040 \\ 4{\cdot}5 \times 60 = 270 \\ \hline 2310 \end{array}$$

Der Magnetisierungsstrom daher $I_\mu = \dfrac{2310}{\sqrt{2}\,.\,4200} = 0{\cdot}39$ Amp. und der Wattstrom zur Deckung der Eisenverluste $I_h = \dfrac{700}{20\,000} = 0{\cdot}035$ Amp.

Der Leerlaufstrom $I_0 = \sqrt{0{\cdot}035^2 + 0{\cdot}39^2} = 0{\cdot}392$ Amp. oder etwa 8% des Vollaststromes. Beim Drehstromtransformator ergab sich der Leerlaufstrom zu 8·4%.

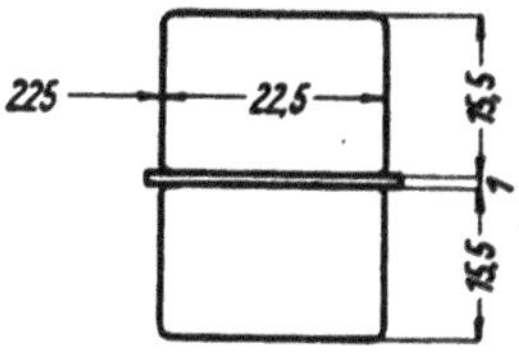

Fig. 77. Schnitt durch eine Eingangsspule.

Es soll nun noch die Oberspannungswicklung hinsichtlich ihrer Erwärmung untersucht werden, und zwar die stärker isolierten Eingangspulen.

Der Umfang, der für die wärmeabführende Fläche in Betracht kommt, ist folgender:

$$\begin{array}{r} 0{\cdot}75\ (2 \times 22{\cdot}5) = 34 \text{ mm} \\ 2 \times 15{\cdot}5 = 31 \ \ \text{"} \\ 0{\cdot}75\ (2 \times 15{\cdot}5) = 23 \ \ \text{"} \\ \hline 88 \text{ mm} \end{array}$$

Fläche der geschnittenen Leiter $168 \times 1{\cdot}54 = 259$ mm².

$$\tau = \frac{\text{Spulenumfang } U}{\text{Leiterquerschnitt } Q} = \frac{88}{259} = 0{\cdot}34,$$

$$\frac{\text{Watt}}{\text{dm}^2} = c = \frac{10 \,.\, \sigma \,.\, s^2}{\tau},$$

σ = spezifischer Widerstand = 0·021, s = Stromdichte = 3·25 Amp./mm²,

$$\frac{\text{Watt}}{\text{dm}^2} = c = \frac{10 \,.\, 0{\cdot}021 \,.\, 3{\cdot}25^2}{0{\cdot}34} = 6{\cdot}55.$$

Temperaturanstieg durch Widerstandsmessung:

$$t_m = c\left\{\frac{1}{\lambda}\left(\frac{n}{3} \,.\, \delta + \frac{\delta}{2}\right) + \frac{1}{k\ddot{o}}\right\}$$

$\lambda = 0{\cdot}02$ Watt/° C × dm, $\delta = 0{\cdot}5$ mm, $n = 0{\cdot}75 \times 12 = 9$ (Lagen über der wärmsten Schichte).

$$t_m = 6{\cdot}55\left\{\frac{1}{2}\left(\frac{9}{3} \,.\, 0{\cdot}5 + 0{\cdot}25\right) + \frac{1}{0{\cdot}75}\right\} \cong 14{\cdot}5^0 \text{ C},$$

wobei wir die Wärmemitnahmeziffer des Öles $k\ddot{o}$ wieder mit 0·75 Watt/dm²/°C angenommen haben.

Der Temperaturanstieg der normalen Spulen wird kleiner sein, da bei diesen $\delta = 0{\cdot}4$ mm ist.

Wir sehen, daß die Unterteilung in dreizehn Spulengruppen pro Säule ausreichend ist.

Es soll noch das Verhältnis $\frac{\text{Watt}}{\text{dm}^2}$ der Oberspannungswicklung nach der gewöhnlichen Art gerechnet werden.

Die Spulenhöhe ist 4·05 cm. Innere Mantelfläche pro Säule $0{\cdot}75 \times 3{\cdot}14 \times \times 2{\cdot}25 \times 4{\cdot}05 = 21{\cdot}5$ dm², äußere Mantelfläche $3{\cdot}14 \times 2{\cdot}7 \times 4{\cdot}05 = 34{\cdot}3$ dm², Spulenseitenflächen $0{\cdot}75 \times 24 \times 7{\cdot}8 \times 2{\cdot}25 = 31{\cdot}6$ dm², zusammen 87·4 dm² oder für den ganzen Transformator 174·8 dm².

$$\frac{\text{Watt}}{\text{dm}^2} = c = \frac{1150}{174{\cdot}8} = 6{\cdot}55.$$

Die früher angeführte Art führt also zu demselben Resultate.

Berechnung des Ölkessels.

Da der äußere Durchmesser der Oberspannungswicklung 270 mm ist, finden wir bei etwa 55—65 mm Abstand der Wicklung vom Kesselbleche eine innere Kesselweite von 400 mm und eine innere Kessellänge von 650 mm.

Wir nehmen an den einzelnen Seiten 12, bzw. 20 Wellen von dem Profile 30×70 mm an, das heißt 30 mm Wellenmittenabstand und 70 mm Wellenhöhe.

Der Krümmungsradius der Welle sei 4 mm.

Das Verhältnis Umfang der Welle durch Mittenabstand ist 5.

Die Wellblechhöhe ist 1250 mm, von denen wir aber nur 1100 mm als voll wirksam annehmen wollen. Für die Wärmestrahlung ergibt sich eine Fläche von $(2 \times 65 + 2 \times 40 + 8 \times 7)\, 110 = 29\,300$ cm², wobei wieder die acht freien Endflächen der Wellen von 7 cm Breite berücksichtigt wurden.

Für die Wärmeabfuhr durch Konvektion setzen wir die ganze gewellte Fläche zu $(64 \times 3 \times 5)\, 110 = 105\,500$ cm² ein. $F_g = 2{\cdot}93$ m² und $F_w = 10{\cdot}55$ m². Temperaturanstieg an der äußeren Kastenwand im Mittel

$$t_k = \frac{\text{Verluste in Watt}}{F_g \times c + F_w \times k}\ {}^0\text{C},$$

$$\left.\begin{matrix} c = 5{\cdot}7 \\ k = 6{\cdot}0 \end{matrix}\right\} \text{ für einen angenommenen mittleren Anstieg von } 30^0 \text{ C.}$$

$$t_k = \frac{2800}{2{\cdot}93 \times 5{\cdot}7 + 10{\cdot}55 \times 6} = 35^0 \text{ C.}$$

$$\frac{\text{Watt}}{\text{dm}^2} = \frac{2800}{1055} = 2{\cdot}66.$$

Bei einer Konvektionsziffer $k\ddot{o} = 0{\cdot}57$ Watt/dm² × ° C erhalten wir bei Vernachlässigung der Wellblechstärke eine Temperaturdifferenz Öl an der inneren Kastenwand und äußeren Wand $2{\cdot}66 \times \frac{1}{0{\cdot}57} \cong 5^0$ C.

Mittlere Ölübertemperatur daher $t_{m\ddot{o}} = 35 + 5 = 40^0$ C.

Maximale Ölübertemperatur

$$t_{m\ddot{o}\,max} = t_{m\ddot{o}} \cdot \left(1 + \frac{0{\cdot}4}{x}\right) = 40 \left(1 + \frac{0{\cdot}4}{1{\cdot}83}\right) \cong 49^0 \text{ C},$$

wobei 1·83 wieder wirksame Kastenhöhe durch Säulenhöhe ist.

Aus den eben berechneten Werten ist ohne weiteres klar, daß der einphasige Transformator auch in bezug auf Überlastbarkeit dem Drehstromtransformator gewachsen ist.

Es möge nun auch noch das Gewicht verglichen werden. Das Transformatorenblech wiegt 251 kg, mit Isolation 255 kg. Das Gewicht für die Niederspannungswicklung ist 36·5 kg, für Umspinnung und Papierisolation 10%, für die Ausführungen ferner noch 5 kg hinzugerechnet, gibt 45 kg.

Das Kupfer der Hochspannungswicklung wiegt 46·5 kg, 10% für Isolation hinzugerechnet, insgesamt also rund 50 kg. Rotbuche in Öl gekocht nehmen wir 15 kg an, Isolationszylinder, Papierzwischenlagen und Papierrohre sowie Lack 10 kg.

Der Ölkessel samt Deckel und Isolator wiegt 125 kg, für Bolzen, Muttern und andere Eisenteile rechnen wir 30 kg.

Das Gesamtgewicht des Transformators ohne Öl ist also 555 kg, um 85 kg weniger als das des Drehstromtransformators.

Der Ölinhalt der Wellen ist etwa

$$0{\cdot}3 \times 0{\cdot}7 \times 12{\cdot}5 \times 32 = 84 \text{ dm}^3.$$

Der Ölkessel von 1350 mm Höhe hat

$$4 \times 6{\cdot}5 \times 13{\cdot}5 = 350 \text{ dm}^3 \text{ Öl}.$$

Für Blech samt Isolation rechnen wir 45 dm³, für Kupfer samt Isolation, Isolierrohre, Lack etc. 20 dm³, für Holz 15 dm³, für Isolatoren und Umschalter 5 dm³, zusammen 85 dm³.

Diese von 435 dm³ subtrahiert ergibt die notwendige Ölmenge von 350 dm³ oder 315 kg für den Ölkessel und zirka 30 kg für den Konservator, insgesamt also 345 kg.

Der ölgefüllte Transformator wiegt also 555 + 345 = 900 kg.

Vergleichen wir diese Gewichte mit denen des Drehstromtransformators, so finden wir vor allem, daß das Kupfergewicht des Einphasentransformators bedeutend kleiner ist als das des Drehstromtransformators, 95 kg gegen 145 kg.

Einen noch merklichen Unterschied weist das Ölgewicht auf, 345 kg beim Einphasentransformator gegen 455 kg des Drehstromtransformators.

Auch der Aufbau der zwei Säulen des Einphasentransformators ist billiger als das Montieren der drei Säulen des Drehstromtransformators. Ebenso ist die Wicklung des Einphasentransformators auch in bezug auf Wickelarbeit billiger als die des Drehstromtransformators.

Dennoch wird ein Drehstromtransformator von 300 K. V. A. billiger sein als eine Gruppe von drei Einphasentransformatoren von je 100 K. V. A., zu einem Dreiphasensysteme vereinigt. Die gibt wohl den Ausschlag, warum in Europa der Drehstromtransformator fast ausschließlich das Feld behauptet.

Berechnung eines luftgekühlten Transformators für Drehstrom. 50 K. V. A., 50 Perioden.

Die Niederspannungsseite des Transformators muß sich für mehrere Spannungen eignen und umschaltbar sein für 400 Volt Zickzackschaltung, 231 Volt Stern und ferner noch für 115 Volt Stern. Die Oberspannungsseite soll an 3000 Volt angeschlossen werden und zwei Anzapfungen ± 4 % besitzen.

Die Verluste im warmen Zustande seien:

Eisenverluste 420 Watt, Wicklungsverluste 850 Watt, beide mit einer Toleranz + 10 %, und die Kurzschlußspannung 4·2 % mit einer Toleranz von ± 10 %.

Die Wicklungsverluste von 850 Watt beziehen sich auf 400 Volt, Schaltung Zickzack.

Im übrigen muß der Transformator den Vorschriften des V. D. E. entsprechen.

Wir wählen diesmal:

Länge der Säulen l_s gleich dreimal Fensterhöhe h = 0·9mal Jochlänge l_j.

Jochverstärkung 35%.

Fensterhöhe h = 2·75mal Durchmesser d des dem Säulenmesser umschriebenen Kreises.

Wir finden die Zahl 2·75, wenn wir 0·9 mit 3 multiplizieren.

Der Querschnitt des Säuleneisens sei kreuzförmig und zweimal abgestuft, so daß das Verhältnis effektiver Säuleneisenquerschnitt durch Querschnitt des diesem umschriebenen Kreises $f_s = 0{\cdot}72$ ist.

Diesmal wollen wir hochlegiertes Blech mit der Verlustziffer $V_{10} = 1{\cdot}3$ Watt/kg verwenden. Die Verwendung eines derart guten Bleches ist bei luftgekühlten Transformatoren wohl gerechtfertigt.

Entsprechend der vorher gemachten Annahme ist $l_s = 3\,h = 0{\cdot}9\,l_j$ und daraus

$$l_j = \frac{l_s}{0{\cdot}9} = \frac{3\,h}{0{\cdot}9} = 3{\cdot}35\,h.$$

Die Eisenlänge $l_{ei} = l_s + l_j = 3\,h + 3{\cdot}35\,h = 6{\cdot}35\,h$ und $h = \frac{l_{ei}}{6{\cdot}35}$.

Säuleneisenquerschnitt $F_s = \frac{F_j}{1{\cdot}35}$, wobei F_j den Jocheisenquerschnitt bezeichnet.

Die Induktion in den Säulen sei 12 000 Kraftlinien/cm² und gemäß einer 35%igen Jochverstärkung ist die Induktion in den Jochen 8900 Kraftlinien/cm².

Die Verlustziffern bei diesen Sättigungen sind 1·9 Watt/kg, bzw. 1·05 Watt/kg, und bei Berücksichtigung der zusätzlichen Verluste, die wir mit 10% berechnen, erhöhen sich die Verlustziffern auf 2·09 und 1·16 Watt/kg.

Die Aufteilung der Verluste auf das Säulen- und Jocheisen ist nun schon möglich.

Es ist einerseits der Säuleneisenquerschnitt um 35% kleiner als der Jocheisenquerschnitt, andererseits das Säuleneisen 0·9mal länger als das Jocheisen, weshalb die Verluste in den Säulen 1·35 × 0·9 = 1·215mal größer sind als jene in den Jochen.

Verluste in den Säulen V_s + Verluste in den Jochen V_j = 420 Watt oder $1{\cdot}215\,V_j + V_j = 2{\cdot}215\,V_j = 420$ Watt, woraus wir $V_j = \frac{420}{2{\cdot}215} = 190$ Watt und $V_s = 1{\cdot}215 \,.\, V_j = 1{\cdot}215 \times 190 = 230$ Watt bestimmen.

Es ist nun auch schon die Bestimmung des Säuleneisen- und des Jocheisengewichtes möglich.

$$G_s = \frac{230}{2{\cdot}09} = 110\ \mathrm{kg}$$

$$G_j = \frac{190}{1{\cdot}16} = 164\ \mathrm{kg},$$

zusammen 274 kg als Kerngewicht $= G_{ei}$.

$G_{ei}/\mathrm{kg} = 7{\cdot}55\ (F_s\, l_s + F_j\, l_j)$ und weil $F_j\, l_j = 1{\cdot}35\ F_s \frac{l_s}{0{\cdot}9}$, so ist weiter $G_{ei} = 7{\cdot}55 \left(F_s\, l_s + 1{\cdot}35\ F_s \frac{l_s}{0{\cdot}9}\right) = 18{\cdot}9\ F_s\, l_s$.

$l_s = \frac{G_{ei}/\mathrm{kg}}{18{\cdot}9\ F_s}$, wobei F_s in Quadratdezimeter und l_s in Dezimeter eingesetzt sind. Für F_s können wir den Ausdruck $F_s = f_s \frac{d^2 \pi}{4}$ setzen.

$l_s = 3\,h$ und wenn $h = 2{\cdot}75\ d$, so ist weiter $l_s = 3 \times 2{\cdot}75\ d = 8{\cdot}25\ d$.

Werden die Längen in Zentimetern eingesetzt, so ist:

$$G_{ei} = f_s \frac{d^2 \pi}{4} \left(3\,h + 1{\cdot}35 \frac{3\,h}{0{\cdot}9}\right) \frac{7{\cdot}55}{1000} = 0{\cdot}72 \frac{\pi}{4} d^2\,(3\,h + 1{\cdot}5\,.\,3\,h) . \frac{7{\cdot}55}{1000}$$

$$274\,000 = 0{\cdot}565\ d^2\,(8{\cdot}25\ d + 12{\cdot}35\ d)\ 7{\cdot}55 = 0{\cdot}565\ d^2 . 20{\cdot}6\ d . 7{\cdot}55 = 88\ d^3$$

$$d = \sqrt[3]{3120} = 14{\cdot}6\ \mathrm{cm}.$$

Wir setzen $d = 14{\cdot}5$ cm und demnach ergibt sich der effektive Säuleneisenquerschnitt ·

$$F_s = d^2 \frac{\pi}{4} f_s = 14{\cdot}5^2 \frac{\pi}{4} . 0{\cdot}72 = 119\ \mathrm{cm}^2.$$

Die Länge des Säuleneisens:

$$l_s = \frac{274 . 10^3}{18{\cdot}9 . 119} = 121{\cdot}5\ \mathrm{cm} \text{ und } h = \frac{l_s}{3} = \frac{121{\cdot}5}{3} = 40{\cdot}5\ \mathrm{cm}.$$

$$l_j = \frac{l_s}{0{\cdot}9} = \frac{121{\cdot}5}{0{\cdot}9} = 135\ \mathrm{cm},$$

ein Joch ist somit 67·5 cm lang.

In erster Annäherung finden wir für zweimal abgestuften Querschnitt:

$$e = 0{\cdot}39\ d = 56{\cdot}5\ \mathrm{cm}$$
$$f = 0{\cdot}65\ d = 94\ \mathrm{cm}$$
$$g = 0{\cdot}85\ d = 123\ \mathrm{cm}.$$

Die Blechbreiten müssen wieder mit Rücksicht auf das normale Blechformat mit der Breite von 750 mm festgesetzt werden.

Die schmalsten Bleche sind 74 mm, die nächst breiten 108 mm und die breitesten 132 mm.

Auf den Blechschneideplan soll indessen nicht eingegangen werden, zumal der eigentliche Kernpunkt der Berechnung des luftgekühlten Transformators in der Erwärmung des Eisenkernes sowie der Wicklung zu suchen sein wird.

Zunächst entscheiden wir uns für eine Röhrenwicklung, die im Aufbaue weit einfacher und in der Kühlung auch wirksamer als eine Scheibenwicklung ist. Bei einer Induktion von 12 000 Kraftlinien und einem effektiven Eisenquerschnitte von 119 cm² müssen wir niederspannungsseitig pro Säule $w_1 = \frac{400 \cdot 10^8 \cdot 1\cdot 15}{\sqrt{3} \cdot 4\cdot 44 \cdot 50 \cdot 119 \cdot 12\,000} = 84$ Windungen aufwickeln.

Mit Rücksicht auf die Bedingung, daß die Niderspannungswicklung umschaltbar sein muß, wählen wir für eine Säule vier Lagen zu 21 Windungen.

400 Volt (Zickzakschaltung), 231 Volt und 115 Volt (beide in Stern) entsprechen die Ströme 72, 125 und 250 Ampere für eine Leistung von 50 K. V. A.

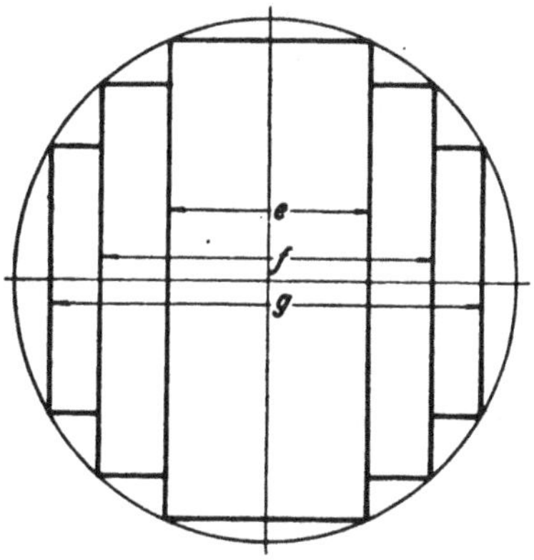

Fig. 78.

Es sei zunächst der ungünstigste Fall für die Erwärmung der Niederspannungswicklung, die Zickzackschaltung bei 400 Volt, betrachtet.

Als Stromdichte des Niederspannungskupfers wählen wir vorsichtshalber 1·64 Amp./mm²; das ergibt bei 72 Ampere 43·8 mm² Leiterquerschnitt.

Bei einer Säulenhöhe von 405 mm kann die Niederspannungswicklung ohne weiteres 360 mm hoch sein.

Unter dieser Annahme erweist sich ein Leiterprofil von 3 × 15 mm als günstig, welches zweimal mit Baumwolle mit einem Auftrage von 0·5 mm umsponnen ist.

Von einem Isolationszylinder zwischen Niederspannungswicklung und Eisen wollen wir absehen, dafür aber einen entsprechend breiten Kanal vorsehen, um der aufsteigenden Kühlluft genügend Raum zu schaffen.

Mit einem Kühlkanale von 10 mm Breite werden wir reichlich das Auslangen finden, sowohl was Kühlung anbelangt als auch hinsichtlich Länge des „Kriechweges“.

Wir müssen uns vor Augen halten, daß die Niederspannungswicklung gegen Eisenkern mit 1900 Volt geprüft wird.

Als Durchmesser der Wickelschablone finden wir $d_s = 145 + 2 \times 10 =$ $= 165$ mm.

Das isolierte Kupfer ist 3·5 × 15·5 mm und daher die radiale Breite der Niederspannungswicklung bei vier Lagen 3·5 × 4 = 14 mm.

Zwischen die einzelnen Lagen legen wir 0·2 mm Preßspan ein und so können wir schließlich mit rund 15 mm radialer Breite rechnen.

Die mittlere Windungslänge ist 3·14 (165 + 15) = 565 mm und das Kupfergewicht der Niederspannungswicklung

$$3 \times 84 \,.\, 5{\cdot}65 \,.\, 43{\cdot}8 \,.\, 10^{-4} \,.\, 8{\cdot}9 = 55{\cdot}5 \text{ kg}.$$

Der Widerstand einer Phase mit Gleichstrom gemessen und bei 20° C:

$$\frac{84 \,.\, 0{\cdot}565}{56 \,.\, 43{\cdot}8} = 0{\cdot}0193 \text{ Ohm},$$

bei einer Übertemperatur von 60° C und Wechselstrom etwa 0·022 Ohm.

Demnach sind die Kupferverluste im betriebswarmen Zustande:

$$3 \times 0{\cdot}022 \,.\, 72^2 = 340 \text{ Watt}.$$

Wir rechnen reichlich, wenn wir zu diesen noch zirka 8% für Wirbelstromverluste hinzurechnen und erhalten so 370 Watt Gesamtverluste in der Niederspannungswicklung.

Um sicher zu sein, ob uns das Gefühl nicht getäuscht hat, wollen wir die zusätzlichen Verluste doch noch nachrechnen und wieder die Fieldsche Methode anwenden:

$$\alpha = \sqrt{\frac{f}{50} \,.\, \frac{b}{a} \,.\, \frac{k}{50}},$$

f bedeutet hier die Periodenzahl und k die Leitfähigkeit, a ist hier wieder der Leitermittenabstand und b Leiterhöhe parallel zum Streufeld, h Leiterhöhe senkrecht zum Streufeld, n Lagenzahl senkrecht zum Streufeld.

$$\alpha = \sqrt{\frac{50}{50} \,.\, \frac{15}{16} \,.\, \frac{48}{50}} = 0{\cdot}9,$$

$$\xi = \alpha \,.\, h = 0{\cdot}9 \,.\, 0{\cdot}30 = 0{\cdot}27.$$

Aus der Tabelle finden wir die dazugehörigen

$$\varphi(\xi) = 1{\cdot}0, \qquad \psi(\xi) = 0{\cdot}0018$$

und

$$k_n = \varphi(\xi) + \frac{n^2 - 1}{3} \psi(\xi) = 1 + \frac{4^2 - 1}{3} \,.\, 0{\cdot}0018 = 1{\cdot}027,$$

das heißt 2·70%.

Oberspannungswicklung.

Die Windungszahl pro Phase für 3000 Volt ist bei einem Übersetzungsverhältnisse von 7·5: $\frac{\sqrt{3}}{2} \,.\, 7{\cdot}5 \times 84 = 546 = w_2$.

Jeder Anzapfung von 4% entsprechen 22 Windungen; es ist somit die gesamte Windungszahl 568.

Ohne Anzapfungen bleiben 524 Windungen, die wir auf acht Spulen aufteilen müssen.

Es gibt dann 4 Spulen zu 65 Windungen und 4 Spulen zu 66 Windungen.

Im ersteren Falle wollen wir 5 Lagen zu 11 Windungen und 1 Lage zu 10 Windungen annehmen, im zweiten Falle 6 Lagen zu 11 Windungen.

Für die Anzapfspulen rechnen wir 5 Lagen zu 2 Windungen und 1 Lage mit 1 Windung.

Die Anzapfspulen werden in der Mitte der Wicklung angeordnet. Die Anordnung der Säule ist dann folgende:

2	Spulen, normale	$\begin{cases} 5 \times 11 \\ 1 \times 10 \end{cases}$
2	" "	6×11
2	Anzapfspulen	$\begin{cases} 5 \times 2 \\ 1 \times 1 \end{cases}$
2	"	$\begin{cases} 5 \times 2 \\ 1 \times 1 \end{cases}$
2	Normalspulen	6×11
2	" .	$\begin{cases} 5 \times 11 \\ 1 \times 10. \end{cases}$

Die Stromstärke beträgt auf der Oberspannungsseite 9·6 Ampere.

Wir wollen hier in der Annahme der Stromdichte nicht mehr in so bescheidenen Grenzen bleiben wie bei der Niederspannungswicklung und wählen 2·12 Amp./mm², so daß sich ein Drahtquerschnitt von 4·52 mm² ergibt, welcher einem Durchmesser von 2·4 mm entspricht.

Als Isolation schreiben wir doppelte Wollumspinnung mit einem Gesamtauftrage von 0·3 mm vor.

Zwischen Niederspannungs- und Oberspannungswicklung ordnen wir keinen Isolierzylinder an, sondern sehen einen genügend breiten Luftkanal von 17·5 mm vor, der zugleich hinreichend isoliert und auch eine gute Kühlung ermöglicht.

Wenn der äußere Durchmesser der Niederspannungswicklung 195 mm ist, so ist nach der eben angesetzten Kanalbreite der innere Durchmesser der Oberspannungswicklung 230 mm und zugleich der äußere Durchmesser der Wickelschablone.

Die radiale Höhe der Normalspulen ist $2{\cdot}7 \times 6 = 16{\cdot}2$ mm, rund 17 mm und somit die mittlere Windungslänge $3{\cdot}14\,(230 + 17) \doteq 775$ mm.

Es soll nun untersucht werden, ob wir mit der Säulenhöhe von 405 mm das Auslangen finden.

11 Lagen mit einem Drahtdurchmesser von 2·7 mm nehmen eine Höhe von 29·7 mm, rund 30 mm ein, zu welchen wir noch 3 mm Spiel hinzurechnen wollen. 8 Spulen werden also 264 mm hoch.

Die Anzapfspulen werden rund 6 mm und mit 2 mm Spiel 8 mm hoch, nehmen also eine Höhe von 32 mm in Anspruch.

Zwischen die Halbspulen legen wir Preßspanscheiben von 2 mm, zwischen die einzelnen Gruppen solche von 3 mm Stärke.

Von ersteren benötigen wir 6 Stück, von letzteren 7 Stück, zusammen 33 mm hoch.

Nehmen wir die beiden Abstände vom Jocheisen mit je 30 mm an, so bleibt noch immer eine Höhe von 16 mm zur Verfügung, die allenfalls beim Aufbaue der Wicklung gut zustatten kommen wird, da die imprägnierten Spulen oft stärker ausfallen als der berechnende Ingenieur annimmt. Ferner dürfen wir nicht außer acht lassen, daß die Spulen bei luftgekühlten Transformatoren gut umwickelt werden müssen, um sie vor mechanischen Beschädigungen zu schützen.

Mit der gefundenen Säulenhöhe von 405 mm finden wir also genügend Platz, wir können sie sogar noch um einige Millimeter verkürzen, falls dies im Interesse einer guten Blechausnützung liegen sollte.

Der Übersicht halber wollen wir die einzelnen Höhen in der Säule noch wie folgt ansetzen:

8 Normalspulen mit Umbandelung:	$8 \times 34 =$	272 mm
4 Anzapfspulen mit Umbandelung:	$4 \times 9 =$	36 „
Preßspanscheiben		33 „
Endabstände		60 „
		401 mm

Die mittlere Windungslänge ist $3{\cdot}14\,(230 + 17) = 775$ mm, das Kupfergewicht $3 \times 568 \times 7{\cdot}75 \times 4{\cdot}52 \,.\, 10^{-4} \times 8{\cdot}9 = 53$ kg, das heißt fast ebensoviel wie das Gewicht der Niederspannungswicklung.

Widerstand bei 20° C und Gleichstrom gemessen

$$\frac{546 \,.\, 0{\cdot}775}{56 \,.\, 4{\cdot}52} = 1{\cdot}67 \text{ Ohm}$$

und etwa 1·85 Ohm im betriebswarmen Zustande (60° Erwärmung) bei Wechselstrom.

Die Kupferverluste sind daher $3 \times 1{\cdot}85 \,.\, 9{\cdot}6^2 = 510$ Watt. Die gesamten Kupferverluste des Transformators sind $370 + 510 = 880$ Watt, das heißt nicht ganz 4% mehr als 850 Watt der Annahme, bzw. Vorschrift.

Es soll nun noch untersucht werden, ob die Kurzschlußspannung die eingangs angesetzte Größe von 4·2% erreicht oder sich noch innerhalb der zugelassenen Toleranz $\pm$ 10% bewegt.

Phasenspannung 1730 Volt.

Windungsspannung $e_w = 3{\cdot}17$ Volt.

Mittlere Windungslänge $l_m \frac{565 + 775}{2} = 670$ mm.

Reduzierter Luftspalt $\Delta = 1{\cdot}5 : 3 + 1{\cdot}65 : 3 + 1{\cdot}8 = 2{\cdot}85$ cm.

Den Abstand der beiden Wicklungen haben wir mit 17·5 mm bemessen, doch rechnen wir mit Rücksicht auf die Isolation hier mit 18 mm.

Streulinienlänge $s = 37{\cdot}5$ mm.
Stromstärke niederspannungsseitig $I_n = 72$ Ampere.
Windungszahl $w_1 = 84$.
Periodenzahl $f = 50$.
Streuspannung

$$E_s = I_n \frac{8 \cdot f \cdot w_1 \cdot 10^{-8}}{e_w} \frac{l_m \Delta}{s} = 72 \frac{8 \cdot 50 \cdot 84 \cdot 10^{-8}}{3{\cdot}17} \frac{67 \cdot 2{\cdot}85}{37{\cdot}5} = 3{\cdot}9\,\%.$$

Die Spannungsänderung bei induktionsfreier Vollbelastung ist $1{\cdot}75\,\%$ und die Kurzschlußspannung daher $\sqrt{1{\cdot}75^2 + 3{\cdot}9^2} = 4{\cdot}25\,\%$, in guter Übereinstimmung mit der Annahme.

Bevor wir uns der Erwärmung der Wicklungen und des Eisenkernes zuwenden, wollen wir den Leerlaufstrom des Transformators auf schnelle Art annähernd berechnen, um auch in dieser Hinsicht von der Richtigkeit des Entwurfes überzeugt zu sein.

Aus der Kurve finden wir für die folgenden Induktionen die Amperewindungen pro 1 cm Kraftlinienweg:

$\mathfrak{B}_s = 12\,000 \quad 8{\cdot}5$ AW/cm $\qquad \mathfrak{B}_j = 8900 \quad 3{\cdot}5$ AW/cm

Als Kraftlinienweg in den Säulen nehmen wir wieder die Säulenhöhe mit 40·5 cm, als jenen in den Jochen ein Drittel der gesamten Jochlänge, etwa 45 cm, an und erhalten:

$40{\cdot}5 \times 8{\cdot}5 =$	344 AW.
$45 \times 3{\cdot}5 =$	158 „
	502 AW.

Daher der Magnetisierungsstrom

$$I_n = \frac{502}{\sqrt{2} \cdot 546} = \frac{502}{772} = 0{\cdot}65 \text{ Amp.}$$

Der Wattstrom zur Deckung der Eisenverluste ist

$$I_h = \frac{420}{3000} = 0{\cdot}14 \text{ Amp.}$$

Somit der Leerlaufstrom

$$I_0 = \sqrt{I_h^2 + I_n^2} = \sqrt{0{\cdot}14^2 + 0{\cdot}65^2} = 0{\cdot}44 \text{ Amp.}$$

und in Prozenten des Vollaststromes ausgedrückt $4{\cdot}6\,\%$.

Es ist von vorneherein klar, daß sich der Leerlaufstrom bei den bescheidenen Induktionen auch in mäßiger Höhe ergeben wird.

Erwärmung der Wicklungen.

1. Niederspannungswicklung.

Der innere Durchmesser dieser Wicklung ist 165 mm, der äußere 195 mm, die Höhe rund 350 mm.

Die innere Mantelfläche ist $3 \times 16{\cdot}5 \times 3{\cdot}14 \times 35 \doteq 5400\ \text{cm}^2$, die äußere $3 \times 19{\cdot}5 \times 3{\cdot}14 \times 35 = 6400\ \text{cm}^2$, zusammen $11\,800\ \text{cm}^2$.

Da sich im Inneren der Niederspannungswicklung der Eisenkern befindet und der äußere Mantel von der Oberspannungswicklung umgeben ist, müssen wir in diesem Falle von einer Wärmeabführung durch Strahlung absehen. Es kommt also lediglich Abfuhr von Wärme durch Mitnahme in Betracht.

Das Verhältnis $\frac{\text{Watt}}{\text{dm}^2} = \frac{370}{118} = 3{\cdot}14 = c_1$.

Wir setzen natürlich voraus, daß der mittlere Temperaturanstieg der Wicklung 50° C nicht übersteigt, und wenn wir ganz besonders vorsichtig rechnen wollen, so setzen wir die Konvektionsziffer $k = 6{\cdot}4$, entsprechend 40° Temperaturanstieg.

Der Anstieg an der äußeren Spulenfläche ist daher:

$$t = \frac{370}{1{\cdot}18 \times 6{\cdot}4} = \frac{370}{7{\cdot}55} = 49^0\ \text{C}.$$

Nun muß noch der Temperaturanstieg von der Mantelfläche zum Inneren der Wicklung bestimmt werden.

Die Isolation zwischen zwei Lagen beträgt samt Zwischenlage von 0·1 mm Papier 0·6 mm und ebensoviel rechnen wir mit der Umbandelung außen.

$\delta = 0{\cdot}6$.

Wärmeleitfähigkeit der getränkten Isolation λ sei 0·02 Watt/° C $\times$ dm Lagenzahl bis zur wärmsten Stelle = 2. Temperaturanstieg daher:

$$3{\cdot}14 \left\{\frac{1}{2}\left(\frac{2}{2} \times 0{\cdot}6 + 0{\cdot}6\right)\right\} \doteq 2^0\ \text{C}.$$

Die durch Widerstandsmessung bestimmte mittlere Kupferübertemperatur wird nach alldem $49 + 2 = 51^0$ C ergeben.

Die höchste Kupferübertemperatur wird bei der geringen Lagenzahl kaum viel höher sein als die mittlere.

Die Spulenseitenflächen haben wir wieder vernachlässigt, da sie wegen der Abstützung gegen die Joche nicht wirksam sein können.

Wir haben nun allerdings vergessen zu berücksichtigen, daß die berechnete wärmeabführende Fläche durch Konstruktionsteile zur Abstützung vom Eisenkern einerseits sowie von der Oberspannungswicklung andererseits verkleinert wird.

Nun wollen wir die wirklich freien Flächen zu 75% der vorhin berechneten annehmen, erhalten also 8850 cm² für die Abfuhr der Wärme.

Dafür setzen wir diesmal $k = 7{\cdot}1$, entsprechend 60° C.

$$t' = \frac{370}{0{\cdot}885 \times 7{\cdot}1} = \frac{370}{6{\cdot}28} = 59^0\ \text{C}.$$

Durch Widerstandsmessung werden wir nun 61° C bestimmen. Die Vorschriften des V. D. E. setzen für luftgekühlte Transformatoren eine mittlere Übertemperatur von 60° C fest, wir sehen, daß wir in unserem Falle das Kupfer gut ausgenützt haben.

2. Oberspannungswicklung.

Der innere Durchmesser der Wicklung ist 230 mm, der äußere 265 mm und als Höhe nehmen wir 290 mm an (8 Normalspulen zu 34 mm und 2 Anzapfspulen zu 18 mm).

Innere Mantelflächen: $3 \times 23 \times 3{\cdot}14 \times 29 = 6250$ cm², äußere Mantelfläche: $3 \times 26{\cdot}5 \times 3{\cdot}14 \times 29 = 7250$ cm². Die innere Mantelfläche ist zu 25% von Abstützungsteilen bedeckt, es kommen also zur Wärmeabfuhr nur 75% zur Geltung. Ebenso rechnen wir bei dieser Fläche nur mit Wärmemitnahme, und zwar mit 4700 cm².

Als Wandübertemperatur setzen wir 50° C voraus, wobei die Strahlungsziffer 6 und die Konvektionsziffer 6·4 ist.

Der Wärmeanstieg ist somit:

$$t = \frac{510 \text{ Watt}}{0{\cdot}47 \times 6 + 0{\cdot}725\,(6 + 6{\cdot}4)} = \frac{510}{2{\cdot}82 + 9} = \frac{510}{11{\cdot}82} = 43^\circ \text{ C},$$

$$\frac{\text{Watt}}{\text{dm}^2} = \frac{510}{119{\cdot}5} = 4{\cdot}3 = c.$$

Zwischen zwei Lagen betrage die Isolation wieder 0·6 mm und außerdem wird jede Spulengruppe zum Schutze gegen Beschädigungen gut mit Band umwickelt und ausreichend getränkt.

Die Stärke der Isolation sei einseitig 1 mm.

$\delta = 0{\cdot}6$ mm, $\delta' = 1$ mm.

Wärmeleitfähigkeit der getränkten Isolation $= \lambda = 0{\cdot}02$ Watt/° C $\times$ dm. Die Lagenzahl ist sechs, doch wollen wir nicht mit der Hälfte davon rechnen, sondern mit vier, da die äußere Fläche mehr Wärme abführt als die innere, die wärmste Zone also von der Mitte gegen die letztere rückt.

Der Wärmeanstieg ist somit

$$t = c\left\{\frac{1}{\lambda}\left(\frac{n}{2} \times \delta + \delta'\right)\right\} = 4{\cdot}3\left\{\frac{1}{2}\left(\frac{4}{2} \times 0{\cdot}6 + 1\right)\right\} \cong 5^\circ \text{ C}.$$

Durch Widerstandsmessung erhalten wir eine mittlere Erwärmung von $43 + 5 = 48^\circ$ C.

Wir könnten also mit der Stromdichte in der Oberspannungswicklung noch höher als 2·12 Amp./mm² gehen, um die noch zulässige Erwärmung von 60° C zu erreichen.

Als Kompensation könnte die Stromdichte in der Niederspannungswicklung etwas herabgesetzt werden.

Erwärmung des Eisenkernes.

Der Umstand, daß die Erwärmung des Eisenkernes bei luftgekühlten Transformatoren durch Auflegen eines Thermometers auf die obere Jochfläche ohne besondere Umstände gemessen werden kann, wird in manchen Fällen den Besteller dazu verleiten, die Bedingung aufzustellen, daß der Transformatorenkern an der oben bezeichneten Stelle die vorgeschriebene Erwärmung nicht überschreite.

Ansonsten wird die Erwärmung des Eisenkernes besonders bei Öltransformatoren in den seltensten Fällen vom Besteller kontrolliert.

Das Hauptaugenmerk wird der Wicklung zugewendet, und auch mit Recht.

Die Aufteilung der Verluste ergab folgende Verhältnisse:

Säuleneisenverluste 230 Watt,
Jocheisenverluste 190 Watt.

Eine Säule hat demnach etwa 77 Watt Belastung, ein Joch hingegen 95 Watt.

Die Blechpaketdicke ist 12·3 cm, hievon entfällt auf effektives Eisen eine Stärke von etwa $0{\cdot}86 \times 12{\cdot}3 = 10{\cdot}6$ cm.

Die Blechpaketbreite sei 13·2 cm.

Der Umfang des Eisenkernes, der für die Abfuhr von Wärme in Betracht zu ziehen ist, beträgt somit $2 \times 12{\cdot}3 + 2 \times 13{\cdot}2 = 51$ cm.

Die Holzleisten, die zur Abstützung der Wicklung dienen, bedecken einen Teil der Fläche und wir wollen nur etwa 75% als wirksam annehmen.

Die wärmeabführende Fläche ist somit pro Säule

$$51 \times 40{\cdot}5 \times 0{\cdot}75 = 1550 \text{ cm}^2.$$

Vorausgesetzt ist, daß die Erwärmung des Säuleneisens 70° C beträgt.

Die Konvektionsziffer für Luft ist unter dieser Annahme $k_l = 7{\cdot}1 \text{ W/m}^2 \times {}^0\text{C}$ und die Erwärmung an der Säulenoberfläche

$$\frac{77 \text{ Watt}}{0{\cdot}155 \times 7{\cdot}1} = \frac{77}{1{\cdot}1} = 70^0 \text{ C}.$$

Der Temperaturanstieg von der Säulenoberfläche zur Mitte der Säule wird wohl bei der mäßigen Induktion und der geringen Blechbreite zu vernachlässigen sein. Für 1 kg Säuleneisen haben wir 2·09 Watt Verluste, und wenn wir das spezifische Gewicht des Eisens zu 7·55 kg und dessen Wärmeleitfähigkeit mit $\lambda_{ei} = 6$ annehmen, so ist bei einer Blechbreite von 1·32 dm der Temperaturanstieg

$$= \frac{2{\cdot}09 \times 7{\cdot}55}{2 \times 6} \left(\frac{13{\cdot}2}{2}\right)^2 \doteq 0{\cdot}6^0 \text{ C},$$

also tatsächlich ein kleiner, zu vernachlässigender Betrag.

Nun soll die Erwärmung des Joches berechnet werden. An vertikalen Kühlflächen der Joche haben wir:

$$
\begin{aligned}
2 \times 67{\cdot}5 \times 15 &= 2020 \text{ cm}^2 \\
2 \times 15 \times 12{\cdot}5 &= 375 \ \text{„} \\
\hline
& 2395 \text{ cm}^2.
\end{aligned}
$$

Da aber die Wärmeabfuhr derselben durch die aufsteigende Wärme der Säulen und auch der Wicklungen äußerst ungünstig beeinflußt wird, wollen wir von dieser Fläche nur 25% in unsere Rechnung stellen, das sind 600 cm². Die horizontale Fläche von $67{\cdot}5 \times 12{\cdot}5 = 845$ cm² kommt voll wirksam in Betracht. Eine Erwärmung von 50° C angenommen sind die einzelnen Strahlungs- und Konvektionsziffern für horizontale Flächen 6·3 und 6·8, für vertikale Flächen 6·3 und 8·7. Die Erwärmung ist dann

$$\frac{98 \text{ Watt}}{0{\cdot}06\,(6{\cdot}3 + 6{\cdot}8) + 0{\cdot}0845\,(6{\cdot}3 + 8{\cdot}7)} = \frac{98}{0{\cdot}786 + 1{\cdot}27} = \frac{98}{2{\cdot}05} = 48^\circ \text{ C}.$$

Wir werden indessen nicht 48° C messen, da die Wärmestromdichte in den Jochen von jener der Säulen verdichtet wird, und wenn wir das Mittel nehmen, so werden wir zu einer Erwärmung des oberen Joches von etwa 58° C kommen.

Diese Annahme ist durch Erfahrungswerte aus der Praxis hinreichend bestätigt.

Umschaltbarkeit des Transformators.

Wie bereits eingangs erwähnt, muß der Transformator von 400 Volt Zickzack (Schaltart C_3) auf 231 Volt Stern (Schaltart A_2) und auf 115 Volt Stern (Schaltart A_2) umschaltbar sein.

Diese Bedingung ist bei der Voraussetzung, daß alle Enden der Niederspannungswicklung ausgeführt werden, ohne weiteres zu erfüllen.

Das Schaltschema der Unterspannungswicklung für 400 Volt, Schaltart C_3 ist folgendes:

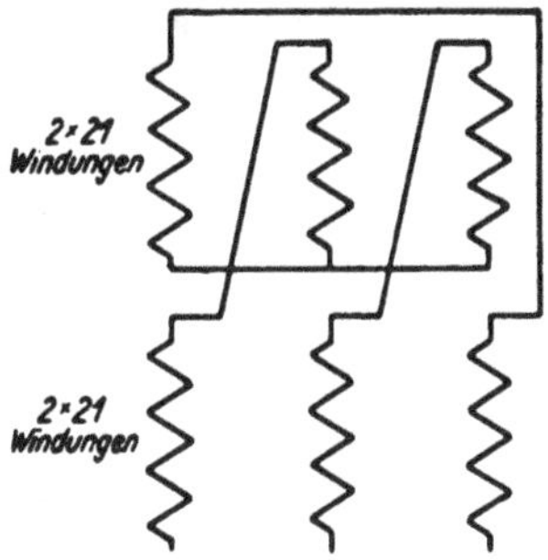

Fig. 79.

Wir müssen sämtliche 84 Windungen der Niederspannungswicklung hintereinander schalten, und zwar in der bekannten Weise eine Spulenhälfte des einen Schenkels mit der Spulenhälfte des anderen Schenkels. Für 231 Volt Stern benötigen wir pro Phase

$$\frac{231 \,.\, 10^8}{\sqrt{3} \,.\, 4{\cdot}44 \,.\, 50 \,.\, 119 \,.\, 12\,000} = 42 \text{ Windungen,}$$

das heißt wir müssen pro Schenkel zwei Gruppen parallel schalten.

Für 115 Volt sind 21 Windungen nötig und es sind auf einer Säule vier Gruppen parallel zu schalten. In dieser Schaltart sind die größten zusätzlichen Verluste durch Wirbelströme zu erwarten und wir wollen daher untersuchen, ob die gesamten Kupferverluste jene bei Schaltart C_3 nicht übersteigen. Der Kombinationswiderstand der vier parallel geschalteten Gruppen ist $\frac{0\cdot022}{16} = 0\cdot00138$ Ohm und daher die Kupferverluste $3 \times 0\cdot00138 \,.\, 250^2 = 260$ Watt im betriebswarmen Zustande.

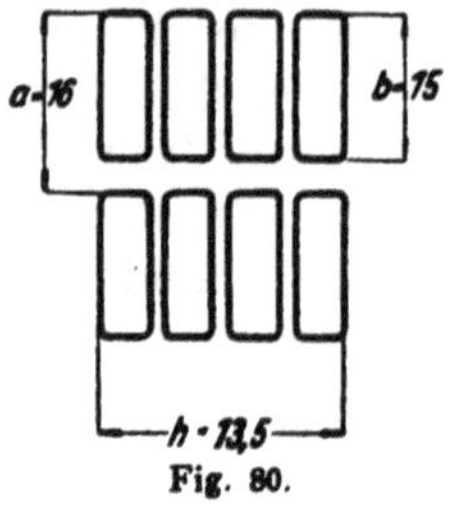
Fig. 80.

$$\alpha = \sqrt{\frac{f}{50} \cdot \frac{b}{a} \cdot \frac{k}{50}} = \sqrt{\frac{50}{50} \cdot \frac{15}{16} \cdot \frac{48}{50}} = 0\cdot9.$$

$$\xi = \alpha \,.\, h = 0\cdot9 \,.\, 1\cdot35 = 1\cdot215.$$

Aus der Tabelle finden wir die zugehörigen $\varphi(\xi) = 1\cdot17$, $\psi(\xi) = 0\cdot638$ und

$$k_n = \varphi(\xi) + \frac{n^2 - 1}{3} \psi(\xi) = 1\cdot17 + \frac{1^2 - 1}{3} \,.\, 0\cdot638 = 1\cdot17, \text{ das heißt } 17\,\%.$$

Rechnen wir mit rund 20% Wirbelstromverlusten, so erhalten wir etwa 315 Watt, mit Zuleitungen etwas mehr noch, sagen wir 330 Watt Gesamtkupferverluste in der Niederspannungswicklung, denen wir 370 Watt bei Zickzackschaltung gegenüberstellen.

Es wird wohl von Interesse sein, die Vidmarsche Formel zur Bestimmung der zusätzlichen Verluste anzuwenden.

$$h^1 = 1\cdot5\, h \sqrt{\frac{m \,.\, b \,.\, f}{s \,.\, \varrho \,.\, 10^4}}.$$

Hierin bedeuten:

h Drahtbreite senkrecht zum Streufeld (cm).
b Drahtbreite parallel zum Streufeld (cm).
m Drahtreihenzahl parallel zum Streufeld.
f Periodenzahl.
s Streulinienweglänge in Zentimetern.
ϱ Spezifischer Widerstand des Leiters $\left(\text{Ohm } \frac{\text{mm}^2}{\text{m}}\right)$.

Für unseren Fall setzen wir $h = 1\cdot35$ cm, $b = 1\cdot5$ cm, $f = 50$, $s = 37\cdot5$ cm, $\varrho = 0\cdot021$ und erhalten

$$h' = 1\cdot5 \,.\, 1\cdot35 \sqrt{\frac{21 \,.\, 1\cdot5 \,.\, 50}{37\cdot5 \,.\, 0\cdot021 \,.\, 10^4}} = 2\cdot03 \sqrt{0\cdot2} = 0\cdot91.$$

Wirbelstromfaktor:

$$K = 1 + h'^4 \, \frac{5 \,.\, n^2 - 1}{15} = 1 + 0\cdot91^4 \, \frac{5 \,.\, 1^2 - 1}{15} = 1 + 0\cdot183 = 1\cdot183,$$

das heißt rund 18% Wirbelstromverluste. n bedeutet auch hier die Drahtreihenzahl senkrecht zum Streufelde. Wir sehen, daß beide Methoden zum gleichen Resultate führen und der Zeitaufwand so ziemlich ein und derselbe ist.

Den dritten Fall, nämlich die Sternschaltung bei 231 Volt, wollen wir der Vollständigkeit halber auch noch untersuchen.

$$\alpha = \sqrt{\frac{f}{50} \cdot \frac{b}{a} \cdot \frac{k}{50}} = 0{\cdot}9 \qquad \xi = 0{\cdot}9 \,.\, 0{\cdot}65 = 0{\cdot}585$$

und die entsprechenden

$$\varphi(\xi) = 1.01, \qquad \psi(\xi) = 0{\cdot}037$$

$$k_n = \varphi(\xi) + \frac{n^2-1}{3}(\psi[\xi]) = 1{\cdot}01 + \frac{2^2-1}{3} \,.\, 0{\cdot}037 =$$

$$= 1{\cdot}01 + 0{\cdot}037 = 1{\cdot}047,$$

d. h. es sind rund 5% zusätzliche Verluste zu erwarten.

Nach Vidmar:

$$h' = 1{\cdot}5\,h \sqrt{\frac{m \,.\, b \,.\, f}{s \,.\, \varrho \,.\, 10^4}} = 1{\cdot}5 \,.\, 0{\cdot}65 \sqrt{\frac{21 \,.\, 1{\cdot}5 \,.\, 50}{37{\cdot}5 \,.\, 0{\cdot}021 \,.\, 10^4}} =$$

$$= 0{\cdot}975 \sqrt{0{\cdot}2} = 0{\cdot}436.$$

Wirbelstromfaktor:

$$k = 1 + h'^4 \, \frac{5 \,.\, n^2 - 1}{15} = 1 + 0{\cdot}436^4 \, \frac{5 \,.\, 2^2 - 1}{15} = 1 + 0{\cdot}036 \, \frac{19}{15} = 1{\cdot}046.$$

Wir kommen wieder zu etwa 5% zusätzlicher Verluste.

Den ungünstigen Fall hinsichtlich Erwärmung stellt also die Schaltart C_3 (Zickzack) dar, den günstigsten Schaltart A_2 bei 231 Volt.

Berechnung eines Drehstrom-Öltransformators mit natürlicher Ölkühlung. 1000 K. V. A.

Die Oberspannung des Transformators sei 20 000 Volt mit zwei Anzapfungen $\pm$ 4%, die Unterspannung 3300 Volt, Periodenzahl 50.

Die Kurzschlußspannung 2·7%, mit Rücksicht darauf, daß der Transformator mit bereits vorhandenen Transformatoren anderer Herkunft parallel arbeiten muß. Ansonsten würden wir uns beim Entwurfe wohl für eine größere Kurzschlußspannung, mindestens 5·5%, entschließen.

Für eine derart niedrige Kurzschlußspannung wählen wir mit Vorteil die Scheibenwicklung.

Die garantierten Verluste des Transformators sind: Eisenverluste 4600 Watt, Wicklungsverluste 13 500 Watt, mit einer Toleranz von $\pm$ 10%.

Wir wählen folgende Verhältnisse: Die Länge der Säulen $l_s = 3$ mal Fensterhöhe h soll gleich sein der Länge der beiden Joche l_j. Jochverstärkung 20%. Fensterhöhe $h = 3$ mal Durchmesser d des dem Säuleneisen umschriebenen Kreises.

Der Säuleneisenquerschnitt hat kreuzförmige Gestalt und ist zweimal abgestuft, wobei sich das Verhältnis des effektiven Eisenquerschnittes zum Querschnitte des umschriebenen Kreises zu $0{\cdot}72 = f_s$ ergibt.

Verwendung findet hochlegiertes Blech mit einer Verlustziffer $V_{10} = 1{\cdot}45$ Watt/kg.

Nach der vorhin gemachten Annahme haben wir: $l_s = 3\,h = 1 \times l_j$ und Eisenlänge $l_{ei} = l_s + l_j = 6\,h$.

Daraus $h = \frac{l_{ei}}{6}$.

Säuleneisenquerschnitt F_s, Jocheisenquerschnitt F_j, $F_s = \frac{F_j}{1{\cdot}2}$.

Die Induktion in den Säulen setzen wir mit 14 800 Kraftlinien/cm² ein, jene in den Jochen ist dann gemäß 20%iger Jochverstärkung 12 300.

Diesen Sättigungen entsprechen die Verlustziffern 3·41 Watt/kg, bzw. 2·25 Watt/kg.

Die zusätzlichen Verluste rechnen wir mit Rücksicht auf die größere Konstruktion und bei Verwendung verschiedener Eisenteile zum Aufbau 15%.

Somit erhöhen sich die spezifischen Verlustziffern auf

$$3{\cdot}41 \times 1{\cdot}15 = 3{\cdot}92 \text{ Watt/kg und } 2{\cdot}25 \times 1{\cdot}15 = 2{\cdot}59 \text{ Watt/kg.}$$

Weil einerseits der Säuleneisenquerschnitt um 20% kleiner ist als der Jocheisenquerschnitt, andererseits das Säuleneisen gleich lang ist wie das Jocheisen, sind offenbar die Verluste in den Säulen $1{\cdot}2 \times 1$ größer als jene in den Jochen.

Es muß aber noch eine kleine Korrektur berücksichtigt werden, wenn wir annehmen, daß die Verluste nicht im quadratischen Verhältnisse mit der Induktion zunehmen, sondern etwas schneller.

$$\left(\frac{14\,800}{12\,300}\right)^2 \times 2{\cdot}25 = 3{\cdot}35 \text{ und } 3{\cdot}35 \times 1{\cdot}05 = 3{\cdot}41.$$

Wir müssen also 3·35 noch mit 1·05 multiplizieren, um auf 3·41 zu kommen.

Die Verluste in den Säulen sind also $1{\cdot}2 \times 1{\cdot}05 = 1{\cdot}26$mal größer als die Verluste in den Jochen.

Verluste in den Säulen V_s + Verluste in den Jochen $V_j = 4600$ Watt oder $1{\cdot}26\,V_j + V_j = 2{\cdot}26\,V_j = 4600$ Watt.

Daraus $V_j = \frac{4600}{2{\cdot}26} = 2040$ Watt und $V_s = 1{\cdot}26\,V_j = 1{\cdot}26 \,.\, 2040 =$ $= 2560$ Watt, zusammen 4600 Watt.

Mit Hilfe dieser Teilverluste können bereits auch die Teilgewichte bestimmt werden.

Säulengewicht $G_s = \frac{2560}{3{\cdot}92} = 650$ kg und Jochgewicht $G_j = \frac{2040}{2{\cdot}59} =$ $= 785$ kg, so daß sich das Kerngewicht zu 1435 kg ergibt. ($G_{ei} = 1435$ kg.)

$G_{ei} = 7{\cdot}55\,(F_s\,l_s + F_j\,l_j)$ und da $F_j\,l_j = 1{\cdot}2\,F_s\,l_s$, weiter $G_{ei} = 7{\cdot}55$ $(F_s\,l_s + 1{\cdot}2\,F_s\,l_s) = 16{\cdot}6\,F_s\,l_s$.

Hieraus $l_s = \frac{G_{ei}/\text{kg}}{16{\cdot}6 \times F_s}$, worin F_s in Quadratdezimetern und l_s in Dezimetern einzusetzen sind.

Für F_s können wir andererseits auch schreiben: $F_s = f_s \frac{d^2 \pi}{4}$, für $l_s = 3\,h = 3 \times 3\,d$ und erhalten, die Längen in Zentimetern, eingesetzt:

$$G_{ei} = f_s \frac{d^2 \pi}{4} (3\,h + 1{\cdot}2 \times 3\,h) \frac{7{\cdot}55}{1000}.$$

$$f_s = 0{\cdot}72.$$

$$G_{ei} = f_s \frac{d^2 \pi}{4} (9\,d + 9\,d\,.\,1{\cdot}2) \frac{7{\cdot}55}{1000}.$$

$$G_{ei} = 0{\cdot}565\,d^2 (19{\cdot}8\,d) \frac{7{\cdot}55}{1000}.$$

$$G_{ei} = 1435 \text{ kg}.$$

$$1\,435\,000 = 84{\cdot}5\,d^3.$$

$$d^3 = \frac{1\,435\,000}{84{\cdot}5} = 1700.$$

$$d = \sqrt[3]{1700} = 25{\cdot}7 \text{ cm}.$$

Wir setzen nun $d = 26$ cm und erhalten den Säuleneisenquerschnitt

$$F_s = \frac{d^2 \pi}{4} f_s = 380 \text{ cm}^2, \qquad F_j = 1{\cdot}2 \times 380 = 455 \text{ cm}^2,$$

$$l_s = \frac{1435\,.\,10^3}{16{\cdot}6 \times 380} = 228 \text{ cm und } h = \frac{l_s}{3} = \frac{228}{3} = 76 \text{ cm}.$$

$$l_j = \frac{l_s}{1} = l_s = 228 \text{ cm und}$$

$$\frac{l_j}{2} = \frac{228}{2} = 114 \text{ cm}.$$

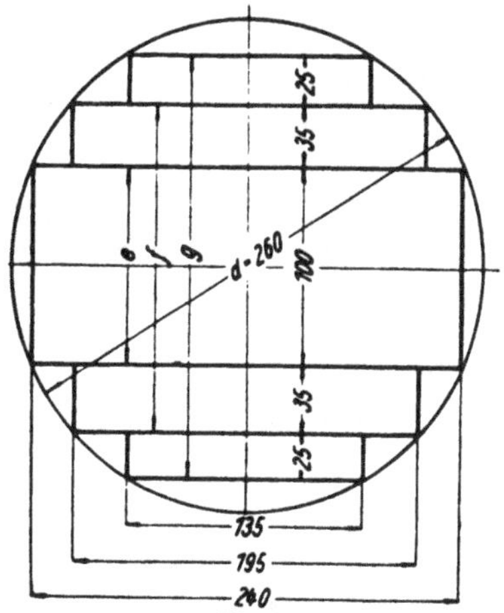

Fig. 81.

Zur Bestimmung der Achsdistanz, bzw. Fensterbreite, muß die geometrische Gestalt des Säuleneisenquerschnittes festgelegt werden. Uns interessiert in erster Linie die größte Blechbreite, dann die Blechdicke.

In erster Annäherung haben sich ergeben:

$$e = 0{\cdot}39\,d = 101 \text{ mm}$$
$$f = 0{\cdot}65\,d = 169 \text{ mm}$$
$$g = 0{\cdot}85\,d = 221 \text{ mm}$$

und wurden dann endgültig auf 100, 170 und 220 mm festgesetzt.

Die Nachrechnung des Eisenquerschnittes der Säule ergibt nun:

$$\begin{aligned} 13{\cdot}5 \times 5 &= 67{\cdot}5 \text{ cm}^2 \\ 19{\cdot}5 \times 7 &= 136{\cdot}5 \text{ „} \\ 24 \times 10 &= 240{\cdot}0 \text{ „} \\ \hline \text{zusammen } & 444{\cdot}0 \text{ cm}^2 \end{aligned}$$

Mit einem Eisenblechfüllfaktor von 0·85 gerechnet, bekommen wir $0{\cdot}85 \times 444 \doteq 375 \text{ cm}^2$ effektiven Säuleneisenquerschnitt.

Wir machen nun die Säulenhöhe $\frac{380}{375} \times 76 = 77$ cm hoch und die Jochlänge ergibt sich dann mit 231 cm, die Hälfte zu 115·5 cm, rund 116 cm. Die Achsdistanz kann bereits bestimmt werden. Sie ist

$$\frac{116 - 23}{2} = 46{\cdot}5 \text{ cm}.$$

Es ist nun noch die Höhe der Jochbleche zu bestimmen.

Die Dicke des Joches $g = 22$ cm, der Jocheisenquerschnitt $375 \times 1{\cdot}2 = 450 \text{ cm}^2$, somit die Blechhöhe $\frac{450}{0{\cdot}85 \times 22} \doteq 24$ cm.

Gewicht der Säulen: $3{\cdot}75 \times 23{\cdot}1 \times 7{\cdot}55 = 655$ kg, Gewicht der Joche: $4{\cdot}5 \times 23{\cdot}2 \times 7{\cdot}55 = 785$ kg, und das Kerngewicht 1440 kg, gegen 1435 in der ersten Annahme.

Nun sind noch die Eisenverluste zu kontrollieren, ehe wir an die Berechnung der Wicklung schreiten.

Verluste in den Säulen: $3{\cdot}92 \times 655 = 2570$ Watt, Verluste in den Jochen: $2{\cdot}59 \times 785 = 2030$ Watt, zusammen 4600 Watt, genau entsprechend der Voraussetzung.

Der Aufbau des Kernes weist hier gegenüber dem Kerne des 100-K-V.-A.-Transformators den Unterschied auf, daß die Bleche nicht mehr verschachtelt sind, sondern daß die Joche auf die Säulen stumpf aufgesetzt sind und durch eine dünne Papierschichte eine ausreichende Isolation hergestellt wird.

Die Säulenbleche wie auch die Jochbleche sind nicht mehr genietet, sondern geschraubt. Wir verwenden nur eine Reihe von Schrauben, die genügend stark angenommen werden.

Berechnung der Wicklungen.

Beide Wicklungen seien in Stern-Stern geschaltet, entsprechend den anderen Transformatoren Schaltart A_2.

Bei einer Induktion von 14 800 Kraftlinien/cm² erhalten wir niederspannungsseitig $w_1 = \frac{3300 \,.\, 10^8}{\sqrt{3} \,.\, 4{\cdot}44 \,.\, 50 \,.\, 375 \,.\, 14\,800} = 154$ Windungen pro Phase.

Wir wählen pro Säule sieben Spulengruppen oder besser gesagt $6 + 2 \times \frac{1}{2}$. Spulengruppen, das heißt an den beiden Enden befindet sich als äußerste Spule je eine Halbspule.

Dividieren wir 154 durch 14, so bekommen wir pro Halbspule elf Windungen und pro Gruppe zwei Halbspulen.

Niederspannungsseitig fließt ein Strom von 175 Ampere.

Nehmen wir eine Stromdichte von 3·25 Amp./mm² an, so bekommen wir einen Leiterquerschnitt $\frac{175}{3{\cdot}25} = 53{\cdot}8$ mm² mit einem Profile von $5{\cdot}5 \times 10$ mm.

Das Profil sei zweimal mit Baumwolle umsponnen mit einem Gesamtauftrage von 0·6 mm.

Über die Säule schieben wir einen Zylinder aus Gummoid, dessen Innendurchmesser 264 mm ist, wenn wir beiderseitig 2 mm Spiel zwischen Zylinder und Eisenkern vorsehen.

Der Gummoidzylinder ist 3 mm stark, sein Außendurchmesser daher 270 mm.

Den Innendurchmesser der Wicklung nehmen wir $270 + 40 = 310$ mm an, wobei sich ein Ölkanal einseitig von 20 mm ergibt, in den wir noch zur Vergrößerung des „Kriechweges" eine besondere Abstützung einbauen. Die radiale Spulenhöhe der Niederspannungswicklung ist $6{\cdot}1 \times 11 \doteq 67{\cdot}5$ mm und mit einem Sicherheitszuschlage von 2·5 mm rund 70 mm.

Die mittlere Windungslänge daher: $3{\cdot}14\,(310 + 70) = 1194$ mm.

Das Kupfergewicht $3 \times 154 \times 11{\cdot}94 \,.\, 53{\cdot}8 \,.\, 10^{-4} \times 8{\cdot}9 = 264$ kg.

Widerstand einer Phase mit Gleichstrom, bei 20° C gemessen,

$$\frac{154 \,.\, 1{\cdot}194}{56 \,.\, 53{\cdot}8} = 0{\cdot}061 \text{ Ohm},$$

bei einer Erwärmung von 70° C mit Wechselstrom etwa 0·073 Ohm, daher die Kupferverluste aller drei Phasen: $3 \times 0{\cdot}073 \times 175^2 = 6750$ Watt.

Nun wollen wir sehen, wie hoch die zusätzlichen Verluste durch Wirbelströme in den Niederspannungsspulen sind.

$a = 5{\cdot}5 + 0{\cdot}6 = 6{\cdot}1$, $h = 10$ (senkrecht zum Streufeld).

a Leitermittenabstand parallel zum Streufeld, b Leiterbreite parallel zum Streufeld.

Wir benützen wieder die Formel von Field und erhalten:

$$\alpha = \sqrt{\frac{f}{50} \cdot \frac{b}{a} \cdot \frac{k}{50}},$$

worin f wieder die Periodenzahl und k die Leitfähigkeit des Kupfers bedeuten.

$$\alpha = \sqrt{\frac{50}{50} \cdot \frac{5\cdot5}{6\cdot1} \cdot \frac{48}{50}} = 0\,87$$

$$\xi = \alpha \, . \, h = 0\cdot87 \, . \, 1 = 0\cdot87.$$

Aus der Tabelle finden wir hiezu: $\varphi(\xi) = 1\cdot05$ und $\psi(\xi) = 0\cdot195$,

$$k_n = \varphi(\xi) + \frac{n^2 - 1}{3} \psi(\xi).$$

n bedeutet die Lagenzahl senkrecht zum Stromfelde und ist in unserem Falle gleich 1, wir können das zweite Glied somit vernachlässigen und es ist $k_n = \varphi(\xi) = 1\cdot05$, das heißt wir müssen mit 5% zusätzlichen Verlusten durch Wirbelströme rechnen.

Die Verluste der Niederspannungswicklung sind also

$$6750 + 350 = 7100 \text{ Watt}.$$

Oberspannungswicklung.

Die Windungszahl pro Phase ist $w_2 = \frac{20\,000}{3300} \times 154 = 934$ Windungen.

Es sind zwei Anzapfungen für $\pm$ 4% auszuführen, jeder entsprechen 38 Windungen.

Die gesamte Windungszahl ist daher $934 + 38 = 972$, wovon für die normalen Spulen 896 Windungen bleiben, die wir nach dem vorhin Angeführten auf sieben Spulengruppen verteilen müssen.

Auf jede Gruppe entfallen daher $\frac{896}{7} = 128$ Windungen, das heißt auf jede Halbspule 64 Windungen. Die Stromstärke auf der Oberspannungsseite ist 28·9 Ampere, wir nehmen wieder eine Beanspruchung von 3·2 Amp./mm² an und kommen so zu einem Leiterquerschnitte von ungefähr 9 mm² oder einem Profile von $2\cdot3 \times 4\cdot0$ mm.

Entsprechend 20000 Volt Oberspannung setzen wir wieder Papierisolation voraus, die diesmal einmal beklöppelt sein soll.

Zahl der Papierlagen für normale Spuren zwei, Isolationsauftrag samt Umklöppelung 0·6 mm; die Papierlagen für Eingangspulen sind drei mit einem Auftrag von 0·8 mm samt Umklöppelung.

Das normal isolierte Profil hat also die Abmessungen $2\cdot9 \times 4\cdot6$ mm, das verstärkt isolierte $3\cdot1 \times 4\cdot8$ mm.

Jede Halbspule der Anzapfgruppe hat 19 Windungen. Wir gestalten die Halbspule einreihig, das heißt eine Windung und 19 Lagen.

Die normalen Halbspulen zu 64 Windungen haben drei Windungen und 21 Lagen und in der 22. Lage nur eine Windung.

Die radiale Spulenhöhe der Normalspulen ist $2{\cdot}9 \times 22 = 64$ mm, mit Zuwachs etwa 66 mm, die verstärkten Spulen sind radial $3{\cdot}1 \times 22 = 68$ mm, mit Zuwachs 70 mm hoch.

Verstärkt soll je eine Spulengruppe am Eingange und am Sternpunkte ausgeführt werden.

Die mittlere Windungslänge ist $3{\cdot}14\,(310 + 66) = 1180$ mm.

Das Kupfergewicht $3 \times 972 \times 11{\cdot}8 \times 9 \,.\, 10^{-4} \,.\, 8{\cdot}9 = 275$ kg.

Der Widerstand pro Phase bei 20° C und Gleichstrom:

$$\frac{934 \times 1{\cdot}18}{56 \,.\, 9} = 2{\cdot}18 \text{ Ohm}$$

und etwa 2·65 Ohm bei 70° C Erwärmung und Wechselstrom.

Die Kupferverluste sind $3 \times 2{\cdot}65 \times 28{\cdot}9^2 = 6600$ Watt.

Wir wollen auch hier die Wirbelstromverluste berechnen.

$$a = 2{\cdot}9\ (3{\cdot}1), \text{ mittel } 3$$

$$h = 5 \text{ mm senkrecht zum Streufeld.}$$

$$\alpha = \sqrt{\frac{f}{50} \cdot \frac{b}{a} \cdot \frac{k}{50}} = \sqrt{\frac{50}{50}\,\frac{2{\cdot}3}{3} \times \frac{48}{50}} = 0{\cdot}74$$

$$\xi = \alpha \,.\, h = 0{\cdot}74 \times 0{\cdot}5 = 0{\cdot}37 \qquad \varphi(\xi) = 1{\cdot}0, \qquad \psi(\xi) = 0{\cdot}007$$

$$k_n = \varphi(\xi) + \frac{n^2 - 1}{3}\,\psi(\xi). \quad n \text{ ist in unserem Falle } 3.$$

$$k_n = 1 + \frac{3^2 - 1}{3}\,0{\cdot}007 = 1 + 0{\cdot}019 = 1{\cdot}019.$$

Wir haben also rund 2% zusätzliche Verluste zu gewärtigen.

Die Verluste in der Oberspannungswicklung sind daher 6750 Watt und die Wicklungsverluste 7100 + 6750 = 13 850 Watt. Rechnen wir für die Zuleitungen 150 Watt, so bekommen wir insgesamt 14 000 Watt Kupferverluste.

Die Abzapfspulen wollen wir der Symmetrie halber in die Mitte der Wicklung verlegen, also in die vierte Oberspannungsspulengruppe, und zwar zwischen die beiden Halbspulen.

Die normalen Spulen sind

4·6 × 3 =	13·8 mm
Zuwachs	1·7 „
	15·5 mm hoch.

Die verstärkten Spulen

4·8 × 3 =	14·4 mm
Zuwachs	1·6 „
	16·0 mm hoch.

Zwischen die Halbspulen legen wir bei einer gewöhnlichen Gruppe 1 mm Preßspahn, zwischen die Halbspulen der verstärkten Spulen eine Scheibe von 2 mm Stärke.

Die mittlere Gruppe ist folgendermaßen angeordnet:

1 normale Halbspule	15·5 mm
1 Ölkanal	10 „
2 Anzapfspulengruppen	23 „
1 Ölkanal	10 „
1 normale Halbspule	15·5 „
Zusammen	74 mm.

Normale Gruppe	32 mm
Verstärkte „	34 „ hoch.

Von den ersteren sind vier, von letzteren zwei vorhanden.

Die Niederspannungshalbspulen sind 11 mm hoch, an beiden Enden befindet davon sich je eine. Die normalen Niederspannungsgruppen sind mit einer Preßspahnscheibe von 1 mm Stärke $2 \times 11 + 1 = 23$ mm hoch; es sind deren sechs zu zählen.

Zwischen den Niederspannungs- und Hochspannungsgruppen ordnen wir je einen Ölkanal von 16 mm an, und da vierzehn solcher Kanäle vorhanden sind, müssen wir für dieselben 224 mm der Säulenhöhe rechnen.

An den beiden Niederspannungshalbspulen bemessen wir gegen die Joche ebenfalls je einen Kanal von 16 mm.

So können wir bereits feststellen, ob wir bei der getroffenen Anordnung mit der Säulenhöhe von 770 mm das Auslangen finden werden.

2 Niederspannungshalbspulen	$2 \times 11 =$	22 mm
Niederspannungsdoppelspulen	$6 \times 23 =$	138 „
Oberspannungsdoppelspulen	$2 \times 34 =$	68 „
„	$4 \times 32 =$	128 „
Mittlere Gruppe Oberspannung		74 „
Ölkanäle außen	$2 \times 16 =$	32 „
„	$14 \times 16 =$	224 „
Für Abstützung	$2 \times 40 =$	80 „
Spiel		4 „
Säulenhöhe		770 mm

Im übrigen wird man beim Aufbauen der Wicklung selbstverständlich nicht die oben angeführten Maße ganz genau einhalten können, da die Spulen entweder um ein Geringes höher oder niedriger werden. In diesem Falle kann das entstandene Spiel durch die beiden Abstützungen ausgeglichen werden, die ja ohnehin so konstruiert werden müssen, daß ein Nachstellen der Wicklung, deren Höhe nach längerem Betriebe trotz Imprägnierung abnimmt, möglich ist.

Kurzschlußspannung.

Derselben kommt diesmal eine ganz besondere Bedeutung zu, da der Transformator mit anderen Transformatoren parallel arbeiten soll.

Phasenspannung = 11 530 Volt.

Windungsspannung $e_w = \frac{11\,530}{934} = 12{\cdot}35$ Volt.

Mittlere Windungslänge $l_m = \frac{119 + 118}{2} = 118{\cdot}5$ cm.

Als Streulinienlänge s nehmen wir die radiale Spulenhöhe an, wiewohl dieselbe größer ist. Wir dürfen dies, weil in der folgenden Formel für die Streuspannung einer Scheibenwicklung der Korrektionsfaktor k eingeführt ist, der obige Annahme berechtigt.

s (Spulenhöhe) = 7 cm.

Stromstärke, oberspannungsseitig $I_0 = 28{\cdot}9$ Amp.

Windungszahl, oberspannungsseitig $w_2 = 934$.

Periodenzahl $f = 50$.

Zahl der Streuspalte bei sieben Oberspannungsgruppen $m = 14$.

Bei der Berechnung des reduzierten Luftspaltes Δ müssen wir berücksichtigen, daß die Höhe der einzelnen Oberspannungswicklungsgruppen eine verschiedene ist.

Der Einfachheit halber nehmen wir den Mittelwert.

Sämtliche sieben Gruppen nehmen eine Höhe von 270 mm ein, die Höhe einer Gruppe beträgt im Durchschnitte daher 270 : 7 $\doteq$ 38·5 mm.

$$b_2 = \frac{3{\cdot}85}{2} \doteq 1{\cdot}93 \text{ cm.}$$

Die Höhe einer Niederspannungsgruppe wurde mit 23 mm eingesetzt, so daß $b_1 = \frac{2{\cdot}3}{2} = 1{\cdot}15$ cm ist.

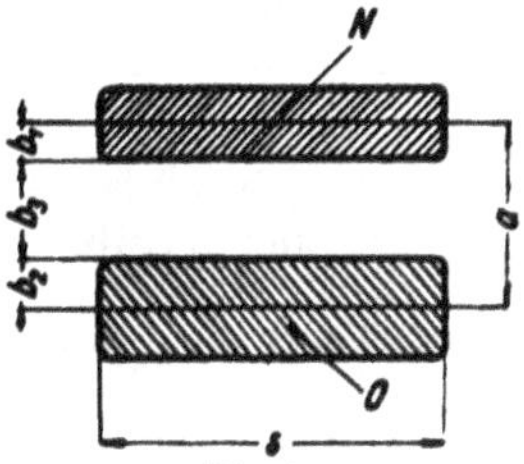

Fig. 82.

Jeder Ölkanal ist 16 mm hoch, und rechnen wir auf beiden Seiten 0·5 mm für Isolation, so ist der Abstand b_3 der Nieder- und Oberspannungsspulengruppen 1·7 cm.

Der reduzierte Luftspalt Δ ergibt sich somit

$$\Delta = b_3 + \frac{b_1 + b_2}{3} = 1{\cdot}7 + \frac{1{\cdot}15 + 1{\cdot}93}{3} = 2{\cdot}73.$$

Die Formel für die Streuspannung lautet:

$$E_s = 8 \,.\, f \frac{I_0 \,.\, w_2}{m \,.\, l_w \;\; s} \Delta \,.\, l_m \,.\, k \,.\, 10^{-6}.$$

Es handelt sich nun darum, den Korrektionsfaktor K zu bestimmen. (Wir entnehmen die Formel hiezu einer Arbeit von R. Küchler in der E. T. Z. 1924, H. 13.)

Nach Rogowski ist $K = 1 - \frac{a}{\pi . s}\left(1 - \varepsilon^{-\frac{\pi s}{a}}\right)$, doch können wir für K auch die Näherungsgleichung $K \sim 1 - \frac{a}{\pi s}$ setzen, da in den allermeisten Fällen $\frac{a}{\pi s} \leqq 0{\cdot}3$ ist.

a ist in unserem Falle 4·78,

$$K = 1 - \frac{4{\cdot}78}{3{\cdot}14 . 7} = 1 - 0{\cdot}22 = 0{\cdot}78.$$

Die Streuspannung

$$E_s = 8 . f \frac{I_0 . w_2}{m . e_w . s} \Delta l_m . K . 10^{-6} = 8 \times 50 \frac{28{\cdot}9 \times 934}{14 \times 12{\cdot}35 \times 7} 2{\cdot}73 \times$$
$$\times 118{\cdot}5 \times 0{\cdot}78 \times 10^{-6} = 400 \times 22{\cdot}3 \times 2{\cdot}73 \times 118{\cdot}5 \times 0{\cdot}78 \times 10^{-6} = 2{\cdot}25\,\%.$$

Der Spannungsabfall bei induktionsfreier Vollbelastung ist 1·4%, daher die Kurzschlußspannung $\sqrt{1{\cdot}4^2 + 2{\cdot}25^2} = 2{\cdot}65\,\%$.

Wir können uns mit diesem Werte vollkommen zufrieden geben, er ist um etwa 1% kleiner als 2·7%. Immerhin müssen wir trachten, dem vorgeschriebenen Werte so nahe als möglich zu kommen, da durch die Ungenauigkeiten in der Fabrikation die der Rechnung zugrunde gelegten Werte nicht eingehalten werden können und somit eine Toleranz von $\pm$ 10% eine ziemlich schwere Bedingung darstellt.

Erwärmung der Wicklungen.

Innere Mantelfläche der Niederspannungsspulen, bei einer Spulenhöhe von 16 cm und 31 cm innerem Durchmesser: $3 \times 3{\cdot}14 \times 31 \times 16 = 4650\ \text{cm}^2$, äußere Mantelfläche, wenn der Durchmesser 45 cm beträgt: $3 \times 3{\cdot}14 \times 45 \times$ $\times 16 = 6650\ \text{cm}^2$.

Sechzehn Spulenseitenflächen, zu 75% wirksame Kühlfläche gerechnet: $0{\cdot}75 \times 3 \times 16 \times 119{\cdot}4 \times 7 = 30\,000\ \text{cm}^2$.

Somit ergibt sich die gesamte Kühlfläche mit 41 300 cm² und das Verhältnis $\frac{\text{Watt}}{\text{dm}^2} = \frac{7100}{413} \doteq 17$.

Nach der zweiten Art gerechnet

$$\begin{array}{rl} 4 \times 11 = 44 & \text{mm} \\ 0{\cdot}75\,(2 \times 70) = 105 & „ \\ \hline 149 & \text{mm.} \end{array}$$

22 Leiter zu 53·8 mm², zusammen 1185 mm²

$$\tau_1 = \frac{149}{1185} = 0{\cdot}126 \text{ und } \frac{\text{Watt}}{\text{dm}^2} = c = \frac{10 . \sigma . s_1^2}{\tau_1} = \frac{10 . 0{\cdot}021 . 3{\cdot}25^2}{0{\cdot}126} \doteq 17{\cdot}5,$$

also wieder in schöner Übereinstimmung mit dem vorhin gefundenen Werte.

Diesmal liegt über der Mitte der Doppelspule, die als wärmste Schichte zu betrachten ist, nur ein Leiter, der Wärmestrom hat also nur eine Isolationsschichte zu durchqueren.

Der mittlere Temperaturanstieg beträgt daher

$$t_m = c \left\{ \frac{1}{\lambda} \left(\frac{n}{3} \delta_2 + \emptyset \right) + \frac{1}{k\ddot{o}} \right\} = 17{\cdot}5 \left\{ \frac{1}{2} \left(\frac{1}{3} . 0{\cdot}25 \right) + \frac{1}{0{\cdot}75} \right\} \doteq 23{\cdot}5^\circ \text{C.}$$

Der höchste Temperaturanstieg wird nur wenig höher sein als der mittlere.

Oberspannungswicklung.

Bei einer Spulenhöhe von 23·5 cm ist die innere Mantelfläche $3 \times 3{\cdot}14 . \times 31 \times 23{\cdot}5 = 6700$ cm² und die äußere Mantelfläche $3 \times 3{\cdot}14 \times 45 \times 23{\cdot}5 = 9600$ cm².

Die Spulenseitenflächen rechnen wir wieder mit 75% wirksam $0{\cdot}75 \times 3 \times 16 \times 118 \times 7 \doteq 30\,000$ cm², so daß wir die ganze Kühlfläche mit 46 300 cm² einsetzen können.

Die Verluste der Oberspannungswicklung betragen 6750 Watt und das Verhältnis $\frac{\text{Watt}}{\text{dm}^2} = \frac{6750}{463} \doteq 14{\cdot}5$, und auf andere Art

$$\begin{aligned} 4 \times 16 &= 64 \text{ mm} \\ 0{\cdot}75\,(2 \times 70) &= 105 \text{ ,,} \\ \hline &\ 169 \text{ mm.} \end{aligned}$$

128 Leiter zu 9 mm² = 1150 mm²,

$$\tau_2 = \frac{169}{1150} = 0{\cdot}147 \frac{\text{Watt}}{\text{dm}^2} \qquad c = \frac{10 . \sigma . s_2{}^2}{\tau_2} = \frac{10 : 0{\cdot}021 . 3{\cdot}2^2}{0{\cdot}147} \doteq 14{\cdot}6.$$

Der Wärmestrom findet den geringsten Widerstand senkrecht zu den Spulenseitenflächen und hat von der wärmsten Schichte aus zwei Isolationslagen zu 0·8, bzw. 0·6 mm, und eine Schichte zu 0·4, bzw. 0·3 mm, zu überwinden.

Der mittlere Temperaturanstieg der Eingangspulen beträgt daher:

$$14{\cdot}6 \left\{ \frac{1}{2} \left(\frac{2}{3} . 0{\cdot}8 + 0{\cdot}4 \right) + 1{\cdot}33 \right\} \doteq 26^\circ \text{C,}$$

jener der normalen Spulen

$$14{\cdot}6 \left\{ \frac{1}{2} \left(\frac{2}{3} . 0{\cdot}6 + 0{\cdot}3 \right) + 1{\cdot}33 \right\} = 24{\cdot}5^\circ \text{C.}$$

Den höchsten nehmen wir wohl mit 35° C reichlich an.

Berechnung des Ölkessels.

Wir müssen denselben für 18 500 Watt Gesamtverluste berechnen. (4600 Watt Eisenverluste + 13 900 Watt Wicklungsverluste).

Der äußere Durchmesser der Wicklung beträgt 450 mm, und mit Rücksicht auf eine Prüfspannung von 50 000 Volt rücken wir mit dem Kesselblech in der Längsseite des Kessels 60 mm von der Wicklung hinaus. Die innere Lange des Ölkessels ist dann 1500 mm. Die Breite des Ölkessels ist schließlich, wenn wir wegen der Ausführungen einen Abstand Wicklung zu Kesselblech von 100 mm annehmen, innen 650 mm.

Als Wellenprofil verwenden wir ein solches von 60 × 300 mm, das heißt 60 mm Wellenmittenabstand und 300 mm Wellenhöhe mit einem Krümmungsradius von 5 mm.

Das Verhältnis, Umfang der Welle durch Mittenabstand, ist dann 10·2. An den beiden Längsseiten nehmen wir je 24 Wellen, an den Schmalseiten je 10 Wellen an.

Die Höhe des Wellbleches sei 1950 mm, und wenn wir davon die untere Jochhöhe von 240 mm subtrahieren, erhalten wir als „wirksame“ Wellblechhöhe 1700 mm.

Die für die Wärmestrahlung in Betracht kommende Fläche ist

$$(2 \times 150 + 2 \times 65 + 8 \times 30)\ 170 = 114\,000\ \text{cm}^2,$$

wobei wir wieder außer der inneren Kessellänge und der inneren Kesselbreite noch die acht freien Endflächen der Wellen von 30 cm Breite berücksichtigen.

Für die Wärmeabfuhr durch Konvektion setzen wir die gesamte gewellte Fläche ein, die sich zu $(68 \times 6 \times 10{\cdot}2)\ 170 = 706\,000\ \text{cm}^2$ ergibt.

$F_g = 11{\cdot}4\ \text{m}^2$, $F_w = 70{\cdot}6\ \text{m}^2$.

Für einen mittleren Temperaturanstieg von 40° C (vorausgesetzt) setzen wir die Strahlungsziffer $c = 6{\cdot}0$ und die Konvektionsziffer $k = 6{\cdot}4$ ein.

Der mittlere Temperaturanstieg an der äußeren Kastenwand ist

$$t_k = \frac{\text{Verluste in Watt}}{F_g \times c + F_w \times k} = \frac{18\,500}{11{\cdot}4 \times 6 + 70{\cdot}6 \times 6{\cdot}4} = 35{\cdot}5^0\ \text{C}.$$

Temperaturanstieg von der äußeren Kastenwand zum Öl

$$\frac{18\,500}{7060} \times 1{\cdot}75 = 4{\cdot}5^0\ \text{C}$$

und demnach die mittlere Ölübertemperatur $t_ö = 35{\cdot}5 + 4{\cdot}5 = 40^0$ C.

Die maximale Ölübertemperatur $t_{ö\,max} = 40\left(1 + \frac{0{\cdot}4}{x}\right)$, wobei x das Verhältnis wirksame Kastenhöhe durch Schenkellänge $= \frac{170}{77} = 2{\cdot}2$ ist.

$$t_{ö\,max} = 40\left(1 + \frac{0{\cdot}4}{2{\cdot}2}\right) = 47^0\ \text{C}.$$

Zur mittleren Ölübertemperatur von 40° C den mittleren Temperaturanstieg der Oberspannungswicklung 25° C addiert, erhalten wir die mittlere Übertemperatur der Wicklung zu 65° C.

Die mittlere Übertemperatur der Niederspannungswicklung beträgt $40 + 23{\cdot}5 = 63{\cdot}5^0$ C.

Erwärmung des Eisenkernes.

Die Wärmeabfuhr des Kernes erfolgt nach zwei Richtungen, und zwar in der Blechrichtung und senkrecht zu den Blechen. Die Abfuhr in der ersten Richtung ist bedeutend größer als jener senkrecht zu den Blechen, da hier dem Wärmestrome die Papierzwischenlagen einen ziemlich hohen Widerstand entgegensetzen.

Wir können annehmen, daß die Wärmeableitung senkrecht zu den Blechen nur etwa 5% von der Wärmeableitung in der Blechrichtung beträgt.

Da wir aber durch Keile einen Teil der Fläche senkrecht zur Blechrichtung verdecken, wollen wir die Annahme machen, daß senkrecht zu den Blechen gar keine Wärme abgeführt wird.

Die Eisenverluste in den drei Säulen betragen 2570 Watt, so daß auf eine Säule etwa 860 Watt entfallen.

Die Blechpaketdicke ist 22 cm, die Höhe der Säule 77 cm, mithin die wärmeabführende Fläche einer Säule $2 \times 22 \times 77 \doteq 3390\ \mathrm{cm}^2$.

Das Verhältnis $\frac{\mathrm{Watt}}{\mathrm{dm}^2} = \frac{860}{33{\cdot}9} = 25{\cdot}4 = c_s$. Zu demselben Resultate kommen wir außerdem noch durch die Formel $\frac{\mathrm{cm}^2}{\mathrm{Watt}} = \frac{132 \,.\, U_s}{F_s \,.\, v_s}$, worin U_s den wärmeabführenden Umfang in Zentimetern, F_s den Säuleneisenquerschnitt in Quadratzentimetern und v_s den Verlust pro 1 kg Säuleneisen in Watt bedeutet.

$$\frac{\mathrm{cm}^2}{\mathrm{Watt}} = \frac{132 \,.\, 2 \times 22}{375 \,.\, 4} = \frac{5810}{1500} = 3{\cdot}87.$$

$$\frac{\mathrm{Watt}}{\mathrm{dm}^2} = \frac{1}{0{\cdot}0387} = 25{\cdot}8 = c_s.$$

Der Temperaturanstieg an der Oberfläche der Säule ist $t_s = \frac{c_s}{k_\delta}$, worin k_δ die Wärmemitnahmeziffer des Öles $= 0{\cdot}89$ Watt/dm$^2 \times {}^0$C für einen angenommenen Temperaturunterschied von 30^0 C bedeutet.

$$t_s = \frac{25{\cdot}8}{0{\cdot}89} \doteq 29^0\ \mathrm{C}.$$

Der Anstieg von der Säulenoberfläche bis in die Mitte der Säule ist

$$t_{is} = \frac{v_s \times \gamma_{ei}}{2 \times \lambda_{ei}} \,.\, \left(\frac{b}{2}\right)^2.$$

In dieser Formel ist γ_{ei} das spezifische Gewicht des Bleches pro 1 dm$^3 = 7{\cdot}55$ kg, λ_{ei} die Leitfähigkeit des Eisenbleches $= 6$ Watt/^{0}C $\times$ dm und b die größte Blechbreite der Säule in Dezimetern, in unserem Falle 2·4 dm.

$$t_{is} = \frac{4 . 7·55}{2 \times 6} . 1·2^2 = \frac{43·4}{12} \doteq 3·5\ ^0\mathrm{C}.$$

Bei einer mittleren Ölübertemperatur von 40° C sollten wir also an der Säulenoberfläche eine Übertemperatur von 69° C messen.

Die höchste Säuleneisenübertemperatur, gemessen durch ein Thermoelement, sollte 72·5° C sein.

Praktisch kommt diesen Messungen keine besondere Bedeutung zu, da es nicht leicht sein wird, die Übertemperatur an der Säulenoberfläche zu messen. Außerdem wird bei einer kleineren Wärmelast der Joche von den Säulen Wärme an die Joche abgegeben werden, insbesondere an das untere Joch, das sich in der kühlsten Ölschichte befindet.

Die Messung der Kerneisenoberflächenübertemperatur wird wohl meist am oberen Joche gemessen und kann den Vorschriften entsprechend als Grenzerwärmung angesehen werden. Sie soll 70° C nicht überschreiten. Bei den meisten Abnahmeversuchen wird der Transformator in geschlossenem Ölkasten übergeben und auf eine Messung der Grenzerwärmung des Eisenkernes verzichtet. Es wird dem Konstrukteur überlassen, daß er die Beanspruchungen des Kernes derart wählt, damit die Grenzerwärmung die vorgeschriebene Höhe nicht merklich überschreitet.

Für die Wärmeabfuhr der Joche wollen wir folgende Flächen in Betracht ziehen:

Die obere Jochfläche	$116 \times 22 =$	2550 cm²
2 Flächen in der Länge der Fensterbreite	$45 \times 22 =$	990 „
2 Jochstirnflächen	$2 \times 24 \times 22 =$	1055 „
		4595 cm²

Die Verluste eines Joches sind $\frac{2030}{2} = 1015$ Watt, somit das Verhältnis

$$\frac{\text{Watt}}{\text{dm}^2} = \frac{1015}{45·95} = 22 = c_j.$$

An der Oberfläche des Joches ist der Temperaturanstieg

$$t_j = \frac{c_j}{k\ddot{o}} = \frac{22}{0·89} \doteq 25^0\ \mathrm{C},$$

wobei wir die Wärmemitnahmeziffer des Öles $k\ddot{o}$ wieder unter Voraussetzung einer Temperaturdifferenz von $t_1 - t_2 = 30^0$ C angenommen haben.

Der Anstieg von der Jochoberfläche bis in die Mitte des Joches ist

$$t_{ij} = \frac{v_j . f_{ei}}{2 \times \lambda_{ei}} . \left(\frac{h}{2}\right)^2.$$

Hier ist h die Höhe des Joches, in unserem Falle = 2·4 dm.

$$v_j = \frac{2030}{785} \doteq 2\cdot 6 \text{ Watt/kg}$$

$$t_{ij} = \frac{2\cdot 6 \times 7\cdot 55}{2 \times 6} \cdot 1\cdot 2^2 = \frac{28\cdot 2}{12} \doteq 2\cdot 5^0 \text{ C.}$$

Nach dieser Rechnung hätten wir bei einer mittleren Ölübertemperatur von 40° C am oberen Joche eine Erwärmung von 65° C zu messen und die höchste Jocheisenübertemperatur wäre demnach 67·5° C. Das Verhältnis $\frac{\text{Watt}}{\text{dm}^2}$ der Joche ist 22, das der Säulen 25·8, das heißt die Säulen sind stärker belastet als die Joche und werden Wärme an die Joche ableiten.

Es ist also anzunehmen, daß wir an dem oberen Joche etwas mehr als 65° C Übertemperatur messen werden.

Der größere Teil der Säuleneisenwärme wandert allerdings in das untere Joch, um dort die Wärmestromdichte zu verstärken.

Die Oberflächentemperaturänderung in vertikaler Richtung ist beim Eisenkern bedeutend geringer als an der Wicklung.

Bei dieser ist ein Wärmeausgleich nicht möglich.

In unserem Beispiele sind wir so ziemlich an der Grenzerwärmung 70° C des Eisenkernes angelangt. Bei denselben Beanspruchungen der Säulen und der Joche müssen bei größeren Leistungen bereits Vorkehrungen getroffen werden, um die kühlende Oberfläche zu vergrößern, das heißt es muß der Säulenquerschnitt geteilt und ein Ölkanal angeordnet werden.

Berechnung eines Transformators. 50 Perioden. 20 000 K. V. A. Kerntype mit Umlauf-Ölkühlung.

Der im Kapitel 7 entworfene 20 000-K.-V.-A.-Transformator soll nun eingehend berechnet werden. Von Seiten des Bestellers wurden folgende Bedingungen gestellt:

Spannungen bei einem $\cos\varphi = 0\cdot 8$ und Vollast 6600 Volt, bzw. 110 000 Volt, Leerlaufverluste max. 85 KW., mit einer Toleranz + 10%, Kupferverluste im betriebswarmen Zustande 165 KW. mit ebenfalls + 10% Toleranz.

Kurzschlußspannung 11% mit einer Toleranz + 15%.

Sonst entsprechend den Vorschriften des V. D. E.

Wir müssen nun die Leerlaufspannung gemäß der obigen Annahme berechnen.

Kurzschlußspannung $e_k = 11\%$ Spannungsänderung bei induktionsfreier Vollbelastung $e_\Delta = 0\cdot 825\%$, woraus sich die Streuspannung e_s ergibt.

$$e_s = \sqrt{e_k^2 - e_\Delta^2} = \sqrt{11^2 - 0\cdot 825^2} \doteq 10\cdot 97.$$

$\cos\varphi$ 0·8, daher $\sin\varphi = 0\cdot 6$.

$e_\Delta \cos\varphi + e_s \sin\varphi = 0\cdot 825 \cdot 0\cdot 8 + 10\cdot 97 \cdot 0\cdot 6 = 7\cdot 24\%$.

Es ist demnach die Leerlaufspannung 110 000 + 7·24 × 1100 = = 110 000 + 7964 = 117 964 Volt.

Die Induktion in den Säulen wurde in dem Entwurfe mit 14000 Linien/cm² angenommen und wir wollen dieselbe auch hier beibehalten.

. Bevor wir zur Berechnung der Wicklung schreiten, ist es unerläßlich, sich über die Abmessungen der Säule volle Klarheit zu verschaffen, das heißt es muß der Querschnitt des Eisenkernes bis ins kleinste Detail entworfen werden. Wir werden trachten, die im Entwurfe angesetzten 2300 cm² effektiven Säuleneisenquerschnitt bei dem Durchmesser von 640 mm und der Bedingung einer guten Kühlung der Bleche zu erreichen.

Bei Transformatoren von der Größe des angeführten wird man wohl in den allermeisten Fällen legierte Bleche von 0·5 mm Dicke verwenden, außerdem ist ja auch das Format abnormal und wird so bestellt werden, daß der Blechabfall ein Minimum wird. Wenn wir zum Bekleben der Bleche Papier von 0·3 mm nehmen und ausonsten für den Klebstoff und Unebenheiten noch 0·025 mm rechnen, so erhalten wir einen Füllfaktor von $\frac{0·5}{0·555} \doteq 0·90$.

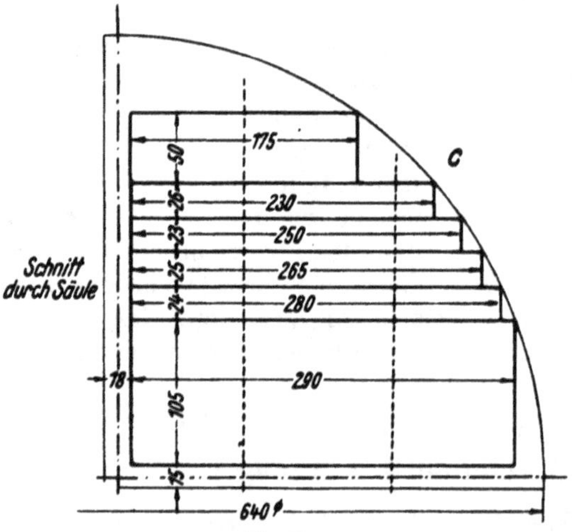

Fig. 83.

Der in Fig. 83 entworfene Querschnitt der Säule trägt einer guten Kühlung durch Ölzirkulation Rechnung und besitzt senkrecht zu den Blechen einen Ölkanal von 18 mm Breite, parallel zu den Blechen einen solchen von 15 mm Breite. Der Querschnitt zerfällt also in vier Teile.

Die gestrichelten Linien in Fig. 83 deuten die Lage der Bolzen an, durch welche das Paket zusammengehalten wird. Wie ersichtlich, wurde zwecks Verwendung starker Preßplatten über den Blechen von 175 mm Länge genügend Platz vorgesehen.

Rechnen wir nun ein Viertel des Säuleneisenquerschnittes nach:

29·0 cm	×	10·5 cm	=	304·5 cm²
28·0 „	×	2·4 „	=	67·0 „
26·5 „	×	2·5 „	=	66·0 „
25·0 „	×	2·3 „	=	57·5 „
23·0 „	×	2·6 „	=	59·5 „
17·5 „	×	5·0 „	=	87·5 „
				642·0 cm².

$4 \times 0{\cdot}9 \times 642 \doteq 2300\ cm^2$, in guter Übereinstimmung mit dem Entwurfe.

Es wird von Vorteil sein, entsprechend der hohen Windungsspannung immer nach Blechschichten von zirka 25 mm eine dünne Schichte Preßspan einzulegen.

Der Flächeninhalt des umschriebenen Kreises beträgt $\frac{64^2 \pi}{4} =$ $= 3220\ cm^2$ und der Füllfaktor $f_e = \frac{2300}{3220} = 0{\cdot}715$.

Es kann nun bereits zur Berechnung der Wicklung geschritten werden. Unterspannungsseitig ist Dreieckschaltung vorgesehen. Die Windungszahl pro Phase ist daher

$$w_1 = \frac{6600 \,.\, 10^8}{4{\cdot}44 \,.\, 50 \,.\, 2300 \,.\, 14000} = 92.$$

Bevor wir einen Schritt weiter tun, müssen wir uns über die Wicklungshöhe Klarheit verschaffen und mit dieser die Säulenhöhe bestimmen. Das Verhältnis Säulenhöhe h durch Durchmesser d des dem Säuleneisen umschriebenen Kreises setzt der Entwurf mit 2·8 an, somit rechnen wir die Säulenhöhe mit $2{\cdot}8 \times 640 \doteq 1800$ mm.

Zur Abstützung der Wicklung wollen wir mit Rücksicht auf die große Leistung und Spannung des Transformators an beiden Enden 200 mm annehmen, so daß für die Wicklungshöhe 1400 mm bleiben.

Die Windungszahl pro Phase ist 92, entsprechend 46 Spulen zu zwei Windungen.

Stromdichte nehmen wir 4 Amp./mm² an und finden so den erforderlichen Kupferquerschnitt bei 1010 Amp. zu etwa 250 mm². Als Leiter sollen zwei Kupferbänder $5{\cdot}8 \times 22$ mm verwendet werden, die zweimal mit Baumwollband 0·3 mm halb überlappt isoliert werden.

Jede Spule enthält zwei Windungen und jede Windung wird durch 0·8 mm Preßspan von der benachbarten Windung isoliert.

Der isolierte Leiter besitzt die Abmessungen $13{\cdot}1 \times 23{\cdot}5$ mm, so daß sich die radiale Spulenbreite zu

$2 \times 13{\cdot}1 =$	26·2 mm
Zwischenlage Preßspan	0·8 „
Spielraum	0·5 „
	27·5 mm

ergibt.

Achsial benötigen 46 Leiter zu 23·5 mm Höhe 1080 mm, ferner 45 Ölkanäle zu 7 mm = 315 mm, und wenn wir noch 5 mm als Spiel lassen, so erreichen wir die eben vorgeschriebene Wickelhöhe von 1400 mm.

Auf den Eisenkern schieben wir zur Isolation der Unterspannungswicklung vom Eisen einen Hartpapierzylinder von 645 mm Innen- und 665 mm Außendurchmesser, entsprechend 10 mm Stärke.

Zwischen diesem und dem inneren Durchmesser der Unterspannungswicklung sehen wir zur Kühlung einen Ölkanal von 12·5 mm radialer Breite vor, so daß wir auf einen Innendurchmesser der Wicklung von 690 mm kommen.

Nun lassen sich bereits die Kupferverluste berechnen.

Die mittlere Windungslänge ist $3{\cdot}14\,(690 + 27{\cdot}5) = 2250$ mm Widerstand bei Gleichstrom und 15° C $\frac{92\,.\,2{\cdot}25}{56\,.\,250} = 0{\cdot}0148$ Ohm und etwa 0·018 Ohm bei Wechselstrom und betriebswarmen Zustand.

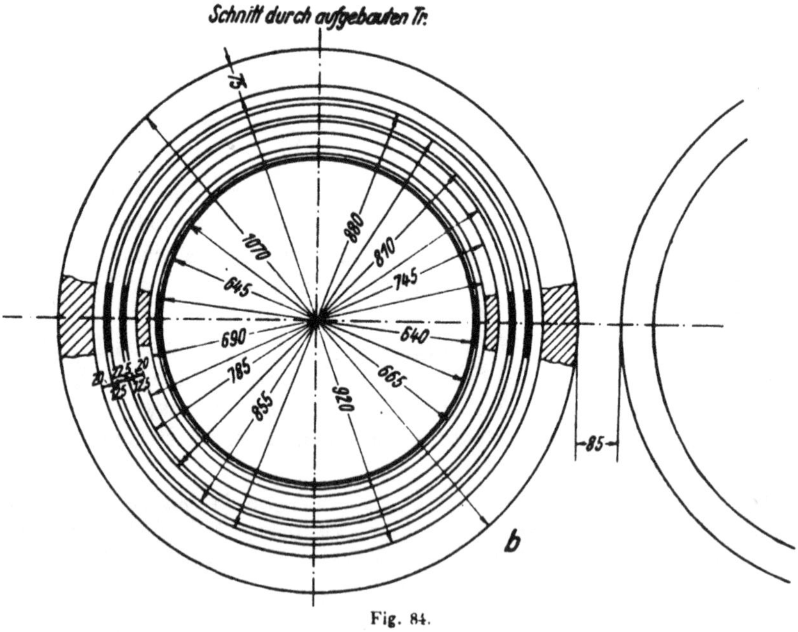

Fig. 84.

Die entsprechenden Wicklungsverluste sind: $3 \times 0{\cdot}018 \times 1010^2 =$ $= 55\,000$ Watt.

Bei derart breiten und hohen Kupferbändern müssen wir mit ziemlich hohen zusätzlichen Verlusten durch Wirbelströme rechnen, wenn wir nicht eine Verschachtelung der Spulengruppen zwecks Herabsetzung dieser zusätzlichen Verluste anwenden wollen.

Eine Nachrechnung nach der Vidmarschen Formel ergibt 34% der eben genannten Verluste, das sind zirka 20 000 Watt, so daß wir auf etwa 75 000 Watt Wicklungsverluste in der Unterspannungswicklung kommen.

Die Firma Brown-Boveri u. Cie in Baden verschachtelt, wie schon oben angedeutet, die einzelnen Spulengruppen durch Parallelschaltung und vermindert auf diese Weise die zusätzlichen Verluste.

Die Bauart der A. E. G. für Großtransformatoren bevorzugt die doppeltkonzentrische Wicklung, bei welcher wohl der Aufwand an Blechen infolge der größeren Achsdistanz ein höherer ist, jedoch die zusätzlichen Kupferverluste sehr mäßig sind. Außerdem erspart diese Art der Unterspannungswicklungsanordnung die lästigen Verbindungsstellen der Gruppenschaltung.

Das Kupfergewicht der Unterspannungswicklung ist:

$$3 \times 92 \,.\, 22{\cdot}5 \,.\, 250 \,.\, 10^{-4} \,.\, 8{\cdot}9 = 1370 \text{ kg}.$$

Ehe wir uns der Erwärmung der Unterspannungswicklung zuwenden, müssen wir wohl als interessantesten Teil die Oberspannungswicklung berechnen.

Ältere Bauarten verwendeten als Isolationszylinder zwischen den beiden Wicklungen einen einzigen sehr starken Zylinder mit beiderseitigen Ölkanälen. Um jedoch die Materialbeanspruchungen günstiger zu gestalten, schieben wir zwischen Unter- und Oberspannungswicklung zwei konzen-

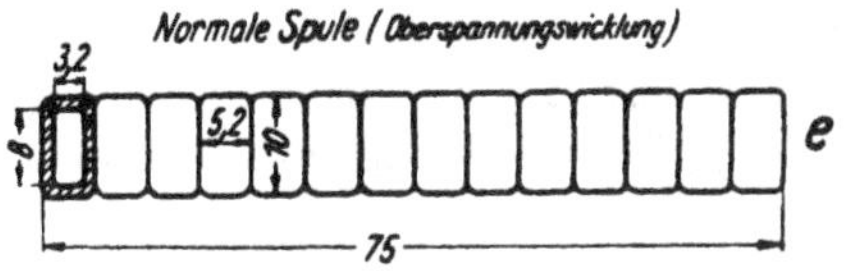

Fig. 85.

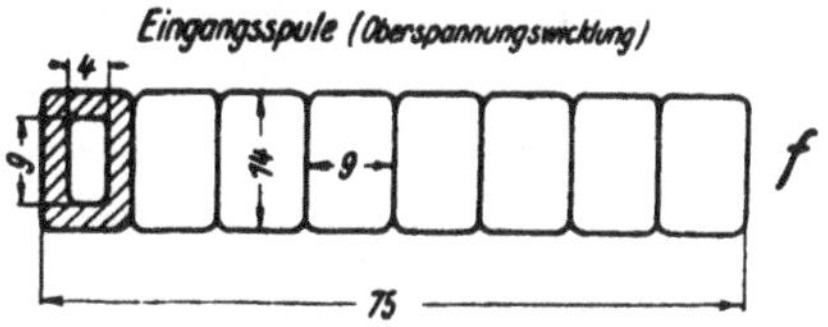

Fig. 86.

trische Zylinder aus dem besten Isoliermaterial. Der innere Durchmesser des kleineren Zylinders ist 785 mm, der äußere 810, die analogen Abmessungen des größeren Zylinders sind 855, bzw. 880 mm, somit die Stärke jedes Zylinders 12·5 mm.

Die radialen Breiten der einzelnen Ölschichten sind demnach folgende: Zwischen Unterspannungswicklung und Isolierzylinder 20 mm, zwischen den beiden Zylindern 22·5 mm.

Den Abstand der Oberspannungswicklung vom äußeren Zylinder wählen wir zu 20 mm, es ist also der innere Durchmesser der Wicklung $880 + 2 \times 20 = 920$ mm (Fig. 84).

Um die Beanspruchungen der Abstützungen besonders im Kurzschlusse nicht ungünstig zu gestalten, müssen wir die Wicklungen beider Stromkreise gleich hoch machen und rechnen wieder mit einer Wicklungshöhe der Oberspannungsspulen von 1400 mm einschließlich der Schutzringe.

Die Windungszahl pro Phase Oberspannungswicklung ist:

$$w_2 = \frac{117\,964}{\sqrt{3}\; 6600} \times 92 = 952.$$

Als Spulenzahl nehmen wir 70 an.

Nun müssen wir aber wohl unterscheiden zwischen Eingangspulen mit besonders starker Isolation und Normalspulen. Zwischen beide legen wir noch Spulen mit abgestufter Isolation, gewissermaßen um den Übergang allmählich und den Beanspruchungen gemäß zu gestalten.

In neuerer Zeit ist man zu der Erkenntnis gelangt, daß sich der Transformator gegen steile Wellen durch Überspannungen von außen her am besten durch besonders starke Isolation der einzelnen Windungen am Eingange und am Sternpunkte selbst schützen soll.

Diesem Grundsatze im modernen Transformatorenbau wollen wir auch vollauf entsprechen.

Die Windungszahl der Spule am Eingang und am Sternpunkt ist 8, (Fig. 85), dann folgt je eine Spule mit 10 Windungen, dann je zwei mit 12 Windungen und die normalen 62 Spulen der Mitte haben 14 Windungen (Fig. 86).

Für alle Spulen schreiben wir Profilkupfer mit sehr stark abgerundeten Kanten vor.

Das Profil des Kupfers für die Eingangswindungen ist 4×9 mm, das mit einer größeren Zahl von Papierbändern umwickelt und dann zum Schutze gegen mechanische Beschädigungen mit Zwirn umklöppelt wird. Der gesamte Isolationsauftrag ist 5 mm (Fig. 86).

Die Spulen mit 10 Windungen haben im Leiterprofil $3{\cdot}2 \times 10$ mm, isoliert wie die Spulen vorher, jedoch nur mit 4 mm Isolationsauftrag, jene mit 12 Windungen ein Leiterprofil $3{\cdot}2 \times 9$ mm, mit einem Isolationszuwachs auf $6{\cdot}2 \times 12$ mm.

Die Normalspulen haben ein Wicklungskupfer $3{\cdot}2 \times 8$ mm, mit Papier isoliert und Zwirn umklöppelt auf $5{\cdot}2 \times 10$ mm. Die Stromdichte in den Eingangswindungen ist $\frac{105}{35} = 3{\cdot}14$ Amp./mm², in den normalen Spulen $\frac{105}{25{\cdot}1} = 4{\cdot}18$ Amp./mm², dazwischen liegen die Werte 3·33 und 3·71 Amp./mm² der beiden noch angeführten Spulen.

Die radiale Spulenbreite der normalen Spulen ist:

$$\begin{array}{lr} 5{\cdot}2 \times 14 = & 72{\cdot}8 \text{ mm} \\ \text{Spiel} & +\ 2{\cdot}2 \text{ ,,} \\ \hline & 75{\cdot}0 \text{ mm} \end{array}$$

Eingangspulen:

$$\begin{array}{lr} 9 \times 8 = & 72 \text{ mm} \\ \text{Spiel} & 3 \text{ ,,} \\ \hline & 75 \text{ mm} \end{array}$$

Die Aufteilung in axialer Richtung ist folgende:

1	Schutzring			
1	Spule	mit	8	Windungen
1	„	„	10	„
2	Spulen	„	12	„
62	„	„	14	„
2	„	„	12	„
1	„	„	10	„
1	„	„	8	„
1	Schutzring			

Die Spulen sind hoch:

$2 \times 14 =$	28 mm
$2 \times 14 =$	28 „
$4 \times 12 =$	48 „
$62 \times 10 =$	620 „
	724 mm
2 Schutzringe	20 „
	744 mm.

Ölkanäle insgesamt 71, und zwar zwischen Schutzring und Spule mit 8 Windungen sowie zwischen dieser und Spule mit 10 Windungen 12 mm, dann folgen 3 Ölkanäle zu 10 mm. Die Ölkanäle zwischen den normalen Spulen sind 9 mm breit

Also

4 Kanäle	$\times$ 12 mm =	48 mm
6 „	$\times$ 10 „ =	60 „
61 „	$\times$ 9 „ =	549 „
zusammen 71 Kanäle		657 mm.

Höhe der Spulen 744 + Höhe der Ölkanäle 657 = 1401 mm.

Die mittlere Windungslänge: 3·14 (920 + 75) = 3120 mm.

Kupferverluste: Widerstand bei Gleichstrom und 15° C:

$$\frac{952 \,.\, 3{\cdot}12}{56 \times 25{\cdot}1} = 2{\cdot}11 \text{ Ohm}$$

und im betriebswarmen Zustande bei Wechselstrom 2·6 Ohm.

Die Wicklungsverluste daher: $3 \times 2{\cdot}6 \times 105^2 = 86\,000$ Watt.

Eigentlich müßten wir die Teilwiderstände der einzelnen Windungen mit verschiedenem Leiterquerschnitte addieren. Wir haben den ungünstigsten Fall mit 952 Windungen und einem Kupferquerschnitte von 25·1 mm² angenommen und können daher am Prüffelde nur ein günstigeres Resultat erwarten.

Kupfergewichte:

$$\begin{aligned}
3 \times 16 \,.\, 31{\cdot}2 \,.\, 35 \,.\, 10^{-4} \,.\, 8{\cdot}9 &\doteq 47 \text{ kg}\\
3 \times 20 \,.\, 31{\cdot}2 \,.\, 31{\cdot}5 \,.\, 10^{-4} \,.\, 8{\cdot}9 &= 53 \text{ „}\\
3 \times 48 \,.\, 31{\cdot}2 \,.\, 28{\cdot}3 \,.\, 10^{-4} \,.\, 8{\cdot}9 &= 115 \text{ „}\\
3 \times 868 \,.\, 31{\cdot}2 \,.\, 25{\cdot}1 \,.\, 10^{-4} \,.\, 8{\cdot}9 &= 1820 \text{ „}\\
\text{zusammen} \quad & \quad 2035 \text{ kg.}
\end{aligned}$$

Zur Bestimmung der Kurzschlußspannung bedienen wir uns am einfachsten der Vidmarschen Formel:

Stromstärke oberspannungsseitig: $I_2 = 105$ Amp.

Windungszahl $w_2 = 952$.

Mittlere Windungslänge $U_m = \dfrac{225 + 312}{2} = 268{\cdot}5$ cm.

Windungsspannung $e_w = \dfrac{110\,000}{\sqrt{3}\ 952} = 66{\cdot}8$ Volt.

Mittlere Streulinienlänge $l_s = 140 + 2 \times 10{\cdot}5 = 161$ cm.

Reduzierter Luftspalt $\Delta = \dfrac{2{\cdot}7 + 7{\cdot}5}{3} + 8{\cdot}2 = 11{\cdot}6$ cm,

f = Periodenzahl.

Streuspannung

$$e_s = I_2 \frac{8 \,.\, f \,.\, w_2 \,.\, 10^{-6}}{e_w} \, \frac{\mathfrak{U}_m \,.\, \Delta}{l_s} =$$

$$= 105 \times \frac{8 \,.\, 50 \,.\, 952 \,.\, 10^{-6}}{66{\cdot}8} \,.\, \frac{268{\cdot}5 \,.\, 11{\cdot}6}{161} = 11{\cdot}6\,\%.$$

Spannungsänderung bei induktionsloser Vollbelastung $e_\Delta = 0{\cdot}825$, daher die Kurzschlußspannung $e_k = \sqrt{e_s^2 + e_\Delta^2} = \sqrt{11{\cdot}6^2 + 0{\cdot}825^2} \doteq 11{\cdot}65\,\%$, in guter Übereinstimmung mit der vorgeschriebenen Bedingung.

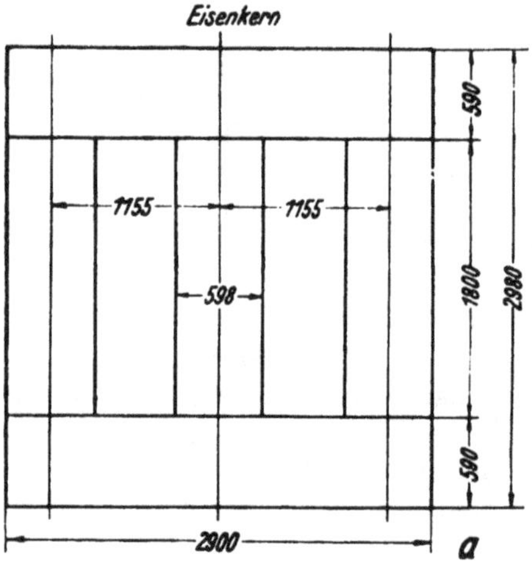

Fig. 87.

Da nun die Wicklung berechnet ist, können wir zur endgültigen Dimensionierung des Kernes schreiten, wenn wir noch den Abstand zwischen den einzelnen Oberspannungswicklungen (zwischen den Phasen) bestimmen.

Setzen wir hiefür 85 mm ein, so ist eine genügend große Sicherheit angenommen.

Die Achsdistanz der Säulen ist bei einem Außendurchmesser der Oberspannungsspulen von 1070 mm gleich 1070 + 85 = 1155 mm. Die Jochlänge bei einer Säulenbreite von 598 mm (2 × 290 + 18) = 2 × 1155 + + 598 = 2908 mm.

Entgegen der gewöhnlichen Ausführung wollen wir den Jochquerschnitt in unserem Falle nicht verstärken, sondern ebenfalls mit 2300 cm² einsetzen.

Die Jochhöhe beträgt 2 × 290 = 580 mm, der Eisenkern ist also 1800 + 2 × 580 mm hoch (Fig. 87). Er wiegt:

23 . 54 . 7·6 (Säulengewicht) =	9 450 kg
23 . 58·16 . 7·6 (Jochgewicht) ≐	10 150 „
zusammen	19 600 kg.

Wie bereits bemerkt wurde, benützen wir Transformatorenbleche von 0·5 mm Stärke. Die Verlustziffer bei 10 000 Linien/cm² sei 1·7, so daß wir bei einer Induktion von 14 000 Gauß/cm² eine Verlustziffer von $V_{14} = 3{\cdot}77$ Watt/kg annehmen können. Zusätzliche Eisenverluste sollen

15 % in Rechnung eingesetzt werden. Dann sind die zu erwartenden Eisenverluste $3\cdot77 \,.\, 19\,600 \,.\, 1\cdot15 = 85\,000$ Watt.

Obwohl die Größe des Magnetisierungsstromes nicht vorgeschrieben ist, wollen wir doch nachsehen, wie hoch wir denselben ungefähr aus dem Prüffedprotokolle erwarten dürfen.

An einer anderen Stelle dieses Buches wurde schon erwähnt, daß die Berechnung des Magnetisierungsstromes wohl so ziemlich als die ungenaueste der ganzen Berechnung eines Transformators angesehen werden kann.

Die Säulen- und Jochbleche sind in diesem Falle nicht verzapft, sondern stoßen stumpf aufeinander. Im amerikanischen Großtransformatorenbaue hingegen werden bei Transformatoren bis zu sehr ansehnlichen Leistungen die Säulen- und Jochbleche verzapft, bzw. eingeschachtelt.

Die Mehrarbeit des Verschachtelns wird durch das einwandfreie Arbeiten des Transformators im Betriebe sicherlich wettgemacht.

Bei einer Induktion von 14 000 cm^2 finden wir 14·2 Amp.W./cm. Für den Kraftlinienweg in der Säule setzen wir die Säulenhöhe ein, für jenen in den Jochen $\frac{2 \times 290\cdot8}{3} \doteq 193$ cm.

Demnach sind die gesamten Amperewindungen:

$$\begin{array}{r} 14\cdot2 \times 180 = 2560 \\ 14\cdot2 \times 193 = 2740 \\ \hline 5300 \end{array}$$

Bei einer Windungszahl von 952 ist der prozentuelle Eisenmagnetisierungsstrom $\frac{5300}{\sqrt{2} \,.\, 942} = 3\cdot94\,\%$.

Bei stumpfem Stoß zwischen Säule und Joch nehmen wir einseitig 0·5 mm an, beidseitig also 1 mm oder 0·1 cm.

Es ist demnach

$$\frac{10}{4\pi} \; \frac{14\,000 \,.\, 0\cdot1}{\sqrt{2}} = 786 \text{ und } 952 \frac{20\,000 \cdot 10^3}{\sqrt{3} \,.\, 110\,000} \doteq 100\,000$$

und der prozentuelle Luftmagnetisierungsstrom

$$100\,\% \times \frac{786}{100\,000} = 0\cdot786\,\%.$$

Der Magnetisierungsstrom ist die Summe der beiden, also

$$3\cdot94 + 0\cdot786 = 4\cdot726\,\%.$$

Berechnung der Kühlanlage.

Diese soll nach dem Riedinger-System entworfen werden, welches die A. E. G. Union Wien für ihre Kühler schon seit einer Reihe von Jahren anwendet.

Bei diesem System liegen zwei Rohre konzentrisch ineinanander. Das innere Rohr wird von Öl durchflossen, den Zwischenraum zwischen diesem und dem äußeren Rohre durchströmt das Kühlwasser. (Siehe Fig. 88.)

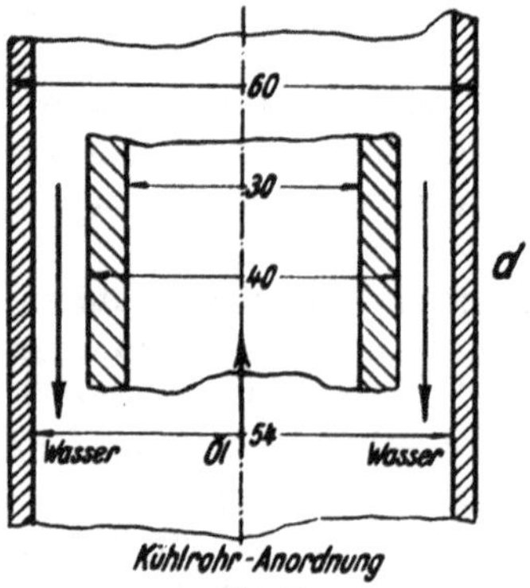

Fig. 88.

Der innere Durchmesser des ölführenden Rohres ist 30 mm, der äußere 40 mm, der Innendurchmesser des wasserleitenden Rohres beträgt 54 mm, der Außendurchmesser 60 mm. Die Kühlschlange besteht aus acht parallel geschalteten Rohrsträngen und jeder der acht Rohrstränge besitzt 10 Stück übereinanderliegende 3·5 m lange Rohre von den vorher erwähnten Abmessungen. Diese 3·5 m langen Rohrstücke sind durch Krümmer miteinander verbunden.

Für die normale Belastung genügt die Kühleinrichtung, wenn die umlaufende Ölmenge auf 610 l in der Minute und die Kühlwassermenge auf 448 m/l gehalten wird.

Dabei sind folgende Geschwindigkeiten angenommen: Öl: 1·8 m/sec., Wasser: 0·9 m/sec.

Querschnitt des ölführenden Rohres in Quadratdezimetern:

$$0{\cdot}3^2 \frac{\pi}{4} = 0{\cdot}0704 \text{ dm}^2,\ 0{\cdot}0706 \times 18 \times 8 \times 60 = 610 \text{ dm}^3 \text{ Öl}.$$

Querschnitt des kühlwasserführenden Rohres:

$$(0{\cdot}54^2 - 0{\cdot}4^2) \frac{\pi}{4} = 0{\cdot}1035 \text{ dm}^2,\ 0{\cdot}1035 \,.\, 9 \,.\, 8 \,.\, 60 = 448 \text{ dm}^3 \text{ Wasser}.$$

Die Zahl 8 bedeutet die Anzahl der parallel geschalteten Rohrstränge, und da die Geschwindigkeiten in Metersekunden angegeben sind, so müssen wir noch mit 60 multiplizieren.

Von besonderem Interesse ist für die weitere Rechnung die ölbespülte Oberfläche des Kühlers in Quadratmetern.

Jede Gruppe ist 3·5 $\times$ 10 = 35 m lang und da wir 8 Gruppen angenommen haben, so ist die Gesamtlänge der ölführenden Rohre 35 $\times$ 8 = 280 m.

Die ölbespülte Oberfläche ist 0·03 . 3·14 . 280 = 26·4 m² und wir bezeichnen sie mit $O_ö$.

Die Temperatur des eintretenden Kühlwassers sei 10° C, die des austretenden Kühlwassers 15° C, Öleintrittstemperatur 40° C, Ölaustrittstemperatur 50° C. Die Übertemperatur im Öl, mittel, ist daher

$$\frac{40 + 50}{2} - \frac{10 + 15}{2} = 32{\cdot}5^\circ \text{ C}.$$

Diese Temperaturdifferenz bezeichnen wir mit t_m. Die Leistung des Kühlers wird nun durch das Verhältnis: entwickelte Wärme in Kilogramm

Kalorien pro Stunde durch ölbespülte Oberfläche in Quadratmetern mal mittlere Temperaturdifferenz zwischen Öl und Wasser gekennzeichnet. Wir wollen es Übertragungsfaktor nennen und mit $F_ü$ bezeichnen.

In unserem Falle ist:

$$F_ü = \frac{0{\cdot}24 \,.\, 3600 \,.\, 250}{26{\cdot}4 \,.\, 32{\cdot}5} = 250.$$

Das austretende Kühlwasser muß natürlich wieder in einer besonderen Vorrichtung auf 10° C zurückgekühlt werden. Diese Art der Kühleinrichtung hat den ganz wesentlichen Vorteil, daß bei einer Beschädigung der Kühlrohre ein Eindringen von Wasser in das Öl unmöglich ist.

In neuerer Zeit macht sich auch in Europa das Bestreben geltend mit natürlicher Luftkühlung auch bei großen Leistungen das Auslangen zu finden. Es werden um den Ölkessel eine ganze Reihe von Kühlkammern, auch Radiatoren genannt, angeordnet, die abnehmbar sind und erst an Ort und Stelle an den Ölkessel montiert werden.

Erwärmung der Wicklungen.

Zunächst wenden wir uns der Unterspannungswicklung zu. Ein Schnitt durch die Wicklung ergibt einen Leiterumfang von $2 \times (23{\cdot}5 + 27{\cdot}5) = 102$ mm.

Nehmen wir an, daß ein Drittel durch Abstützungen verdeckt ist, so bleiben für die Wärmeabfuhr noch 68 mm Umfang.

Der Leiterquerschnitt ist $2 \times 250 = 500$ m².

Das Verhältnis Leiterumfang, mm durch Leiterquerschnitt ist demnach $\frac{68}{500} = 0{\cdot}136 = \tau$, und jenes Watt/dm² $= \frac{\sigma \,.\, \gamma^2}{0{\cdot}1 \,.\, \tau}$, worin σ der spezifische Widerstand $= 0{\cdot}021$, und γ die Stromdichte Amp./mm² bedeuten.

$$\text{Watt/dm}^2 = \frac{0{\cdot}21 \,.\, 4{\cdot}04^2}{0{\cdot}1 \,.\, 0{\cdot}136} = 25 = c_1.$$

Isolationszuwachs δ einseitig 0·75 mm.

Somit ist der Temperaturanstieg an der Oberfläche der Spule

$$c_1 \left\{\frac{1}{\lambda} \,.\, \delta + \frac{1}{k_\delta}\right\} = 25 \left\{\frac{1}{1{\cdot}5} \,.\, 0{\cdot}75 + \frac{1}{0{\cdot}75}\right\} = 46^\circ \text{ C}.$$

In dieser Formel bedeuten wieder: λ Leitfähigkeit der Isolierschichte, in unserem Falle für Papier, 0·015 W/dm/° C, k_δ die Konvektionsziffer des Öles $= 0{\cdot}75$ Watt/dm² $\times$ ° C.

Bei einer mittleren Öltemperatur von 45° C ist somit die mittlere Temperatur der Unterspannungswicklung $46 + 45 = 91^\circ$ C.

Oberspannungswicklung.

Wir berechnen zuerst den Wärmeanstieg der Normalspulen, wobei wir von der Annahme ausgehen, daß von der Oberfläche der Spulen durch Abstützungen die Hälfte für die Wärmeabfuhr verlorengeht. Aus Fig. 88 ist der wärmeabführende Umfang 85 mm, der Leiterquerschnitt

$$25{\cdot}1 \times 14 = 351 \text{ mm}^2,\ \tau = \frac{85}{351} = 0{\cdot}242$$

und bei einer Stromdichte von $\frac{105}{25{\cdot}1} = 4{\cdot}18$ Amp./mm² das Verhältnis

$$\text{Watt/dm}^2 = \frac{0{\cdot}021\,.\,4{\cdot}18^2}{0{\cdot}1\,.\,0{\cdot}242} = 15{\cdot}2 = c_2.$$

Der Isolationszuwachs einseitig ist 1 mm, die anderen Größen wie bei der vorherigen Berechnung, somit der Temperaturanstieg an der Oberfläche:

$$c_2\left\{\frac{1}{\lambda}\,.\,\delta + \frac{1}{k_\delta}\right\} = 15{\cdot}2\left\{\frac{1}{1{\cdot}5}\,.\,1 + 1{\cdot}33\right\} \doteq 30{\cdot}5^0\text{ C}$$

und daher die mittlere Kupfertemperatur $45 + 30{\cdot}5 = 75{\cdot}5^0$ C.

Spule mit verstärkter Eingangsisolation:

Umfang $75 + 14 = 89$ mm.

Leiterquerschnitt $35 \times 8 = 280 \text{ mm}^2,\ \tau = \frac{89}{280} = 0{\cdot}318.$

Stromdichte $\frac{105}{35} = 3$ Amp./mm².

$$\text{Watt/dm}^2 = \frac{0{\cdot}021\,.\,3^2}{0{\cdot}1\,.\,0{\cdot}318} = 6 = c'_2.$$

Isolationszuwachs einseitig 2·5 mm, infolgedessen der Temperaturanstieg:

$$6\left(\frac{1}{1{\cdot}5}\,.\,2{\cdot}5 + 1{\cdot}33\right) = 18^0\text{ C.}$$

Die Beanspruchung der Eingangswindungen ist demnach bedeutend kleiner als die der normalen Spulen.

Die Unterspannungswicklung ist gegenüber den normalen Spulen der Oberspannungswicklung ungünstiger beansprucht, das heißt die mittlere Temperatur um 15·5° C höher. Um einen Ausgleich zu schaffen, müßten wir das Kupfer der 6600-Volt-Wicklung etwas weniger beanspruchen, dafür könnte der Querschnitt der 110 000-Volt-Wicklung etwas vermindert werden.

Analog der vorhergehenden Berechnung könnte der Temperaturanstieg an den Spulen mit 10 und 12 Windungen bestimmt werden.

Jedenfalls liegen diese Werte zwischen 18 und 30·5° C.

Abmessungen und Gewicht des Transformators.

Grundfläche des Kessels: 654 dm² ovale Form, 2000 mm breit, 3700 mm lang.

Höhe des Kessels ohne Räder 4·0 m, mit Räder 4·2 m, Gesamthöhe des Transformators inklusive Isolatoren 5·7 m, Gewicht des fertig montierten Transformators mit Deckel und Isolatoren ohne Kessel 34·9 t, Gewicht des Ölkessels mit Gestell und Räder 9·6 t, Gewicht der Ölfüllung 19·5 t, somit Gesamtgewicht des betriebfertigen Transformators 64 t.

Vielleicht sind noch die Einzelgewichte von besonderem Interesse:

Bleche und Druckplatten	21·4 t
Eisen	1·9 „
Stahl	2·1 „
Schrauben, Bolzen	1·0 „
Kupfer	3·8 „
Holz	1·0 „
Isolation	2·0 „
Deckel	1·1 „
Isolatoren	0·6 „
zusammen	34·9 t.

Die Kühlanlage samt Pumpe wird zirka 5 t schwer sein und etwa 300 l Öl benötigen.

Der Ölkonservator wird getrennt vom Transformator montiert und beiläufig 350 kg wiegen.

Da das Gesamtgewicht des ölgefüllten Transformators 64 000 kg und seine Leistung 20 000 K. V. A. sind, so ist seine Kennziffer

$$\frac{64\,000}{20\,000} = 3{\cdot}2 \text{ kg/K. V. A.}$$

Der Preis des Transformators ohne Öl ist Mk 225 000.—, mit Öl Mk 240 000.—, somit diese Kennziffer

$$\frac{240\,000}{20\,000} = 12 \text{ Mark/K. V. A.}$$

Vergleichen wir einen Transformator der Siemens-Schuckert-Werke, Nürnberg, 30 000 K. V. A., 50 Per., 26 000/104 000 Volt, so finden wir für die erste Kennziffer

$$\frac{114\,000}{30\,000} = 3{\cdot}8 \text{ kg/K. V. A.}$$

Vorschriften für Transformatoren- und Schalteröle.

§ 1. Die Vorschriften treten am 1. Oktober 1924 in Kraft.

§ 2. Die Vorschriften der §§ 3 bis 7 beziehen sich sowohl auf neues als auch im Apparat angeliefertes Öl. Die Vorschriften der §§ 8 bis 10 beziehen sich lediglich auf neues Öl, die Vorschrift des § 11 bezieht sich auf ein dem im Betriebe befindlichen Transformator oder Apparat entnommenes Öl.

§ 3. Als Mineralöle sollen für Transformatoren und Schalter nur Raffinate verwendet werden. Auf Schiefer- und Braunkohlenteeröle beziehen sich diese Vorschriften nicht.

§ 4. Das spezifische Gewicht darf nicht weniger als 0·85 und nicht mehr als 0·95 bei 20° C betragen.

§ 5. Der Flüssigkeitsgrad (Viskosität), bezogen auf Wasser von 20°, darf bei einer Temperatur von 20° C nicht über 8° Engler sein.

§ 6. Der Flammpunkt, nach Marcussen im offenen Tiegel bestimmt, darf nicht unter 145° liegen.

§ 7. Der Stockpunkt des Schalteröles muß mindestens —15° C betragen, der Stockpunkt des Transformatoröles braucht nicht tiefer als bei —5° C zu liegen.

§ 8. Das neue Öl muß bei 20° C vollkommen klar sein; es muß frei sein von Mineralsäure. Der Gehalt an organischer Säure darf höchstens 0·2, berechnet als Säurezahl, betragen. Der Gehalt an Asche darf 0·01 % nicht übersteigen.

§ 9. Das neue Öl muß praktisch frei von mechanischen Beimengungen sein.

§ 10. Die Verteerungszahl des neuen ungekochten Öles darf 0·3 % nicht überschreiten.

§ 11. Die dielektrische Festigkeit des dem im Betriebe befindlichen Transformator oder Apparat entnommenen Öles soll, gemessen nach den Prüfvorschriften, im Mittel 60 KV /cm nicht unterschreiten. Ist die dielektrische Festigkeit geringer, so muß das Öl gereinigt, bzw. erneuert werden. Ergibt das Erhitzen des Öles im Reagenzglase auf rund 150° C das Vorhandensein von Wasser durch knackendes Geräusch, so erübrigt sich die Untersuchung der dielektrischen Festigkeit und das Öl muß getrocknet werden.

Anmerkung: Unter neuem Öl ist ein Öl zu verstehen, wie es im Kesselwagen oder Eisenfässern von der Raffinerie angeliefert wird. Die Anlieferung darf nicht in Holzfässern erfolgen.

Prüfvorschriften, nach denen festgestellt werden kann, ob die Öle den genannten Bedingungen genügen, siehe E. T. Z. 1923, Seite 600 und Seite 1099, und E. T. Z. 1924, Seite 1068.

Isolierfestigkeit.

Nach den Vorschriften soll die Isolation folgenden Spannungsproben unterworfen werden:

I. Wicklungsprobe,
II. Sprungwellenprobe,
III. Windungsprobe.

Die Proben sollen in der angeführten Reihenfolge und wenn möglich am betriebswarmen Transformator vorgenommen werden.

Probe I soll feststellen, ob die Isolation von betriebsmäßig nicht leitend verbundenen Wicklungen gegeneinander und gegen Körper ausreichend ist. An die zu prüfende Wicklung wird ein Pol der Stromquelle gelegt, der andere an die Gesamtheit der mit dem Eisen verbundenen anderen Wicklungen.

Die Frequenz der Prüfspannung soll 50 Per/s und die Kurvenform praktisch sinusförmig sein.

Allmählich soll die Spannung auf die folgenden Werte gesteigert und dann eine Minute innegehalten werden.

Bis 10 KV. Prüfspannung in KV. $3{\cdot}25\,E$
Über 10 KV. „ „ „ $1{\cdot}75\,E + 15$.

E bedeutet die Nennspannung der Wicklung.

Die Prüfung gilt als bestanden, wenn weder Durchschlag noch Überschlag erfolgt, keine Gleitfunken auftreten und durch Verfolgung der Stromaufnahme festgestellt wurde, daß die Prüfspannung den Isolierstoff nicht angegriffen hat.

Bei konstanter Spannung darf nicht dauernd der Strom steigen, und es sollen keine Zuckungen bemerkbar sein.

In unserem Falle (20 KV. Transformator) ist die Prüfspannung $1{\cdot}75 \times 20\,000 + 15 = 50\,000$ Volt gegen Niederspannung und Eisen. Es soll nun untersucht werden, wie die isolierenden Baustoffe, Öl und Gummoid, beansprucht werden. Die Anordnung ist die folgende:

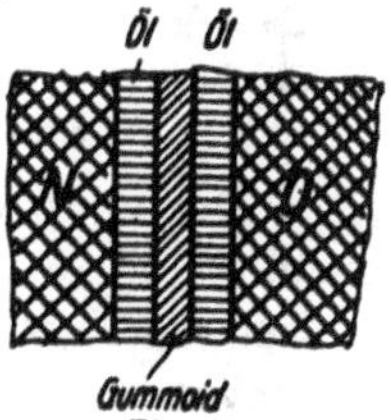

Fig. 89.

Ölschichten 3 mm, Gummoidzylinder 4 mm. Prüfspannung 50 KV. $= P$.

Die Elektrizitätskonstante des Öles $2{\cdot}3 = \varsigma_1$,
„ „ „ Gummoids $3{\cdot}5 = \varsigma_2$.

$\varsigma_1 = 2{\cdot}3,\quad \varsigma_2 = 3{\cdot}5,\quad \varsigma_3 = 2{\cdot}3,$
$l_1 = 0{\cdot}3\,\text{cm},\quad l_2 = 0{\cdot}4\,\text{cm},\quad l_3 = 0{\cdot}3\,\text{cm}.$

Beanspruchung in der Schichte 1 (Öl)

$$\varepsilon_1 = \frac{P}{\varsigma_1\left(\frac{l_1}{\varsigma_1} + \frac{l_2}{\varsigma_2} + \frac{l_3}{\varsigma_3}\right)} = \frac{50\,000}{2{\cdot}3\left(\frac{0{\cdot}3}{2{\cdot}3} + \frac{0{\cdot}4}{3{\cdot}5} + \frac{0{\cdot}3}{2{\cdot}3}\right)} = 58\,000\ \frac{\text{Volt}}{\text{cm}},$$

Beanspruchung in der Schichte 2 (Gummoid)

$$\varepsilon_2 = \frac{P}{\varsigma_2\left(\frac{l_1}{\varsigma_1} + \frac{l_2}{\varsigma_2} + \frac{l_3}{\varsigma_3}\right)} = \frac{50\,000}{3{\cdot}5\left(\frac{0{\cdot}3}{2{\cdot}3} + \frac{0{\cdot}4}{3{\cdot}5} + \frac{0{\cdot}3}{2{\cdot}3}\right)} = 38\,000\ \frac{\text{Volt}}{\text{cm}}$$

und die Beanspruchung in der Schicht 3 (Öl) wieder $58\,000\ \frac{\text{Volt}}{\text{cm}}$.

Wir haben hier allerdings vorausgesetzt, daß die Felddichte überall gleich ist, was wohl kaum zutreffen wird.

Die gefundenen Beanspruchungen bei der Prüfspannung 50 KV. bleiben noch ziemlich weit unter der Grenzbeanspruchung, bzw. Durchschlagspannung.

Für erstklassiges Transformatorenöl können wir eine Durchschlagfestigkeit von 100 KV./cm rechnen, für Gummoid etwa 130 KV./cm bei zirka 80° C.

Dünne Ölschichten sind in Hintereinanderschaltung mit festen Isolierstoffen grundsätzlich zu vermeiden. Bei dünnen Schichten kommt es zum Glimmen, und Glimmentladungen schädigen und schwächen das Öl in den dünnen Kanälen, bis schließlich der Durchschlag erfolgt.

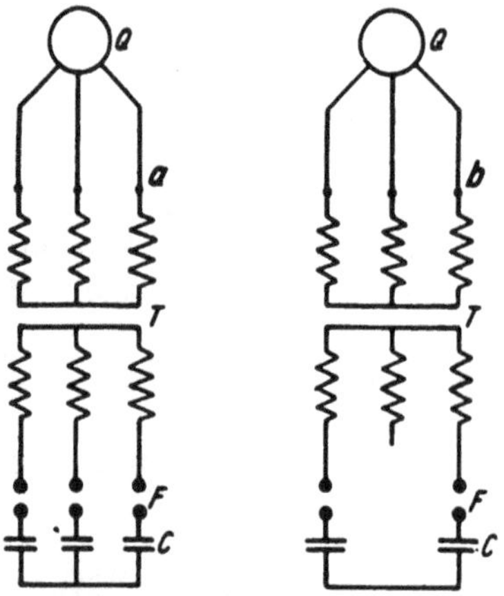

Fig. 90.

Hat der Transformator die Wicklungsprobe bestanden, so folgt die Sprungwellenprobe, welche dazu dient, festzustellen, daß die Windungsisolation gegenüber den im normalen Betriebe auftretenden Sprungwellen ausreicht.

Sie wird im Prüffelde der Fabrik an Wicklungen für Nennspannungen von 2·5 KV. bis 60 KV. in einer der folgenden Schaltungsanordnungen vorgenommen werden.

Die zu prüfende Wicklung des Transformators *T* ist über Funkenstrecken *F* aus massiven Kupferkugeln von mindestens 50 mm Durchmesser auf Kabel oder Kondensatoren *C* geschaltet, deren Kapazität folgendermaßen zu bestimmen ist:

Prüfkapazität:

Nennspannug in KV.	Kapazität in jeder Phase mindestens μF	Zweckmäßige Form der Kapazität
2·5 bis 6	0·05	Kabel oder Kondensator
„ 15	0·02	„
„ 35	0·01	„
„ 60	0·005	Kondensator.

Der Kugelabstand jeder Funkenstrecke wird für einen Überschlag bei 1·3 E eingestellt. Der Transformator ist durch die Stromquelle *Q* mit normaler Frequenz auf etwa das 1·3fache der Nennspannung zu erregen. Die Funkenstrecken werden auf beliebige Weise gezündet (etwa durch vorübergehende Annäherung der Kugeln oder Überbrückung des Luftzwischenraumes) und im Funkenspiel von 10 s Dauer aufrechterhalten. Die Funkenstrecken sind dabei mit einem Luftstrom von etwa 4 m/s Geschwindigkeit anzublasen.

Durch die Funkenüberschläge werden die Kapazitäten von der Wicklungsspannung immer wieder umgeladen; bei jeder plötzlichen Umladung zieht eine Sprungwelle in die zu prüfende Wicklung ein.

Es empfiehlt sich, alle Zwischenleitungen möglichst kurz zu halten, da bei längeren Leitungen die Beanspruchung der Wicklung nicht eindeutig bestimmt ist.

Mehrphasentransformatoren können auch in der Einphasenschaltung geprüft werden; dabei sind die Phasenklemmen so oft zu vertauschen, daß die Wicklung jeder Phase der Sprungwellenprobe ausgesetzt ist.

III. Windungsprobe. Diese dient zur Feststellung der ausreichenden Isolation benachbarter Wicklungsgruppen gegeneinander und zum Auffinden von Wicklungsdurchschlägen, die durch die Sprungwellenprobe eingeleitet sind.

Die Prüfung erfolgt bei Leerlauf, und zwar bei Leistungen bis 1000 KV., durch Anlegen einer Prüfspannung gleich zweimal Nennspannung, bei größeren Leistungen durch Anlegen einer Prüfspannung möglichst zweimal Nennspannung, mindestens jedoch 1·3 mal Nennspannung. Die Frequenz kann entsprechend erhöht werden. Prüfdauer 5 Minuten.

Die Prüfung gilt als bestanden, wenn weder Durchschlag noch Überschlag erfolgt und keine Gleitfunken auftreten.

Vor und nach Vornahme der drei Spannungsproben wird empfohlen, die Widerstände der Wicklungen zu messen.

Differenzen zwischen den beiden Widerstandsmessungen zeigen das Auftreten von Wicklungsschäden an. (Die hier angeführten Vorschriften sind den Regeln für die Bewertung und Prüfung von Transformatoren entnommen. R. E. T. 1923.)

Ausschließend an die Prüfungsvorschriften für die Wicklungen soll auch die Vorschrift für die Durchführungsisolatoren angeführt werden:

„Die Durchführungsisolatoren müssen folgende Prüfspannung aushalten:

bis	3 KV.	$8E + 2$ KV.
über	3 KV.	$2E + 20$ KV.

Die Ausführung dieser Prüfung kann aber nur entweder an den zu den Transformatoren gehörigen Isolatoren vor Zusammenbau mit dem Transformator, jedoch mit zugehörigen Flansch, oder bei Verzicht auf diese Art von Prüfung an Isolatoren gleicher Type verlangt werden.

Die Prüfung gilt als bestanden, wenn weder Durchschlag noch Überschlag erfolgt und keine Gleitfunken auftreten."

Zu der Sprungwellenprobe sei noch einiges bemerkt. Über dieselbe sind die Urteile der Fachwelt sehr verschieden. Der Verfasser hatte Gelegenheit mit einem der ersten Autoren darüber zu sprechen, der meinte, daß sie eher mehr schaden als nützen könne. Denn es wird nicht immer möglich sein, feine Durchstiche durch die Windungsprobe zu entdecken, hingegen wird die erste Sprungwelle aus dem Netze in der alten vorgezeichneten Spur den vollen Durchschlag bewirken.

Transformatorenblech.

Im heutigen Transformatorenbau finden wohl durchwegs nur mehr hochlegierte Bleche mit einem Siliziumgehalte von etwa 4% Verwendung. Diese Bleche werden gebeizt, sind gewöhnlich 0·3—0·35 mm dick und haben, das normale Format 750 × 1500 mm.

Hüttenmäßig kommen Transformatorenbleche mit Verlustziffern 1·2—1·6 Watt/kg bei $\mathfrak{B} = 1000$ Kraftlinien/cm² in den Handel, von welchen jene mit den Verlustziffern 1·3 Watt/kg und 1·45 Watt/kg wohl am meisten Verwendung finden. Neben dem normalen Format werden für größere Transformatoren auch Bleche in den Abmessungen 1000 × 2000 mm geliefert, allerdings nur mit Verlustziffern von 1·6 Watt/kg aufwärts.

Nach einer Mitteilung der Schoeller-Bleckmann-Stahlwerke A.-G. in Mürzzuschlag = Wien, denen es gelungen ist, erstklassige Transformatorenbleche herzustellen, wird die Blechstärke 0·3—0·35 mm über Wunsch der Kunden allmählich durch die Stärke 0·5 mm verdrängt, und garantieren die Genannten hiebei eine Verlustziffer V_{10} von 1·45—1·50 Watt/kg und V_{15} von 3·45—3·55 Watt/kg.

Tabelle 1 zeigt listenmäßige Werte für hochlegierte Transformatorenbleche bei verschiedener Stärke der Firma Schoeller-Bleckmann-Stahlwerke A.-G., während die Kurve 2 den Einfluß der Zunderschichte zeigt. Nach Angaben der gennanten Werke wurde die Aufnahme an ein und derselben Probe einmal im „schwarzen" und einmal im „entzunderten" oder „dekapierten" Zustande aufgenommen.

Der spezifische Widerstand hochlegierter Bleche kann mit etwa $0{\cdot}4 - 0{\cdot}5 \text{ Ohm} \frac{\text{mm}^2}{\text{m}}$ bei 15° C angenommen werden.

Die gesamte Magnetisierungswärme setzt sich bekanntermaßen aus den Verlusten durch Hysteresis und aus den Wirbelstromverlusten zusammen. Steinmetz hat die empirische Formel gefunden, daß die ersteren mit der 1·6ten Potenz der Induktion wachsen, was bei den heute gebräuchlichen hochlegierten Blechen und hohen Induktion nicht mehr zutrifft. Wir müssen mit einer höheren Potenz als 1·6 rechnen.

Die Hysteresiswärme sei dennoch durch die Formel

$$W_h = \sigma_h \left(\frac{f}{100}\right)\left(\frac{\mathfrak{B}_{max.}}{1000}\right)^{1{\cdot}6} V_{ei} \quad \text{(Watt/kg)}$$

ausgedrückt, worin bedeuten: f Periodenzahl, $\mathfrak{B}$ Induktion, V_{ei} in Kubikdezimeter pro 1 kg, also ungefähr 0·131 bei einem spezifischen Gewichte von 7·6 kg.

σ_h ist für hochlegiertes Blech von einer Verlustziffer von $V_{10} = 1{\cdot}3$ Watt/kg 0·44 und steigt allmählich. Bei V_{15} erreicht σ_h etwa 0·75, worin zum Ausdruck kommen soll, daß mit der Potenz 1·6 zu niedrige Werte für die Hysteresiswärme erhalten werden.

Die Wirbelstromverluste drücken wir durch folgende Formel aus:

$$W_w = \sigma_w \left(\delta \frac{f}{100} \frac{\mathfrak{B}_{max.}}{1000} \right)^2 . V_{ei} \text{ (Watt/kg)}.$$

Hier ist δ Blechdicke in Millimetern.

σ_w ist bei der erwähnten Blechsorte 0·51.

Es ergeben sich nach diesen Formeln die folgenden Verlustziffern:

$$V_{10} = 1{\cdot}3 \text{ Watt/kg}, \qquad V_{15} = 3{\cdot}18 \text{ Watt/kg},$$

woraus zu ersehen ist, daß die gewöhnliche Annahme, nach welcher die Verluste mit dem Quadrate der Induktion wachsen, zu einem Irtume führen würde.

In unserem Falle ist $(15\,000 \,.\, 10^{-4})^2 \,.\, 1{\cdot}3$ erst 2·925, und wir müssen noch mit 1·09 multiplizieren um auf 3·18 zu kommen.

Rechnen wir die getrennten Verluste für 20 Perioden bei $\mathfrak{B} = 10\,000$, so ist:

$$W_h = 0{\cdot}44 \left(\frac{20}{100}\right) \left(\frac{10\,000}{1000}\right)^{1{\cdot}6} . \, 0{\cdot}131 = 0{\cdot}458 \text{ Watt/kg und}$$

$$W_w = 0{\cdot}51 \left(0{\cdot}3 \, \frac{20}{100} \, . \, \frac{10\,000}{1000}\right)^2 . \, 0{\cdot}131 = 0{\cdot}024 \text{ Watt/kg},$$

zusammen 0·482 Watt/kg, während die Messung 0·47 Watt/kg ergab. Zu vergleichsweisen Berechnungen finden wir die Verlustziffern bei den einzelnen Induktionen, z. B. für ein Blech mit $V_{10} = 1{\cdot}45$ Watt/kg, wenn wir die Werte der ersten Blechsorte mit dem Verhältnisse $\frac{1{\cdot}45}{1{\cdot}30}$ multiplizieren.

Der in der Praxis stehende Konstrukteur wird sich indessen mit der Berechnung der Verlustziffern nach den gegebenen Formeln nicht begnügen, sondern wird seinen Berechnungen jeweils jene Werte zugrunde legen, die er von der Stelle zu fordern hat, welche eben mit der Übernahme der Blechsendungen aus der Hütte betraut wurde. Es ist besonders darauf zu achten, daß aus jeder Sendung einige Stichproben gemacht werden.

In der Werkstätte werden die verschiedenen Blechsorten mit verschiedenfärbigem Papier beklebt, um ein Verwechseln zu verhindern.

In neuerer Zeit macht sich wieder das Bestreben geltend, die Bleche nicht mehr zu bekleben, sondern mit einem ölfesten Lacke zu isolieren, wobei neben Zeitgewinn auch der Eisenfüllfaktor verbessert werden kann.

Das Verlangen, Bleche mit fest anhaftender Zunderschichte als Ersatz für mit Papier beklebte Bleche zu verwenden, scheint nun endgültig fallen gelassen worden zu sein, da es technisch nicht immer möglich ist, eine gleichmäßige und fest anhaftende Zunderschichte zu erreichen.

Nach Mitteilung der Schoeller-Bleckmann-Stahlwerke sollen im übrigen die Bestrebungen dahin gehen, ohne chemische, bzw. mechanische Entzunderung durch ein besonderes Glühverfahren die Bleche ohne Zunderschichte zu erhalten.

Das Altern der Bleche nennt man die Erscheinung, daß die Verlustziffer etwas steigt, nachdem das Blech durch längere Zeit hindurch einer höheren Temperatur — etwa 100° C — ausgesetzt war.

Bei hochlegierten Blechen ist eine Alterung ganz belanglos. Bei Dauerversuchen durch mehrere Jahre bei der üblichen Induktion, Frequenz und Temperatur konnte eine Zunahme der Verluste nicht beobachtet werden.

Als zulässige Stärkeabweichungen gibt die Schoeller-Bleckmann-Stahlwerke A.-G. folgende Toleranzen an: bei Blechen in Normalformatgrößen unter 0·5 mm 9%, in Größen der Überformate 11%.

Werden weniger als zehn Tafeln von gleicher Größe bestellt, so dürfen die Gewichtsabweichungen um die Hälfte größer sein.

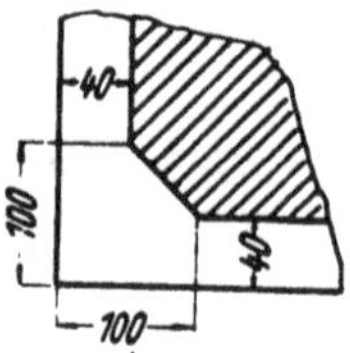

Fig. 91.

Zulässige Längenabweichungen: Bei Formatblechen darf die Breitendimension um 6 mm, die Länge um 10 mm über- oder unterschritten werden.

Das Messen der Dicke hat mittels Schraubenlehre zu erfolgen. Die Meßpunkte müssen mindestens 40 mm vom Rande und 100 mm von den Ecken des Bleches liegen.

Es ist nur der gestrichelte Teil zu untersuchen.

Allgemeine Prüfungsbedingungen für Dynamo- und Transformatorenbleche.

Herausgegeben von Verbande Deutscher Elektrotechniker in Gemeinschaft mit dem Vereine Deutscher Eisenhüttenleute, Elektrotechnische Zeitschrift Nr. 18 vom Jahre 1914.

Die Abschrift dieser Bestimmungen lautet:

Normalien zur Prüfung von Eisenblech.

Gültig ab 1. Juli 1914.

1. Für die Messung der Eisenverluste und der Magnetisierbarkeit dient ein magnetischer Kreis, der nur Eisen der zu prüfenden Qualität enthält und den Ausführungsbestimmungen gemäß zusammengesetzt ist.

2. Die Probe soll 10 kg wiegen und mindestens vier Tafeln entnommen sein. Der Eisenverlust soll bei 20° C gemessen werden.

3. Der Eisenverlust soll in Watt per Kilogramm bezogen auf rein sinusförmigen Verlauf der induzierten Spannung, bei den Höchstwerten der magnetischen Induktion $\mathfrak{B}_{max} = 10\,000$ *cgs* und $\mathfrak{B}_{max} = 15\,000$ *cgs* angegeben werden. Diese Zahlen heißen Verlustziffern (abgekürzte Bezeichnung V_{10} und V_{15}).

4. Unter „Alterungskoeffizient" soll die prozentuelle Änderung der Verlustziffer für $B_{max} = 10\,000$ *cgs* nach 600 Stunden erstmaliger Erwärmung auf 100° C verstanden werden.

5. Zur Beurteilung der Magnetisierbarkeit soll die Induktion 𝔅 bei zwei verschiedenen Feldstärken im Eisen angegeben werden, und zwar bei zweien der Werte 25, 50, 100 oder 300 AW./cm (abgekürzte Bezeichnung *B* 25, 𝔅 50, 𝔅 100, 𝔅 300).

6. Für das spezifische Gewicht des Eisens sollen die Werte nachfolgender Tabelle gelten:

V 10 (garantierter Wert)		Spezifisches Gewicht
Blechstärke 0·35 mm	Blechstärke 0.50 mm	
Über 2·6 Watt/kg	Über 3·0 Watt/kg	7·8
„ 2·2—2·6 „ „	„ 2·6—3·0 „ „	7·75
„ 1·6—2·2 „ „	„ 1·85—2·6 „ „	7·65
1·6 Watt/kg u. darunter	1·85 Watt/kg u. darunter	7·55

Für gebeizte, also zunderfreie Bleche erhöhen sich die Gewichte um 0·05.

7. Als normale Blechstärken gelten 0·35, 0·50 und 1·00 mm. Abweichungen der Blechstärken dürfen an keiner Stelle mehr oder weniger als 10 % der vorgeschriebenen Stärke überschreiten.

8. In Zwischenfällen gilt die Untersuchung durch die Physikalisch-technische Reichsanstalt in Berlin. (Für Österreich und die Nachfolgestaaten gilt der Schiedsspruch der staatlichen Untersuchungsanstalt des Technologischen Gewerbe-Museums in Wien.)

Ausführungsbestimmungen:

a) Die zur Prüfung verwendeten Blechstreifen, 500 mm lang und 30 mm breit, sollen zur Hälfte parallel und zur Hälfte senkrecht zur Walzrichtung mit einem scharfen Werkzeug gratfrei geschnitten werden und dürfen einer weiteren Behandlung nicht unterliegen. Für hinreichende Isolierung der Streifen gegeneinander durch Papierzwischenlage ist Sorge zu tragen.

b) Zur Feststellung der Verlustziffer wird ein Apparat nach Epstein benützt, an dem zwischen Eisen und Erregerwicklung gleichmäßig verteilte Hilfswicklungen angebracht sind.

c) Die Bestimmung der Magnetisierbarkeit wird nach dem Kommutierungsverfahren ebenfalls in einem Apparate nach Epstein vorgenommen.

d) Wird eine Untersuchung durch die Physikalisch-technische Reichsanstalt (bzw. durch das Technologische Gewerbe-Museum) nach diesen Normalien gewünscht, so ist dies in dem Prüfungsantrage ausdrücklich anzugeben, und zwar unter Hinzufügung der garantierten Verlustziffer V_{10}.

Zum Schlusse sei noch für den Studierenden sowie den Konstrukteur ein Anhaltspunkt für den Preis von hochlegiertem Blech gegeben: Extra-Spezial-Qualität BSV mit einer Verlustziffer maximum $V_{10} = 1{\cdot}3$ und $V_{15} = 3{\cdot}2$ kostet S 130·— per 100 kg ab Werk Mürzzuschlag. Diese Bleche sind natürlich gebeizt.

IX. Spartransformatoren.

Die Transformierung eines Wechselstroms kann auch mit einer einzigen Wicklung erreicht werden, wie Fig. 92 zeigt:

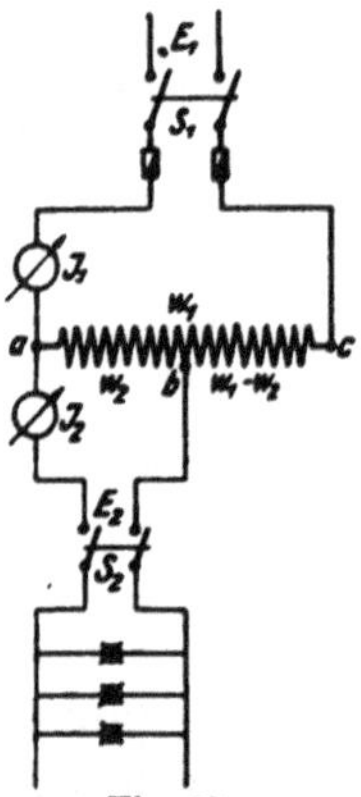

Fig. 92.

Ist der Schalter S_1 geschlossen, S_2 offen, so läuft der Transformator leer. Die elektromotorische Kraft der Selbstinduktion E_1', der Windungen W_1 zwischen a und c ist:

$$E_1' = I_1 \, \omega \, \mathfrak{L}_1 = 4{\cdot}44 \, . \, \overline{\Phi} \, . \, f \, . \, w_1 \, . \, 10^{-8} \text{ V}.$$

Dann ist die Spannung E_2 zwischen a und b, wo w_2 Windungen vorhanden sind, geringer. Es ist $E_2 = E_1 \frac{w_2}{w_1}$ oder

$$E_2 = I_1 \, \omega \, \mathfrak{L} \frac{w_2}{w_1} = 4{\cdot}44 \, . \, \Phi \, . \, f \, . \, w_2 \, 10^{-8} \text{ V}.$$

Beispiel: Ein kleiner Spartransformator, dessen Wicklungen auf zwei Säulen (siehe Fig. 97) gewickelt waren, wurden an eine Wechselstromspannung von $E_1 = 113$ Volt angeschlossen. Die Frequenz $f = 50$. Der Leistungsmesser gab 137·5 Watt an, der Strommesser zeigte den Strom I_1 mit 10·1 Ampere. Die Spannungsmesser bestimmten E_1 mit 113, E_2 mit 56·8 Volt. Der Widerstand der ganzen Wicklung wurde mit 0·2 Ω gemessen.

Es ist die Leistung $N_1 = E_1 \, . \, I_1 \, . \cos \varphi_1$, daher $\cos \varphi_1 = \frac{N_1}{E \, . \, I_1}$,

$$\cos \varphi_1 = \frac{137{\cdot}5}{113 \times 10{\cdot}1} = 0{\cdot}12.$$

Die Kupferverluste waren bei Leerlauf $I_1^2 \, . \, R = 10{\cdot}1^2 \, . \, 0{\cdot}2 = 20$ Watt. Die Eisenverluste ergeben sich somit auf $137{\cdot}5 - 20 = 117{\cdot}5$ Watt. Es ist weiters

$$E_2 = E_1 \frac{w_2}{w_1} \qquad \frac{w_2}{w_1} = \frac{E_2}{E_1} = \frac{56{\cdot}8}{113} \sim 0{\cdot}5.$$

Schließt man den Schalter S_2, so wird der Spartransformator belastet. Diese Belastung kann induktionsfrei oder induktiv sein.

Ist die Belastung N_2 Watt, so ist $N_2 = I_2 . E_2 . \cos \varphi_2$ und $N_1 = $
$= I_1 . E_1 \cos \varphi_1$, ferner $\frac{N_2}{N_1} = \eta$.

Es ist somit

$$I_2 = \frac{N_2}{E_2 . \cos \varphi_2} \qquad I_1 = \frac{N_1}{E_1 . \cos \varphi_1} = \frac{N_2}{E_1 . \cos \varphi_1 . \eta}.$$

Der Strom I_1 durchfließt die ganze Wicklung $a\ c$, während der Strom I_2 nur den Teil $a\ b$, und zwar im entgegengesetzten Sinne, durchfließen muß. Der Wicklungsteil $a\ b$ wird nur von dem Strom $I_1 - I_2$ durchflossen. Es ist aber

$$I_1 - I_2 = N_2 \left[\frac{1}{E_1 . \cos \varphi_1 . \eta} - \frac{1}{E_2 . \cos \varphi_2}\right].$$

Das Produkt $E_2 (I_1 - I_2)$ kann man auch die innere Leistung N_i des Spartransformators nennen.

$$N_i = E_2 (I_1 - I_2) = E_2 . N_2 \left[\frac{1}{E_1 \cos \varphi_1 \eta} - \frac{1}{E_2 . \cos \varphi_2}\right] =$$

$$= N_2 \left[\frac{E_2}{E_1 . \cos \varphi_1 \eta} - \frac{1}{\cos \varphi_2}\right].$$

Gibt man die abgegebene Leistung des Spartransformators in Volt-Ampere an, so ist $\cos \varphi_2 = 1$ und

$$N_i = N_2 \left[\frac{E_2}{E_1 \cos \varphi_1 \eta} - 1\right].$$

Der Rest der Wicklung $b\ c$ ist dann für eine Leistung N_r zu bauen.

$$N_r = I_1 (E_1 - E_2).$$

$$N_r = \frac{N_2}{E_1 \cos \varphi_1 \eta} . (E_1 - E_2), \qquad N_r = \frac{N_2}{\eta} \left(\frac{1}{\cos \varphi_1} - \frac{E_2}{E_1 . \cos \varphi_1}\right).$$

Beispiel. Der vorhin im Versuch angegebene Spartransformator wurde induktionsfrei belastet. Es zeigte der im ersten Stromkreis eingeschaltete Leistungsmesser 500 Watt. Man las ab E_1 mit 113 Volt, I_1 mit 10·5 Ampere, ferner I_2 mit 6·8 Ampere und E_2 mit 56 Volt.

Es war also $N_2 = E_2 I_2 = 56 \times 6{\cdot}8 = 380$ Watt.

Zugeführt wurden $N_1 = E_1 . I_1 . \cos \varphi_1 = 500$ Watt.

Es ist einmal der Wirkungsgrad

$$\eta = \frac{380}{500} = 0{\cdot}76,$$

das andere Mal

$$\cos \varphi_1 = \frac{500}{113 \times 10{\cdot}5} = 0{\cdot}422,$$

Es ist somit die innere Leistung

$$N_i = N_2 \left[\frac{E_2}{E_1 \cdot \cos\varphi_1\,\eta} - 1\right], \qquad N_i = 380 \left[\frac{0{\cdot}5}{0{\cdot}422 \,.\, 0{\cdot}76} - 1\right].$$

$$N_i = 380\,[1{\cdot}57 - 1] = 216 \text{ W}.$$

Die restliche Leistung

$$N_r = \frac{N_2}{\eta}\left(\frac{1}{\cos\varphi_1} - \frac{E_2}{E_1 \,.\, \cos\varphi_1}\right), \qquad N_r = \frac{380}{0{\cdot}76}\left(\frac{1}{0{\cdot}422} - \frac{0{\cdot}5}{0{\cdot}422}\right)$$

$$N_r = 500\,(2{\cdot}375 - 1{\cdot}187), \qquad N_r = 500 \,.\, 1{\cdot}187 = 590 \text{ W}.$$

In a und b verteilen sich die Ströme nach Fig 93.

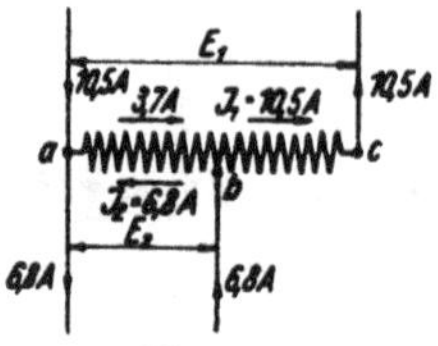

Fig. 93.

Ein Übelstand des Spartransformators liegt darin, daß die Abgabeseite einpolig an der Hochspannung liegt. Es ist daher die ganze Wicklung für die Hochspannung zu isolieren. Bei einem Übersetzungsverhältnis 2 : 1 kann man die Mitte der Wicklung erden (Fig. 94) und die Anzapfungen beiderseits vom Nullpunkt anordnen. Dadurch ist die Gefährlichkeit der Hochspannung vermieden.

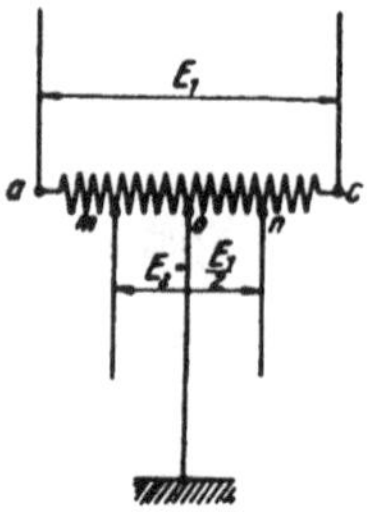

Fig. 94.

Beispiel. Es soll ein Spartransformator entworfen werden, der eine Wechselstromspannung von 230 Volt auf 120 Volt herabsetzt und auf der zweiten Seite eine dauernde Stromentnahme von 60 Ampere gestattet. Die Frequenz $f = 50$.

Es ist $N_2 = 120 \,.\, 60 = 7200$ Watt.

Ferner $\dfrac{w_1}{w_2} = \dfrac{230}{120} = 1{\cdot}915.$

Schätzen wir den Leistungsfaktor auf der ersten Seite mit 0·75, den Wirkungsgrad η mit 0·9, so wird

$$I_1 = \frac{N_2}{E_1 \,.\, \cos\varphi_1 \,.\, \eta} \qquad I_1 = \frac{7200}{230 \,.\, 0{\cdot}75 \,.\, 0{\cdot}9} = 46{\cdot}5 \text{ A}.$$

Die innere Leistung

$$N_i = N_2 \left[\frac{E_2}{E_1 \,.\, \cos\varphi_1 \,.\, \eta} - 1\right]$$

$$N_i = 7200 \left[\frac{1}{1{\cdot}915 \,.\, 0{\cdot}75 \,.\, 0{\cdot}9} - 1\right] = 7200\,[0{\cdot}78 - 1] = 1600 \text{ W}.$$

Die restliche Leistung $N_r = I_1\,(E_1 - E_2) = 46{\cdot}5 \,.\, 110 = 5150$ Watt.
Von b nach a fließen 13·5 Ampere, von b nach c 46·5 Ampere effektiv.
Es ist $E_1 = 4{\cdot}44\,\overline{\Phi} \,.\, f \,.\, w_1 \,.\, 10^{-8}$ V.

$$\overline{\Phi} = \overline{\mathfrak{B}} \,.\, F_{eis} \qquad F_{eis} = \frac{D^2\pi}{4} \,.\, f_s.$$

Wickeln wir die ganze Wicklung auf zwei Säulen, wie beim einphasigen Kerntransformator, und bezeichnen wir mit K die Amperewindungen für 1 cm Säulenlänge, so ist $K = \frac{I_1 . w_1}{2h}$, wenn h die Fensterhöhe in Zentimeter bedeutet. Wie beim Einphasentransformator werden wir die Fensterhöhe h zum Durchmesser D des dem Eisenkern umschriebenen Kreises bringen:

$$h = D . \lambda.$$

Es ist daher $E_1 = 4{\cdot}44\, \overline{\mathfrak{B}} \frac{D^2 \pi}{4} . f_s . f \frac{2 D \lambda K}{I_1} 10^{-8}$ V.

$$E_1 I_1 = \frac{4{\cdot}44 \pi}{2} . \overline{\mathfrak{B}} . D^3 . f_s . f . \lambda . K . 10^{-8} \text{ Watt.}$$

$$D = \sqrt[3]{\frac{E_1 I_1 10^8}{2{\cdot}22 \pi \overline{\mathfrak{B}} . f_s . f . \lambda . K}}.$$

Wir wählen: $\overline{\mathfrak{B}} = 13\,000$; $f_s = 0{\cdot}575$; $f = 50$; $\lambda = 1$; $K = 100$.

$$D = \sqrt[3]{\frac{10\,700 . 10^8}{2{\cdot}22 . \pi . 1{\cdot}3 . 10^4 . 0{\cdot}575 . 50 . 1 . 100}}. \qquad D = \sqrt[3]{4100} = 16 \text{ cm.}$$

Dann ist die Fensterhöhe $h = 16$ cm. Der Eisenquerschnitt wird quadratisch, daher die Kante $s = \frac{D}{2} \sqrt{2} = 8 \times 1{\cdot}41 = 11{\cdot}3$ cm.

Der Eisenquerschnitt $F_{eis} = \frac{D^2 \pi}{4} . f_s = \frac{16^2 . 3{\cdot}14}{4} . 0{\cdot}575 = 116 \text{ cm}^2$.

Dann ist der Höchstfluß $\overline{\Phi} = 1{\cdot}3 . 10^4 . 116 = 1{\cdot}51 . 10^6$ Maxwell.

Die Windungszahl $w_1 = \frac{E_1 . 10^8}{4{\cdot}44 . \overline{\Phi} . f} = \frac{230 . 10^8}{4{\cdot}44 . 1{\cdot}51 . 10^6 . 50} = 69.$

Es ist $\frac{w_1}{w_2} = 1{\cdot}915$. Daher ist $w_2 = \frac{w_1}{1{\cdot}915} = \frac{69}{1{\cdot}915} = 36.$

Es ist $w_1 - w_2 = 33$.

Wie aus Fig. 93 ersichtlich ist, fließen durch w_2 13·5 Ampere, während durch $w_1 - w_2$ Windungen 46·4 Ampere fließen werden. Die effektiven Amperewindungen sind dann gleich $33 . 46{\cdot}5 + 36 . 13{\cdot}5 = 2020$.

Es ist somit im Mittel $K = \frac{2020}{2 \times 16} = 63$.

Die Stromdichte wählen wir mit 1·5 A./mm². Dann erhalten wir für den Teil ab $\frac{13{\cdot}5}{1{\cdot}5} = 9 \text{ mm}^2$ und für den Teil bc $\frac{46{\cdot}5}{1{\cdot}5} = 30 \text{ mm}^2$. Die Drähte sind Litzendrähte mit doppelter Baumwollumspinnung. Die Durchmesser der Drähte sind für den Teil ab 3·4 mm und für den Teil bc

6·2 mm. Das gibt isoliert Durchmesser von 4·4 und 7·2 mm. Der Draht wird auf Manschetten aus Hartpapier gewickelt. Die Stärke des Hartpapiers ist 2·5 mm. Die Stirnseiten der Spulen werden aus Hartpapier von 4 mm Stärke verfertigt. Die nutzbare Wicklungslänge ist 14·2 cm. Wir lassen nämlich zwischen Spule und Joch einen freien Raum von 1 cm. Auf diese 14·2 cm bringen wir $\frac{14 \cdot 2}{0 \cdot 72} = 19$ Win-

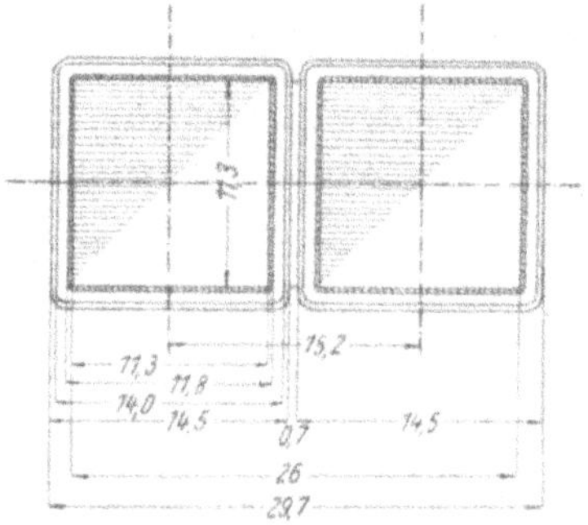

Fig. 95.

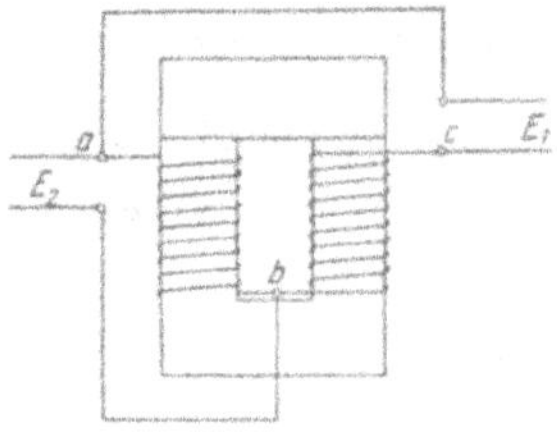

Fig. 96.

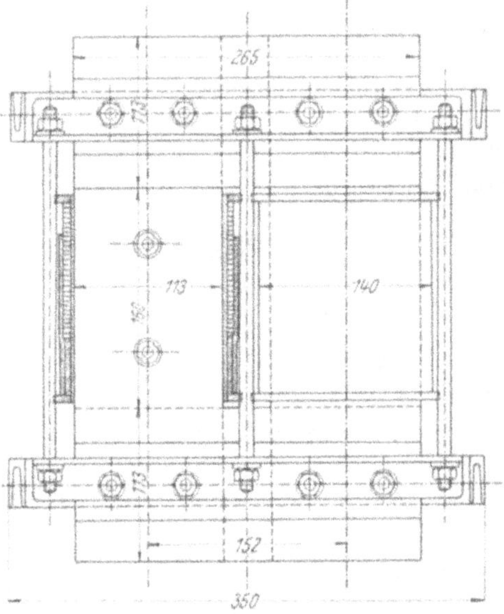

Fig. 97a.

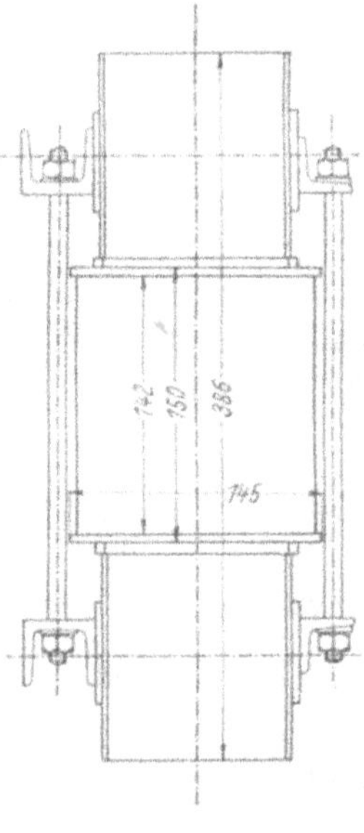

Fig. 97b.

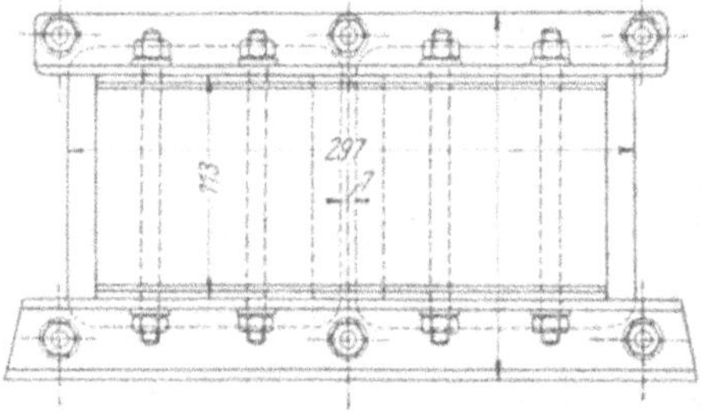

Fig. 97c.

dungen des stärkeren Drahtes, auf den anderen Kern kommt der Rest, das sind 14 Windungen. Sie bedecken $14 \times 0 \cdot 72 = 10 \cdot 1$ cm. In den restlichen 4·1 cm bringen wir $\frac{4 \cdot 1}{0 \cdot 44} = 9$ Windungen des dünneren Drahtes. Der Rest von 27 Windungen benötigt $27 \times 0 \cdot 44 = 11 \cdot 9$ cm. Diese Windungen werden über die erste Lage gewickelt. Die Maße ersieht man aus Fig. 95.

Berechnung der Drahtlängen:

$$l_{ab} = 4 \,.\, (11{\cdot}8 + 0{\cdot}88) \,.\, 36 = 18{\cdot}3 \text{ m},$$

$$l_{bc} = 4 \,.\, (11{\cdot}8 + 0{\cdot}72) \,.\, 33 = 16{\cdot}5 \text{ m},$$

$$R_{ab} = \frac{18{\cdot}3}{50 \,.\, 9} = 0{\cdot}0406\ \Omega, \qquad R_{bc} = \frac{16{\cdot}5}{50 \,.\, 30} = 0{\cdot}011\ \Omega.$$

Mit Berücksichtigung des Skinefektes wählen wir $R_{ab} = 0{\cdot}042\ \Omega$, $R_{bc} = 0{\cdot}012\ \Omega$.

Dann sind die Kupferverluste

$$N_k = 0{\cdot}042 \,.\, 13{\cdot}5^2 + 0{\cdot}012 \,.\, 46{\cdot}5^2, \qquad N_k = 7{\cdot}7 + 26 = 35 \text{ Watt.}$$

Das Kupfergewicht beträgt 5·9 kg. — Das ist für 1 K. V. A.

$$\frac{5{\cdot}9}{7{\cdot}2} = 0{\cdot}82 \text{ kg.}$$

Eisenverluste: das Eisengewicht berechnet sich nach Fig. 84 zu 75 kg. Es ist somit für 1 K. V. A. $\frac{75}{7{\cdot}2} \sim 10$ kg.

Die Eisenverluste sind für 1 kg Eisen bei 0·35 mm Blechstärke 5·6 Watt

$$N_{eis} = 75 \times 5{\cdot}6 = 420 \text{ Watt.}$$

Die Gesamtverluste sind somit 35 + 420 = 460 Watt.

Der Wickelsinn und die Verbindungen können der Fig. 96 entnommen werden, der Aufbau aus Fig. 97a, 97b und 97c.

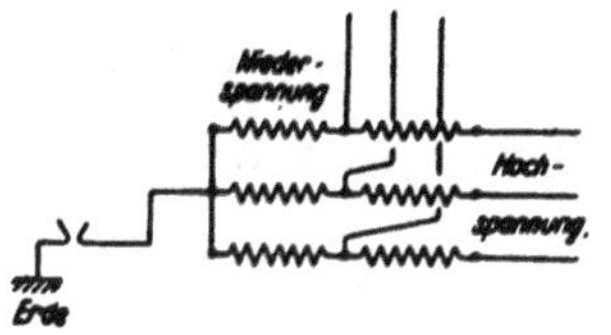

Fig. 98a.

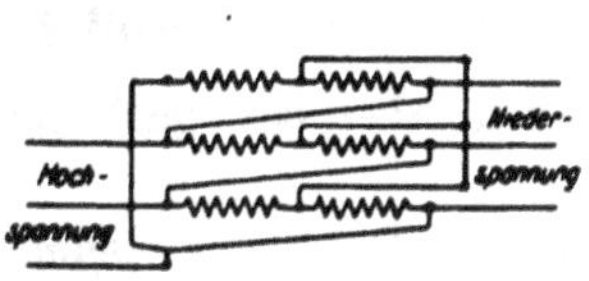

Fig. 98b.

Die überschlägige Übertemperatur ergibt sich aus der Formel

$$T^0\,\text{C} = \frac{\text{Kupferverluste}}{t \,.\, \text{Oberfläche}} \qquad t = \frac{1}{1400};$$

$$\text{Oberfläche} = 2{\cdot}4 \times 14 \times 15 + 2 \times 2 \times 14^2 = 2465$$

$$T^0\,\text{C} = \frac{35 \,.\, 1400}{2465} = 20^0\,\text{C.}$$

Für die dreiphasigen Spartransformatoren gilt im allgemeinen dasselbe wie für die einphasigen. Die Schaltungen sind aus den Fig. 98 und 99 zu entnehmen:

Nach der Fig. 99 sind Hoch- und Niederspannung im Dreieck geschaltet. Die Wicklung zwischen I, II habe w_1 Windungen, der Teil $I\,4$ habe w_2 Windungen.

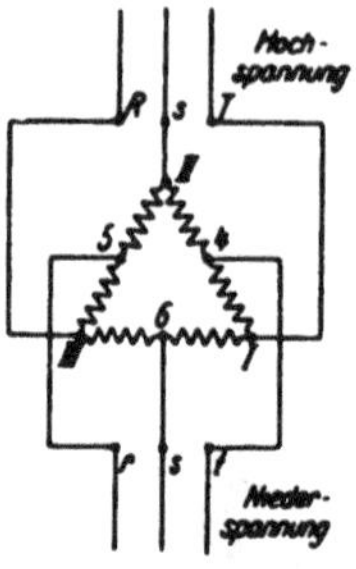

Fig. 99.

Die Potentiale der drei ersten Klemmen R. S. T. in Fig. 100 sind die Strecken O_I, O_{II} und O_{III}. Dann sind die verketteten Spannungen der ersten Seite R. S. T. durch die Dreieckseiten $I\,II = E_I$, $II\,III = E_{II}$ und $III\,I = E_{III}$ gegeben.

Die Punkte 4, 5, 6 sind so auf den Dreieckseiten gewählt, daß folgende Verhältnisse bestehen:

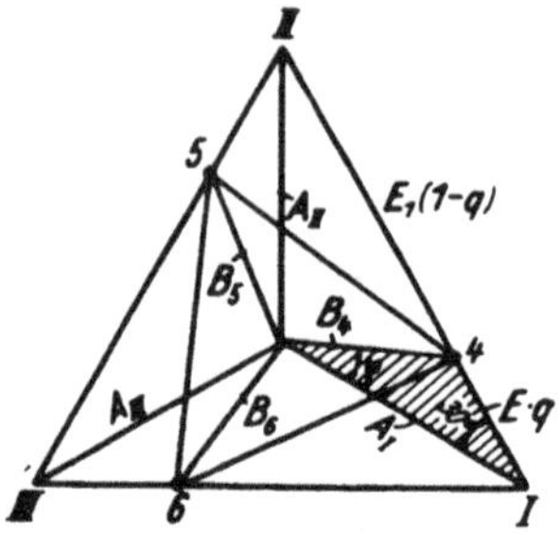

Fig. 100.

$$\frac{I\,4}{I\,II} = \frac{II\,5}{II\,III} = \frac{III\,6}{III\,I} = q,$$

O_4, O_5, O_6 sind dann die Potentiale der zweiten Klemmen und die verketteten Spannungen der zweiten Seiten sind die inneren Dreiecksseiten $\overline{4\,5}$, $\overline{5\,6}$ und $\overline{6\,4}$. Ist $\overline{I\,II}$ die Spannung E_1, so ist $O_I = A_1 = \frac{E_1}{\sqrt{3}}$.

Ist $\overline{4\,5}$ die zweite verkettete Spannung E_2, so ist $\overline{O_4} = B_4 = \frac{E_2}{\sqrt{3}}$.

Das Dreieck 4 5 6 bleibt gleichseitig, wie auch q gewählt wird. Die Seiten nehmen aber mit wachsenden q ab, bis q den Wert $\frac{1}{2}$ erreicht hat. Wird q größer als $\frac{1}{2}$, so nehmen die Seiten wieder zu und es wiederholen sich die früheren Verhältnisse, so daß als Grenzwerte für q $\frac{1}{2}$ und Null in Betracht kommen. Aus dem schraffierten Dreieck ergibt sich:

$$\overline{O_4}^2 = B_4^2 = A_1^2 + E_1^2 q^2 - 2\,A_1\,E_1\,q\,.\cos 30^0$$

$$\frac{E_2^2}{3} = \frac{E_1^2}{3} + E_1^2 q^2 - 2\,\frac{E_1}{\sqrt{3}}\,.\,E_1\,q\,.\,\frac{1}{2}\sqrt{3}$$

$$\frac{E_2^2}{3} = \frac{E_1^2}{3} + E_1^2 q^2 - E_1^2\,.\,q$$

$$E_2^2 = E_1^2 + 3\,E_1^2 q^2 - 3\,E_1^2 q$$

$$\frac{E_2^2}{E_1^2} = 1 + 3\,q^2 - 3\,q.$$

Daher ist das Übersetzungsverhältnis $\frac{E_2}{E_1} = \sqrt{1 + 3q^2 - 3q}$ von q abhängig.

Zwischen E_1 und E_2 herrscht die Phasenverbindung φ die ebenfalls aus dem schraffierten Dreieck zu berechnen ist:

$$q^2 . E_1^2 = \frac{E_1^2}{3} + \frac{E_2^2}{3} - 2\frac{E_1}{\sqrt{3}} . \frac{E_2}{\sqrt{3}} \cos\varphi = \frac{1}{\sqrt{1 - q + 3q^2}} . \frac{2 - 3q}{2}.$$

X. Drosselspulen.

Drosselspulen dienen meist dazu bei gegebener Stromstärke eine bestimmte Spannung abzudrosseln. Dann erfüllen sie bei Wechselstrom denselben Zweck wie Vorschaltwiderstände bei Gleichstrom. Sie verbrauchen wenig Energie, verschlechtern aber den Leistungsfaktor bedeutend.

Es soll z. B. bei einer Stromstärke von $I = 10$ Ampere eine Spannung von 60 Volt abgedrosselt werden. Die Frequenz f des Wechselstromes sei 50. Man könnte dazu füglich einen Wirkwiderstand $R = \frac{60}{10} = 6\,\Omega$ verwenden. Der Verlust wäre aber $I^2 . R = 100 . 6 = 600$ Watt. Neben diesem großen Verlust kommt noch der Umstand hinzu, daß dadurch Strom- und Spannungskurven voneinander abweichen.

Verwendet man dazu eine Drossel, so ist nach der Gleichung $E = JL\omega$ der Blindwiderstand $L\omega = \frac{60}{10} = 6\,\Omega$.

Dieser Blindwiderstand wird erreicht, wenn die Spule einen Selbstinduktionskoeffizienten $L = \frac{6}{314} = 0{\cdot}019$ Henry besitzt. Die Verluste beschränken sich auf die Eisenverluste der Drossel, die ungefähr 30 Watt nicht überschreiten dürften. Die Kupferverluste sind sehr gering.

In manchen Fällen haben die Drosseln den Zweck, die Spannung zu teilen, wie dies Dolivo-Dorbrovolsky angegeben hat: Soll beispielsweise die Spannung einer Gleichstrommaschine geteilt werden, so zapft man die Ankerwicklung an zwei um 180 elektrische Grade verschobene Stellen an und führt diese Anzapfungen nach zwei Schleifringen, von denen mittels zweier Bürsten ein Wechselstrom entnommen werden kann. An die Bürsten wird nun eine Drosselspule von hoher Induktivität angeschlossen. Die Drosselspule wird nun in der Mitte angezapft und dort der Nulleiter der Gleichstrommaschine nach Fig. 101 angeschlossen.

In anderen Fällen hat die Drossel den Zweck, einem Teilstrom eine sehr starke Phasenverschiebung gegen einen anderen Teilstrom zu erteilen,

Beispiele hiefür sind die Drossel der Hilfsphase beim Anlassen des einphasigen asynchronen Induktionsmotors oder die Drosseln der Wechselstrommeßgeräte.

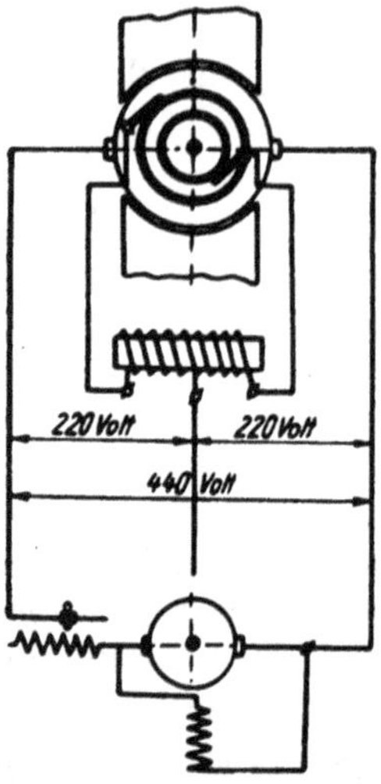

Fig. 101.

Andere Drosseln, durchwegs eisenlos, haben den Zweck, in Hochspannungsleitungen eingebaut, die hochfrequenten Überspannungen von den Maschinen fernzuhalten. Die vorteilhafteste Form ist eine Ringspule mit quadratischem Querschnitt von der Seite a und vom mittleren Radius R. Der Selbstinduktionskoeffizient L einer solchen Spule ist $L = \sqrt{2} \, . \, a \, . \, . \, w^2 \, . \, 10^{-9}$ Henry, wenn w die Windungszahl bedeutet.

Die eisengeschlossenen Drosseln werden als Kern- oder Manteldrosseln hergestellt. Fig. 91 zeigt eine Manteldrossel, wie Siemens & Halske für Mehrgeräte herstellt.

Die Drosselspulen werden wie die Transformatoren aufgebaut. Bei Kerndrosseln macht man das eine Joch abhebbar und preßt es unter Zwischenlage von Glimmerscheiben auf die Säulen. Durch Veränderung des Luftspaltes δ kann man den Koeffizienten L und damit die Spannung ändern.

Es ist $E = 4{\cdot}44 \, \overline{\Phi} \, . \, w \, . \, f \, . \, 10^{-8}$ Volt.

Vernachlässigt man vorerst den magnetischen Widerstand des Eisens sowie die Streuung, so ist $\overline{\mathfrak{B}} = \frac{0{\cdot}4 \, \pi \, I \sqrt{2} \, w}{2 \, \delta}$ und $\overline{\Phi} = \overline{\mathfrak{B}} \, . \, F_{eis}$, so daß

$$E = 4{\cdot}44 \, . \, \frac{0{\cdot}4 \, \pi \, I \sqrt{2} \, w^2}{2 \, \delta} \, . \, F_{eis} \, . \, f \, . \, 10^{-8} \text{ V.}$$

$$E = \omega \, I \, . \, \underbrace{\frac{0{\cdot}4 \, \pi \, w^2 \, . \, F_{eis}}{2 \, \delta \, . \, 10^8}}_{L} .$$

Der letzte Faktor stellt dann den Selbstinduktionskoeffizienten der Drosselspule vor.*)

Die Streuung werden wir durch einen Faktor $s > 1$ berücksichtigen, den magnetischen Widerstand durch einen Faktor a, der das Verhältnis des wirklichen magnetischen Widerstandes zum magnetischen Widerstand des Luftspaltes darstellt. Es wird dann

$$L = \frac{0{\cdot}4 \, \pi \, w^2 \, . \, F'_{eis}}{2 \, \delta \, . \, a \, . \, 10^8 \, . \, s} \, H.$$

Es wird $s \doteq 1{\cdot}2 - 1{\cdot}4$ und $a \doteq 1 - 1{\cdot}2$.

Es sei nun der reine Eisenquerschnitt $F_{eis} = 14{\cdot}4$ cm², der einfache Luftspalt der Kerndrossel 0·2 cm, der mittlere Eisenweg $l = 42$ cm, die

*) Siehe Wotruba, Wechselstromtechnik, Seite 42.

Windungszahl $w = 200$. Wieviel Volt drosselt die Spule bei $I = 10$ Ampere und $f = 50$ ab?

$$\text{Es ist } \mathfrak{B} = \frac{0{\cdot}4\,\pi\,I\,.\,\sqrt{2}\,w}{2\,\delta} \qquad \mathfrak{B} = \frac{0{\cdot}4\,.\,3{\cdot}14\,.\,10\,.\,1{\cdot}41\,.\,200}{0{\cdot}4}$$

$$\mathfrak{B} = 11\,300.$$

Für $\mathfrak{B} = 11\,300$ findet man für 1 cm des Eisenweges 4·2 aufzunehmende Amperewindungen. Daher für 42 cm Eisenweg $4{\cdot}2 \times 42 = 176{\cdot}4$.

Um den Luftspalt $2\,\delta$ zu überwinden sind $X = 0{\cdot}8\,.\,11\,300\,.\,0{\cdot}4 = 3550$ Amperewindungen erforderlich. Es ist demnach

$$a = \frac{3726}{3550} = 1{\cdot}05.$$

Schätzen wir s mit 1·1, so wird

$$E = 314{\cdot}10\,\frac{0{\cdot}4\,\pi\,.\,200^2\,.\,14{\cdot}4}{2{\cdot}0{\cdot}2\,.\,10^8\,.\,1{\cdot}05\,.\,1{\cdot}1} \qquad E = 50 \text{ V.}$$

Soll eine Drosselspule berechnet werden, so geht man von der zu drosselnden Spannung E und von der Stromstärke I aus.

Es ist $E = 4{\cdot}44\,\Phi\,.\,f\,.\,w\,.\,10^{-8}$ V.

$$\Phi = \frac{D^2\,\pi}{4}\,.\,f_s\,.\,\mathfrak{B}.$$

D ist der Durchmesser des dem Säulenquerschnitt umschriebenen Kreises, f_s der Eisenfüllfaktor. Die Amperewindungen K für 1 cm Fensterhöhe sind $K = \frac{I\,w}{2\,h}$ und die Fensterhöhe $h = D\,.\,\lambda$.

Es wird somit

$$E = 4{\cdot}44\,\frac{D^2\,\pi}{4}\,.\,f_s\,.\,\mathfrak{B}\,.\,\frac{K\,.\,2\,D\,\lambda}{I}\,.\,10^{-8} \text{ V.}$$

$$E\,I = 2{\cdot}22\,\pi\,D^3\,.\,f_s\,\mathfrak{B}\,.\,K\,\lambda\,.\,f\,.\,10^{-8} \text{ V.}$$

$$D = \sqrt[3]{\frac{E\,I\,.\,10^8}{7\,.\,f_s\,\mathfrak{B}\,.\,K\,.\,\lambda\,f}}.$$

Beispiel: Es soll die Anlaßdrosselspule eines asynchronen Einphasen-Induktionsmotors für eine Drosselspannung von 202·4 Volt und einem Stromdurchgang von 17·3 Ampere berechnet werden. Säulen wie Joche erhalten quadratischen Querschnitt. Es ist demnach $f_s = 0{\cdot}6$. Wir wählen $\mathfrak{B}$ mit 12 000 Gauß, λ mit 1·6, was mit Rücksicht des quatratischen Querschnitts ein hoher Wert ist. K wählen wir mit 200. Das ist ebenfalls ein hoher Wert, da wir nur mit einer natürlichen Luftkühlung zu rechnen haben.

Es wird somit

$$D = \sqrt[3]{\frac{202 \,.\, 4 \,.\, 17{\cdot}3 \,.\, 10^8}{7 \,.\, 0{\cdot}6 \,.\, 12\,000 \,.\, 200 \,.\, 1{\cdot}6 \,.\, 50}} \qquad D = \sqrt[3]{435} = 7{\cdot}6 \text{ cm.}$$

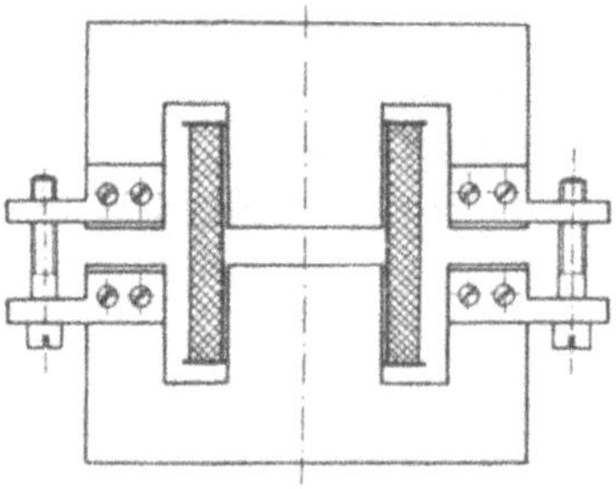

Fig. 102.

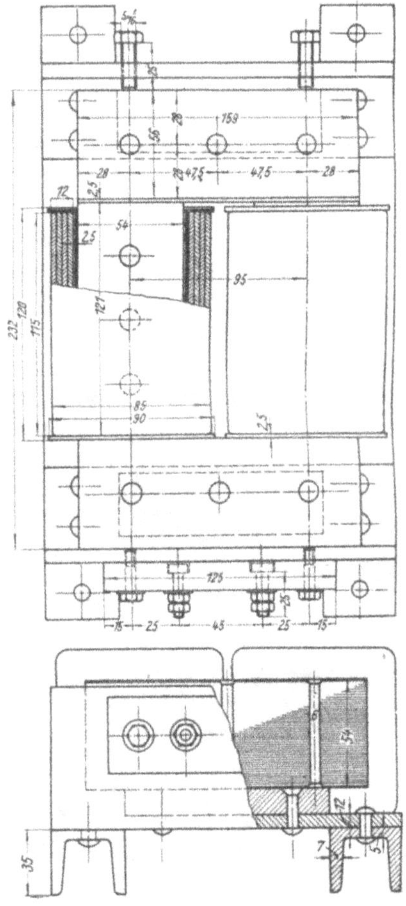

Fig. 102a.

Die Fensterhöhe $h = 7{\cdot}6 \times 1{\cdot}6 = 12{\cdot}1$ cm.

Der Eisenquerschnitt für Säulen und Joch ist

$$F_{eis} = \frac{D^2 \pi}{4} \,.\, 0{\cdot}6 = 27{\cdot}2 \text{ cm}^2.$$

Der Höchstschluß $\overline{\Phi} = \mathfrak{B} \,.\, F_{eis} = 12\,000 \,.\, 27{\cdot}2 = 3{\cdot}26 \,.\, 10^5$ Maxwell.

Die Anzahl der Windungen

$$w = \frac{202{\cdot}4 \,.\, 10^8}{4{\cdot}44 \,.\, 50 \,.\, 3{\cdot}26 \,.\, 10^5} = 280.$$

Auf eine Säule kommen daher $\frac{280}{2} = 140$ Windungen. Die Stromdichte wird mit 3·8 Amp./mm² angenommen, da die Drossel nur kurze Zeit eingeschaltet ist. Dann ist der Querschnitt $q = \frac{17{\cdot}3}{3{\cdot}8} = 4{\cdot}53$ mm².

$$d_{blank} = 2{\cdot}4 \text{ mm}, \qquad d_{isoliert} = 3 \text{ mm}.$$

Die Wicklungslänge ist 115 mm. Wir erhalten demnach auf jeder Säule drei Lagen zu 38 und eine Lage zu 36 Windungen. Die Wicklungshöhe beträgt $4 \times 3 = 12$ mm.

Die gesamten Höchstamperewindungen

$$\overline{X} = 17{\cdot}3 \,.\, \sqrt{2} \,.\, 280 = 6870.$$

Der Kraftlinienweg im Eisen ist nach Zeichnung Fig. 92 50 cm. Die Amperewindungen für 1 cm Eisenweg sind für $\mathfrak{B} = 12\,000$ acht. Daher sind die für den ganzen Eisenweg aufzuwendenden Amperewindungen $50 \times 8 = 400$. Es bleiben also zur Überwindung der beiden Luftspalte $6870 - 400 = 6470$ Amperewindungen übrig. Aus $X = 0{\cdot}8\,\mathfrak{B}\,.\,2\,\delta$ wird

$$\delta = \frac{X}{1{\cdot}6\,.\,\mathfrak{B}} = \frac{6470}{1{\cdot}6\,.\,12\,000} = 0{\cdot}337 \text{ cm.}$$

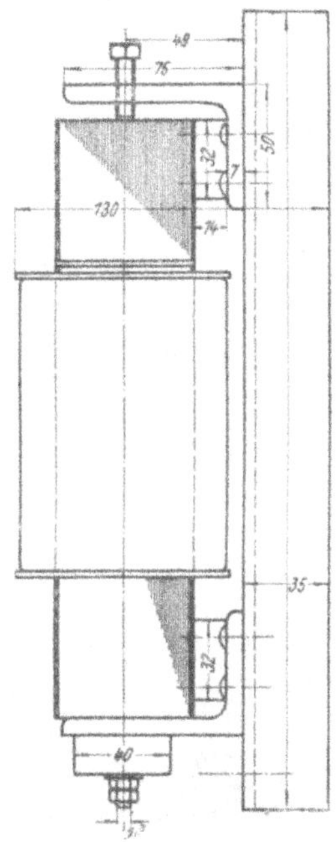

Fig. 102 b.

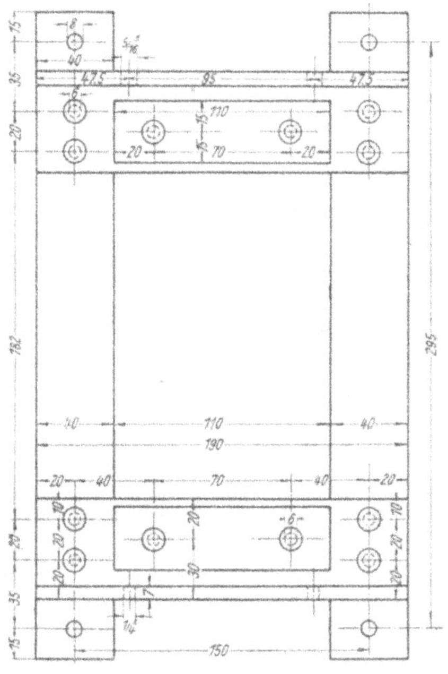

Fig. 102 c.

Die ganze Wicklungslänge beträgt 81 m. Der Wirkwiderstand ist $0{\cdot}36\,\Omega$. Daher sind die Kupferverluste 108 Watt. Der Eisenkern wiegt 12·4 kg. Die Eisenverluste für ein Kilogramm sind 4·2 Watt. Daher sind die gesamten Eisenverluste 52 Watt und die Gesamtverluste 160 Watt. Das Verhältnis $a = \frac{6870}{6470} = 1{\cdot}06$. Den Streuungsfaktor schätzen wir auf 1·05.

Es ist dann zur Kontrolle

$$E = \omega\, I\, \frac{0{\cdot}4\,\pi\, w^2\,.\,F_{eis}}{2\,\delta\,.\,10^8\,.\,a\,.\,s}$$

$$E = 314\,.\,17{\cdot}3\, \frac{0{\cdot}4\,.\,\pi\,.\,280^2\,.\,27{\cdot}2}{2\,.\,0{\cdot}337\,.\,10^8\,.\,1{\cdot}06\,.\,1{\cdot}05}$$

$$E = 201 \text{ Volt.}$$

Den Aufbau der Drosselspule zeigt Fig. 102.

Anhang.

Tabelle zur Berechnung der zusätzlichen Kupferverluste.

$$\varphi(\xi) = 1 + 0{\cdot}089\ \xi^4$$
$$\psi(\xi) = 0{\cdot}333\ \xi^4\ (1 - 0{\cdot}04\ \xi^4).$$

ξ	$\varphi(\xi)$	$\psi(\xi)$	ξ	$\varphi(\xi)$	$\psi(\xi)$
0	1·00	0·0000	0·58	1·010	0·037
0·16	1·00	0·000218	0·60	1·011	0·0429
0·18	1·00	0·00035	0·62	1·013	0·048
0·20	1·00	0·00053	0·64	1·015	0·055
0·22	1·00	0·00076	0·66	1·017	0·062
0·24	1·00	0·0011	0·68	1·019	0·070
0·26	1·00	0·00152	0·70	1·023	0·081
0·28	1·00	0·00205	0·72	1·024	0·092
0·30	1·00	0·0027	0·74	1·0267	0·100
0·32	1·00	0·0035	0·76	1·0295	0·122
0·34	1·00	0·0046	0·78	1·033	0·130
0·36	1·00	0·0058	0·80	1·035	0·1343
0·38	1·00	0·0070	0·82	1·040	0·144
0·40	1·002	0·0085	0·84	1·044	0·160
0·42	1·0029	0·010	0·86	1·048	0·178
0·44	1·0038	0·0122	0·88	1·053	0·195
0·46	1·0047	0·0146	0·90	1·060	0·215
0·48	1·0056	0·0174	0·92	1·063	0·230
0·50	1·0065	0·0205	0·94	1·069	0·250
0·52	1·0074	0·024	0·96	1·075	0·270
0·54	1·0083	0·0275	0·98	1·082	0·295
0·56	1·0092	0·032	1·00	1·086	0·320

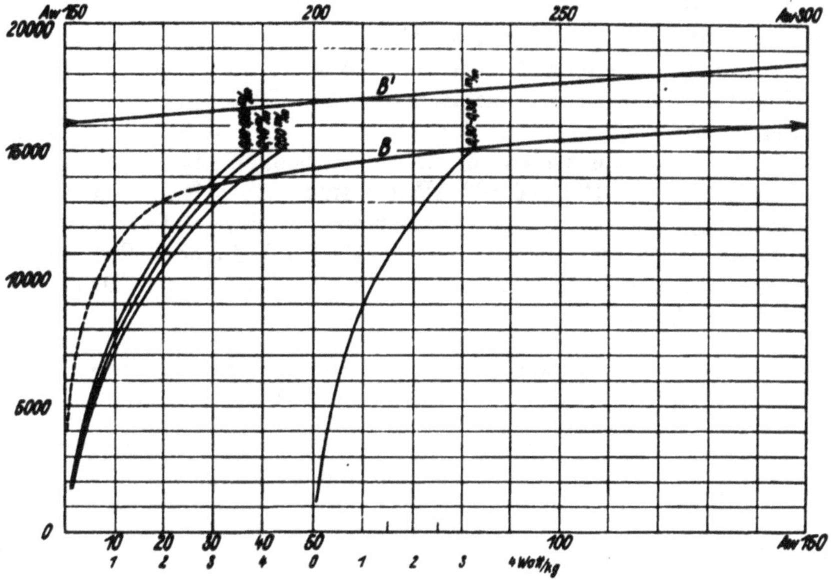
Aw 150
200
250
Aw 300
20000
15000
10000
5000
0
B'
B
10
20
30
40
50
100
Aw 150
1
2
3
4
0
1
2
3
4 Watt/kg

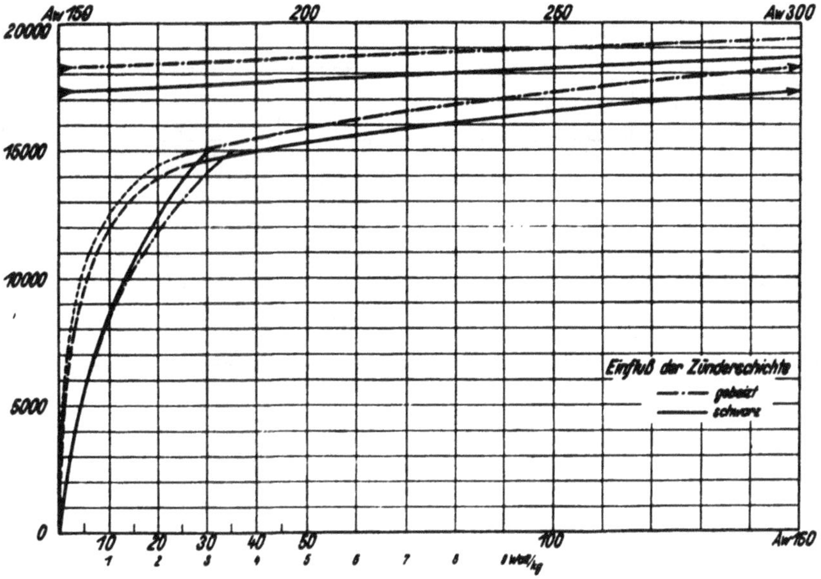
Aw 150
200
250
Aw 300
20000
15000
10000
5000
0
Einfluß der Zünderschichte
gebeizt
schwarz
10
20
30
40
50
100
Aw 150
1
2
3
4
5
6
7
8
8 Watt/kg

Die technischen Lieferbedingungen von Dynamoblechen sind durch Din V. D. E. 6400 festgelegt. Nach denselben unterscheidet man viererlei Bleche. Art I sind normale Dynamobleche, Art II schwachlegierte Bleche, Art III mittelstark legierte Bleche und Art IV hochlegierte Bleche. Art I, II und III werden in Blechtafeln 1000 × 2000, Art IV in Blechtafeln von 750 × 1500 und von 1000 × 2000 mm geliefert. Die Dicke der Bleche, die Verlustzahlen in Watt, schließlich die magnetischen Induktionen für 25, 50, 100 und 300 AW/cm sind in der folgenden Tabelle nach dem obengenannten Din-Blatt zusammengestellt. — Die Bestellung der Blechtafeln geschieht z. B. so: „Dynamoblech IV × 0·35 V. D. E. 6400". Damit bezeichnet man das Dynamitblech Art IV von 0·35 mm Dicke und 750 × 1500 mm Größe.

Art		I				II	III	IV	
Größe		1000 × 2000				1000 × 2000	1000 × 2000	750 × 1500	1000 × 2000
Dicke in mm		0·5	0·75	1·0	1·5	0·5	0·5	0·35	0·5
Verlustzahl	v_{10}	3·6	—	8	—	3·0	2·3	1·3	1·7
	v_{15}	8·6	—	19	—	7·4	5·6	3·25	4·0
Kleinstwerte der magnetischen Induktion	B_{25}	15 300		—		15 000	14 700	14 300	
	B_{50}	16 300		—		16 000	15 700	15 500	
	B_{100}	17 300		—		17 100	16 900	16 500	
	B_{300}	19 800		—		19 500	19 300	18 500	

Formelzeichen und -größen [Einheit].

A	Arbeit (Joule, kgm, cal)
AW	Amperewindungen für 1 cm Eisenlänge
a	Leitermittenabstand in Zentimeter
$\mathfrak{B}$	Induktion in Gauß
$\bar{\mathfrak{B}}$	Höchstwert der Induktion in Gauß
$\bar{\mathfrak{B}}_j$	Höchstwert der Induktion in Gauß im Joch
$\bar{\mathfrak{B}}_s$	Höchstwert der Induktion in Gauß in den Säulen
b	Leiterhöhe parallel zum Streufeld in Zentimeter
b_1	halbe Spulenhöhe der ersten Wicklung senkrecht zum Streufeld (Scheibenwicklung)
b_2	halbe Spulenhöhe der zweiten Wicklung senkrecht zum Streufeld (Scheibenwicklung)
b_3	Höhe des Streukanals in Zentimeter
c_1, c_2	Watt/dm² = Verhältnis der Verluste durch Oberfläche
c	Strahlungsziffer
c_3	S. 161. Verhältniszahl
D u d	Durchmesser des dem Säuleneisen umschriebenen Kreises in Zentimeter
E	die in einer Spule geweckte E. M. K. in Volt
E_1	die in der ersten Spule geweckte E. M. K. in Volt
E_2	die in der zweiten Spule geweckte E. M. K. in Volt
E_{s1}	die in der ersten Spule geweckte E. M. K. der Selbstinduktion
E_{s2}	die in der zweiten Spule geweckte E. M. K. der Selbstinduktion
$\bar{E}_1$	Höchstwert von E_1
$\bar{E}_2$	Höchstwert von E_2
$\bar{E}_{s1}$	Höchstwert von E_{s1}
$\bar{E}_{s2}$	Höchstwert von E_{s2}
E_{k1}	erste Klemmenspannung
E_{k2}	zweite Klemmenspannung
$\bar{E}_{k1}$	Höchstwert von E_{k1}
$\bar{E}_{k2}$	Höchstwert von E_{k2}
e	augenblicklicher Wert von E
e_1	augenblicklicher Wert von E_1
e_2	augenblicklicher Wert von E_2
e_{s1}	augenblicklicher Wert von E_{s1}
e_{s2}	augenblicklicher Wert von E_{s2}
e_{k1}	augenblicklicher Wert von E_{k1}
e_{k2}	augenblicklicher Wert von E_{k2}
e_w	Windungsspannung in Volt
e_{φ}	induktive Spannungsänderung bei den Leistungsfaktor $\cos \varphi$
e_r	Spannungsänderung bei induktionsfreier Belastung
e_k	Kurzschlußspannung
F_s	Säulenquerschnitt in Quadratzentimeter
F_j	Jocheisenquerschnitt in Quadratzentimeter
F_g	Oberfläche des Ölkessels für Wärmestrahlung in Quadratzentimeter
F_w	Oberfläche des Ölkessels für Wärmemitnahme in Quadratzentimeter
$F_{ü}$	Übertragungsfaktor
f	Frequenz
f_a	ungewöhnliche Frequenz
f_e	Eisenfüllfaktor
G_k	Kupfergewicht in Kilogramm
G_{eis}	Eisengewicht in Kilogramm
G_j	Eisengewicht der Joche in Kilogramm
G_s	Eisengewicht der Säulen in Kilogramm
$\mathfrak{G}_ö$	Ölgewicht in Kilogramm
h	Fenster- oder Säulenhöhe
I	Stromstärke in Ampere
I_1	Stromstärke in Ampere der ersten Seite
I_2	Stromstärke in Ampere der zweiten Seite
I_k	Kurzschlußstrom in Ampere
I_{μ}	Magnetisierungsstrom in Ampere

I_0 Leerlaufstrom in Ampere
I_h Wattstrom zur Deckung der Eisenverluste
$\bar{I}$ Höchstwert von I
$\bar{I}_1$ Höchstwert von I_1
$\bar{I}_2$ Höchstwert von I_2
$\bar{I}_\mu$ Höchstwert von I_μ
i Augenblickswert von I
i_1 Augenblickswert von I_1
i_2 Augenblickswert von I_2
i_μ Augenblickswert von I_μ
i_0 Augenblickswert von I_0

j $= \sqrt{-1}$

K Amperedrähte für 1 cm Eisenlänge und Wirbelstromfaktor nach der Vidmarschen Formel
K_m Verhältniszahl auf Seite 76
$\mathfrak{k}_1$, $\mathfrak{k}_2$ Verlustfaktoren auf Seite 77
$\mathfrak{k}$ Konvektionsziffer, S. 44, Kupplungsfaktor
$\mathfrak{k}_n$ Wirbelstromfaktor nach der Fieldschen Formel
$\mathfrak{k}_{ö}$ Wärmemitnahmeziffer für Öl
$\mathfrak{k}_a$ Wärmemitnahmeziffer, S. 161

L Induktivität
L_1 Induktivität der ersten Seite entsprechend dem Felde $\mathfrak{N}_1$
L_2 Induktivität der zweiten Seite entsprechend dem Felde $\mathfrak{N}_2$
L_1^0 Induktivität der ersten Seite entsprechend dem Felde $\mathfrak{N}_1^0$
L_2^0 Induktivität der zweiten Seite entsprechend dem Felde $\mathfrak{N}_2^0$
L_a Induktivität der angeschlossenen Belastung
$\mathfrak{L}_1$ mittlere Windungslänge der ersten Seite
$\mathfrak{L}_2$ mittlere Windungslänge der zweiten Seite
l_s Länge aller drei Säulen in Zentimeter
l_j Länge aller Joche in Zentimeter

M gegenseitige Induktivität
m Verhältniszahl, S. 76. Prozentsatz über oder unter der gewöhnlichen Frequenz

N Leistung in K.W. oder Watt
N_h Leistungsverlust im Eisen
N_0 Leerlaufwatt
N_v abzuführende Wärmemenge in Watt

$\mathfrak{N}_1$ ideelles Feld der ersten Seite erzeugt von $\bar{I}_1$
$\mathfrak{N}_2$ ideelles Feld der zweiten Seite erzeugt von $\bar{I}_2$
$\mathfrak{N}_{s1}$ Streufeld der ersten Seite
$\mathfrak{N}_{s2}$ Streufeld der zweiten Seite
$\mathfrak{N}_1^0$ $= \mathfrak{N}_1 - \mathfrak{N}_{s1}$
$\mathfrak{N}_2^0$ $= \mathfrak{N}_2 - \mathfrak{N}_{s2}$
n Leiterzahl senkrecht zum Streufeld
n_1 n_2 Lagen der Leiter über den wärmsten Punkt

$O_{ö}$ Ölbespülte Oberfläche des Kühlers in Quadratzentimeter

Q Fläche der geschnittenen Drähte einer Spule
q_1 Querschnitt eines Drahtes der ersten Seite
q_2 Querschnitt eines Drahtes der zweiten Seite

R_1 Wirkwiderstand der ersten Seite
R_2 Wirkwiderstand der zweiten Seite
R_a Wirkwiderstand der angeschlossenen Belastung
R $= R_a + R_2$

s_1 und s_2 Stromdichten in Amp/mm²
s Streulinienlänge in Zentimeter
S_{s1} und S_{s2} Hopkinsonsche Streufaktoren
S_k Preis für 1 kg Kupfer
S_e Preis für 1 kg Eisen

T_{cu} Übertemperatur des Kupfers (Berechnung der Zeitkonstanten)
T_{ei} Übertemperatur des Eisens (Berechnung der Zeitkonstanten)
$T_{ö}$ Übertemperatur des Öles (Berechnung der Zeitkonstanten)
t_{1m} Temperaturanstieg vom Öl zum Kupfer
t_{m1} t_{m2} mittlerer Temperaturanstieg der Wicklungen
t_k Temperaturanstieg an der Ölkastenwand außen
$t_{mö}$ mittlere Öltemperatur an der inneren Kastenwand
$t_{mö\,max}$ höchste Ölübertemperatur
t_{is} Temperaturanstieg von der Säulenoberfläche zur Mitte, S. 161
t_{ij} Temperaturanstieg von der Jochoberfläche zur Mitte, S. 161

$\mathfrak{U}_s$ Wärmeabführender Spulenumfang in Zentimeter

V_t Totalverluste in Watt, S. 77

V_k Kupferverluste in Watt, S. 77

V_e Eisenverluste in Watt, S. 77

v_s, v_{10}, v_{15} Verlustziffer für 1 kg Eisen in Watt (bei $\mathfrak{B} = 10\,000$ oder $15\,000$ Gauß)

v_1 Geschwindigkeit des Ölauftriebes cm/sec, S. 64

v_2 Wassergeschwindigkeit im Kühlrohr m/sec, S. 64

W Wechselstromwiderstand in Ohm

$\mathfrak{W}$ magnetischer Widerstand

$\mathfrak{W}_1$ magnetischer Widerstand der ersten Seite

$\mathfrak{W}_2$ magnetischer Widerstand der zweiten Seite

$\mathfrak{W}_{s1}$ magnetischer Widerstand des ersten Streupfades

$\mathfrak{W}_{s2}$ magnetischer Widerstand des zweiten Streupfades

w_1 Windungszahl der ersten Seite für eine Phase

w_2 Windungszahl der zweiten Seite für eine Phase

w_h Verluste durch Hysteresis in Watt, S. 93–182

w_w Verluste durch Wirbelströme in Watt, S. 93–182

X effektive Amperewindungszahl

X Höchstwert von X

X/cm Amperewindungszahl für 1 cm $= H$

x Verhältnis der Kastenhöhe durch Säulenhöhe

y Verhältniszahl auf Seite 76

Z_t Zeitkonstante

Z_{ai} spezifischer Wärmekoeffizient des Kupfers

Z_{ei} spezifischer Wärmekoeffizient des Eisens

$Z_{ö}$ spezifischer Wärmekoeffizient des Öls

α Verhältniszahl bei Bestimmung der Wirbelstromverluste

γ_{ei} spezifisches Gewicht des Transformatorenblechs

Δ reduzierter Luftspalt in Zentimeter

δ Leiterisolation einseitig in Millimeter

ε_1 Spannungsabfall im Wirkwiderstand der ersten Seite

ε_2 Spannungsabfall im Wirkwiderstand der zweiten Seite

ε_2' ε_2 auf die erste Seite bezogen

ε der gesamte Spannungsabfall ($\varepsilon_1 + \varepsilon_2$) auf die erste Seite bezogen (Auf Seite 35 usw. die Basis des log nat)

η Wirkungsgrad, S. 38, Koordinate

η_j Jahreswirkungsgrad

Φ Höchstwert eines Wechselfeldes

φ Augenblickswert eines Wechselfeldes sonst Phasenverschiebungswinkel

φ_1 Phasenverschiebung zwischen Strom und Klemmenspanng der ersten Seite

φ_2 Phasenverschiebung zwischen Strom und Klemmenspannung der zweiten Seite

λ Ersatzinduktivität Seite 34, auf Seite 74 Verhältniszahl Fensterhöhe/Durchmesser; Seite 107 Wärmeleitfähigkeit der Isolatoren

$\frac{1}{\lambda_1}$ Überführungszahl für Öl—Eisen

$\frac{1}{\lambda_2}$ Überführungszahl für Eisen—Wasser

μ magnetische Durchlässigkeit

ω Kreisfrequenz $2\pi f$

ϱ Ersatzwiderstand, S. 36

ϱ_1, ϱ_2 Elektrizitätskonstante, S. 177

σ spezifischer Widerstand des Kupfers

τ Streuungskoeffizient des Transformators, S. 20, sonst Verhältnis des Spulenumfanges $\mathfrak{U}$ zu dem Leiterquerschnitt Q

ξ Koordinate, S. 38

ζ Streulinien für 1 cm Windungslänge bei einem Ampere

Sachregister.

Alterungskoeffizient 182
Amperewindungszahl 74

Bleche 53, 180, 181, 182, Anhang
Berechnung der Tr. 73, 81
Bolzen 53

Deckel 62
Differentialgleichungen 31, 32, 35
Dreiphasentransformatoren 84, 93, 118, 136 149, 163
Drosselspule 191
Durchführungsisolatoren 60, 62, 179
Durchschlagspannung 60

Einheitstransformatoren 68
Eisenfüllfaktor 54, 74, 181
Eisengewicht 77, 113, 175
Eisenkern 51
Eisenverluste 5, 77, 161, 180
Eingangsspulen 167
Endspulen 59
Entladungen 61
Ersatzinduktivitäten 32, 36
Ersatzwiderstände 32, 36
Erwärmung der Wicklung 106, 161, 173, 181
Expansionsgefäß 62

Felderbild des Transformators 18
Fenster 57

Gewicht des Transformators 113, 175
Glimmentladung 61
Glimmring 61
Grenzerwärmung 163

Harmonische (Oberwellen) 9, 67
Heylandkreis 19, 39
Hilfsjoche 57
Hochspannungswicklung 67, 102, 119, 123, 140, 145, 154, 159, 174

Induktive Belastung 11
Induktiver Spannungsabfall 16
Induktivität M 20, 29, 30, 44
Induktion 66

Innere Leistung 185
Isolationszylinder 167

Jahreswirkungsgrad 6, 115

Kerndurchmesser 75, 77
Kühlanlage 171
Kühlrippen 62
Kühlwasser 53, 65
Kupferfüllfaktor 76
Kupplungsfaktor 20
Kurzschlußdreieck 16
Kurzschlußspannung 27, 50, 68, 71, 157
Kurzschlußstrom 32, 28, 40, 43, 46
Kurzschlußversuch 14

Leerlauf 2
Leerlaufstrom 4, 42
Lufttransformator 73

Magnetisierungsstrom 4, 5, 39, 55
Manteltransformatoren 52

Oberwellen 9, 67
Ölkanäle 59, 64, 169
Ölkessel 62, 110, 127, 131, 139
Ölkonservator 62
Ölkühlung 65
Ölmenge 65
Öltemperatur 162
Öltransformatoren 52
Ölumlauf 64

Parallelbetrieb 17, 117
Preßbalken 55
Prüfkapazität 178
Prüftransformatoren 72
Prüfung von Eisenblech 182

Querschlitze 55

Radiatoren 62

Säulen 54
Schaltungen 65
Spannungsabfall 11, 16, 18, 46, 50
Spannungsänderung 116

Spartransformatoren 184
Spannungsverteilung 61
Sprungwellen 59
Sprungwellenprobe 176, 179
Streufaktoren 20, 23, 24, 25
Streufelder 13, 19, 30
Streuspannung 69, 70, 71
Streuung 13, 69, 70, 71
Stromdichten 68, 77, 79

Temperaturanstieg 161
Temperatur des Kühlwassers 63
Temperatur des Öls 162
Trennung der Eisenverluste 8

Überführungszahl 64
Überlastbarkeit 113
Überschlagspannung 60
Übersetzungsverhältnis 3, 16
Übertragungsspannung 71
Umschaltbarkeit 147

Verlustziffer 181, 182, Anhang

Wanderwellen 67
Wärmeabfuhr 55, 106, 161
Wärmemitnahmeziffer 161
Wassergeschwindigkeit 63, 64
Wasserkühlung 63
Wicklungen 69, 152
Wicklungselemente 59
Wicklungsprobe 176
Windungsprobe 176
Wirbelstromverluste 181
Wirkungsgrad 12, 15

Zeitkonstante 113, 127
Zunderschicht 181, Anhang

www.ingramcontent.com/pod-product-compliance
Lightning Source LLC
Chambersburg PA
CBHW081542190326
41458CB00015B/5618